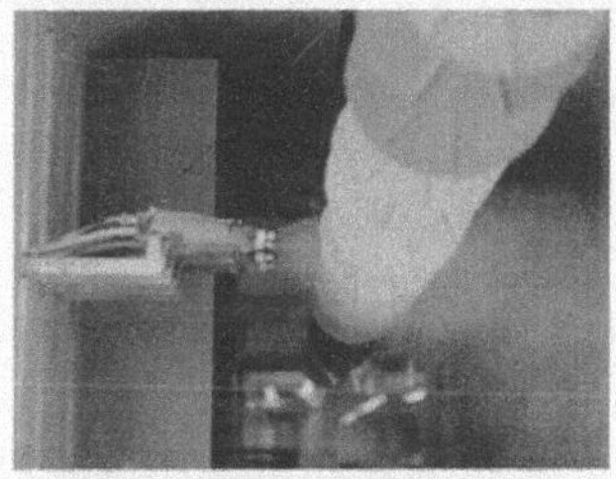

표면경화처리강의 피로파괴 및 파손사례

이 책은 기업에 있어서 설계자, 생산관리기술자, 공정관리나 검사, 품질관리기술자 등 현장기술자들은 물론이고 기계공작법, 금속재료학, 설계, 열처리, 파괴역학, 재료역학, 기계가공 등을 배우는 관련 공학도들에게 표면경화처리강에 대해 보다 쉽게 기초적인 지식의 습득으로부터 응용기술의 습득까지 광범위하게 알 수 있도록 적절한 내용을 담았다. 특히, 산업현장에서는 표면경화처리를 행한 부품이 상당히 많이 제작되어 지고 있으나 이들 부품에 대하여 파손사례 및 해결책에 대해 소개한 책은 찾아보기가 어려워 문제 해결에 많은 어려움을 겪고 있다. 따라서 이를 해결하는데 도움을 주고자 본서를 통하여 쉽게 접근할 수 있도록 하였으며 여러 가지 파손사례를 언급함으로서 현장에서의 애로점에 대한 해결이 본서를 통하여 가능토록 하였다.

Fujiki Sakae 저
남기우 · 안석환 역

도서출판 GS인터비전

머리말

여러 가지 부품이 사용 중에 손상된 경우, 부하응력 형태나 부하응력의 크기, 환경, 또 재료나 열처리 등도 크게 영향을 미친다. 특히, 열처리에 있어서는 그 처리방법의 차이에 의해 금속조직이 달라지고, 인장강도나 피로강도 등이 크게 다르다. 따라서 이들 사항은 손상에 대한 원인의 조사, 재발방지 대책, 장수명화 등에는 중요한 요소이다. 그와 같은 의미에 있어서 이미 「100사례로 알 수 있는 기계부품의 피로파괴·파단면의 보는 방법」(2002년 1월), 「금속재료의 조직변화와 피로강도의 보는 방법」(2004년 2월)을 발간했다. 이들 안내서는 어느 것이나 젊은 기술자를 대상으로 파괴현상, 파단면의 보는 방법, 금속조직과 피로강도의 관계, 파괴사례 등에 있어서 macro적, micro적인 현장 측에 서서 이해하기 쉽게 해설한 것이다. 즉 「100사례」에서는 많은 파괴사례를 포함하여 파단면의 보는 방법에 대한 기초적인 사항에 대해서 서술하고, 또 「금속재료의 조직변화」에서는 일반적인 열처리에 대해서 그 원리와 벌크재의 피로강도에 대해서 평이하게 해설하고 있다.

본서는 이전의 2권의 자매서 중 3부작 째로서 더욱 일보 전진하여 고주파담금질, 침탄, 질화, 확산침투처리 등 표면경화열처리 및 표면개질처리만에 한정하여 기술한 것이다. 내용적으로는 제 1장에서 피로파괴현상과 파손조사, 해석의 방식, 제 2장에 있어서는 균열의 발생과 진전거동 등 파괴모드와 macro적인 파단면 양상, 제 3장에서는 SEM상 아래에 있어서 파괴기구와 micro적인 파단면의 양상을 알기 쉽게 해설하고, 더욱이 제 4장에서는 피로강도에 미치는 여러 가지 인자에 대해서 서술하고, 제 5장에서는 각종의 표면경화처리강의 기계적 특성으로서 합금원소의 영향, 동적충격 특성, 정적 인장강도 등을 평이하게 해설하고, 제 6장에서는 표면경화처리강의 피로강도 특성으로서 피로한도 곡선을 중심으로 기술했다. 제 7장에서는 표면경화처리한 각종의 부품에 대해서 파손한 사례를 경화처리별로 기술하여, 부하응력 형태, 균열의 진행방향, 파괴방지 대책 등에 대해서 개력 해설하였다. 일반적인 열처리강에 있어서 벌크재의 파손사례는 비교적 많으며 입수하는 것이 용이하지만, 표면경화 부품에 있어서는 경화처리 부품 그 자체가 많이 이용되고 있음에도 불구하고 파손사례가 적고 입수하는 것이 어려웠다. 그러나 적지만 50사례를 수집할 수가 있었고 게재할 수 가 있었다. 더욱이 본서에 있어서는 각종의 표면경화법의 원리, 특징 등은 금속조직과 피로파괴에 기술되어져 있기 때문에 삭제했다. 그러나 본서는 이전의 2권과 똑같이 기업에 있어서 젊은 설계자, 생산관리에 종사하는 기술자, 공정관리나 검사, 품질관리 등에 종사하는 기술자에 맞추어 기초적인 지식의 습득으로부터 응용기술의 습득까지 광범위에 걸쳐서 적절한 한권의 책이 될 것이다라고 자부하고 있다.

이번에도 많은 선배제형의 문헌을 참고로 기술했다. 다만 다른 책에 인용된 것을 그대로 다시 인용한 것이 많고, 단위가 예전의 것은 현재의 SI단위로 수정했다. 또 응력 등 그림 속의 kgf/mm^2 등은 MPa로 개정할 경우 9.806을 곱하지 않고 간편하게 10을 곱하였다.

특히 참고문헌으로서 中村宏저 「고주파담금질과 피로강도」(일간공업신문사, 1963년), 일본재료학회편「금속의 피로」(丸善, 1964년), 舟久保熙康타역「금속의 피로」(丸善, 1973년), 河本實감수「금속의 피로와 설계」(코로나사, 1982년)의 출판물로부터의 실험데이터를 많이 참고로 하였다. 수많은 문헌을 게재하는 것에 있어서 명쾌하게 허가해 주신 선배제형 및 출판사의 여러분께 감사를 드림과 동시에 본서의 출판에 있어 크고 많은 협력을 해 주신 (지독)동경도립산업기술연구센터-쇼낭지소의 中村勳씨 및 小酒部雅敏씨 두 사람에게 깊은 감사를 드린다.

2008년 4월

저자

역자의 말

최근 산업기술의 발달과 더불어 기계, 구조물 등 산업부품이 고성능화 및 대형화됨으로서 적용된 소재들이 가혹한 환경 속에서 사용되어 지는 경우가 지속적으로 늘어나고 있는 추세이다. 이와 더불어 이들 소재들에 대한 장수명화가 요구되고 있고, 이는 경제적 및 산업적으로도 필요할 뿐만 아니라 제품의 신뢰성 및 사고방지에도 도움을 줄 수 있다. 따라서 이를 만족하기 위해서는 강도가 높은 재료를 사용하는 것이 가장 바람직하지만 비용적인 면이나 재료의 가공에 있어서도 만만치 않은 것이 현실이다. 이에 사용되는 소재들에 대한 여러 가지 성능향상을 목적으로 신소재 개발 및 제품최적설계 등을 행하고 있는데 이에 대응할 수 있는 기술 중에 하나가 바로 표면개질에 의한 재료의 기계적 성질의 향상을 들 수 있다.

이 책은 머리말에서도 언급한 것처럼 고주파담금질, 침탄, 질화, 확산침투처리 등 표면경화열처리 및 표면개질처리 만에 한정하여 기술한 것이다. 1장에서는 피로파괴현상과 파손조사의 방법, 2장에서는 파괴모드와 macro적인 파단면의 양상, 3장에서는 파괴기구와 micro적인 파단면의 양상, 4장에서는 피로강도에 미치는 여러 가지 인자, 5장에서는 표면경화처리강의 기계적 특성으로서 합금원소의 영향, 동적충격 특성, 정적인 장강도 등을, 6장에서는 표면경화처리강의 피로강도 특성으로서 피로한도 곡선을 중심으로 기술하고, 7장에서는 표면경화처리한 각종의 부품에 대해서 파괴·파단면의 사례를 경화처리별로 기술하여 유사한 사례를 간접적으로라도 경험할 수 있도록 배려하였다.

더욱이, 이 책은 기업에 있어서 설계사, 생산관리기술자, 공정관리나 검사, 품질관리기술자 등 현장기술자들은 물론이고 기계공작법, 금속재료학, 설계, 열처리, 파괴역학, 재료역학, 기계가공 등을 배우는 관련 공학도들에게 표면경화처리강에 대해 보다 쉽게 기초적인 지식의 습득으로부터 응용기술의 습득까지 광범위하게 알 수 있도록 적절한 내용을 담았다. 이 한권의 책으로 학생, 산업기술자, 연구자 들이 각종 문제 해결을 보다 용이하게 할 수 있도록 도움을 주고자 하였다. 또한 특히, 산업현장에서는 표면경화 처리를 행한 부품이 상당히 많이 제작되어 지고 있으나 이들 부품에 대하여 파손사례 및 해결책에 대해 소개한 책은 찾아보기가 어려워 문제 해결에 많은 어려움을 겪고 있다. 따라서 이를 해결하는데 도움을 주고자 본서를 통하여 쉽게 접근할 수 있도록 하였으며 여러 가지 파손사례를 언급함으로서 현장에서의 애로점에 대한 해결이 본서를 통하여 가능토록 하였다.

끝으로 이 책을 출판하는데 도움을 주신 GS인터비전의 관계자 여러분께 진심으로 감사의 뜻을 표하는 바이다.

2011년 12월
역자들 씀

차 례

1 chapter

피로파괴현상과 파손조사의 방법

1.1 피로현상이란
1.2 분쟁해결의 각오
1.3 파손해석의 순서와 시료의 준비
1.4 스퍼터링과 금속에칭
1.5 손상부의 시작
1.6 이차균열의 시작
1.7 손상부품의 취급과 주의
1.8 파손해석의 도구와 수법
1.9 손상조사의 체크포인트

1.1 피로현상이란

피로로 불리어지고 있는 현상은 옛날부터 알려진 현상이며 1896년 독일의 ALBERT[1)]가 Stahl und Eisen 에 연구논문을 발표한 것이 최초라고 생각된다. 그러나 그는 그 이전(1829년)에 광산용 chain의 실용화를 목적으로 반복인장시험을 행하였다. 실험조건은 1분간에 10회, 합계 10만회 반복인장하중을 가하였다. 이와 같은 실험의 근거로 되고 있는 것은 사용 중인 chain에 반복인장하중을 작용시키면 정적인 부하응력(강도)보다도 훨씬 작은 응력에서도 파괴해 버리고 만다라고 하는 현상에 조우했기 때문이다. 이와 같은 현상이 세계적인 풍조로 되어 영국을 시작으로 해서 각국이 그 연구에 적극적으로 몰두했다. 기계분야에서는 1843년 영국의 젊은 철도기사 Rankine[2)]가 피로파괴에 대해서 특유한 성질이 있는 것을 간파하여 예각부를 가진 부품은 파괴의 위험성이 있는 것을 지적하고 있다. 이 당시의 연구자에 게 있어서는 특히 관심이 컸던 것은 철도용의 rail이나 차축의 파손에 집중해 있었던 것 같다.

그 후 지금까지, 일본도 예외이지 않고 세계 속에서 피로에 관한 여러 가지 검토가 행하여져 왔다. 일본재료학회로부터 피로의 추세로 제목을 붙여서 년 1회 국내외에 있어서의 발표논문이 집적되어 간행물로서 간행되고 있는데, 그 수는 매우 많고 또 그 내용도 여러 분야에 이르고 있다. 즉 과거 200년 가깝게 피로에 대한 현상이나 피로파괴에 대한 의론이 행하여시고 있는네 아직 계통적인 결론은 나오지 않고 있는 것이 현상이다. 따라서 피로현상 혹은 피로파괴현상 등에 대해서는 그 내용이 복잡다기에 이르고 있기 때문에 꽤 해설되어져 오고는 있지만 계통적인 결론은 도출되어져 있지 않다. 그러나 일반적으로는 철강재료의 경우는 「정적인 파단하중 이하에서는 물론이며, 탄성한도 이하의 일정 축응력 하에 있어서도 이 응력이 충분히 반복적으로 가해진 경우에는 파단한다」 또, 「파단은 최대응력과 최소응력과의 사이의 편차가 어느 한도치보다 아래에 있는 경우는 반복수가 아무리 많아져도 발생하지 않는다」 등, 일단의 정의가 내려져 있다.

사용 중인 기계부품이나 반송부품 등이 반복응력에 의해 파괴할 경우 90% 이상이 피로에 의한 파괴이며, 파괴의 특징은 정적인 응력에 의한 파괴의 1/2~1/3의 작은 응력에 의해 발생하는 것이다. 이와 같은 현상이 과거에 있어서 발견되어 현재에 이르기까지 수많은 연구자나 기술자가 많은 문제에 직면해가면서도 그 힘을 결집해 왔다.

피로」 혹은 「피로파괴현상」이라고 하는 것은 어떤 현상일까. 한마디로 말하기는 어렵지만 일반적으로는「반복 응력(stress) 혹은 변형률(strain)에 의해 사용부재의 표면 혹은 내부가 damage를 받는 현상」으로 생각하는 것이 타당하다. 그 damage라고 하는 것은 원자간 레벨의 문제이며, 결정격자의 결함이나 어긋남(나선전위, 칼날전위 등)등이 피로현상에 관여하고 있다. 피로에 관하여 간단하게 말하면, 파괴할 것 같은 큰 힘을 주지 않더라도 작은 힘을 반복해서 주면 재료 내부가 단계적으로 약해져 파괴되어지는 것이다. 이와 같은 경향을 재료의 피로라고 말하고 있다.

여기서 말하는 반복수라고 하는 것은 도대체 어느 정도의 회수를 가지고 이야기하면 좋을까. 한마디로 말하면, 파괴 혹은 손상발생까지의 반복수라고 하는 것은 「2회 이상의 응력이 반복 부하된 경우, 손상이 생기거나 파괴가 생기거나 하는 현상」이라고 말 할 수 있다. 예를 들면, 일정응력을 부하속도를 바꾸지 않고 탄성역까지 당긴 경우의 파괴는 피로파괴라고는 하지 않는다. 이것은 정적인장파단현상이다. 또, 정적인장하중을 가한 경우라도 파단까지 부하속도를 바꾸거나 부하하중이 바뀌면 피로현상으로 되고 정적인장이라고는 말하지 않는다. 즉, 그림 1.1에 나타내듯이 1회의 부하응력이 작용하여 파괴한 경우는 정적인장, 그림 1.2와 같이 2~3회의 반복부하응력이 작용한 경우는 피로 혹은 피로현상이라고 말한다.

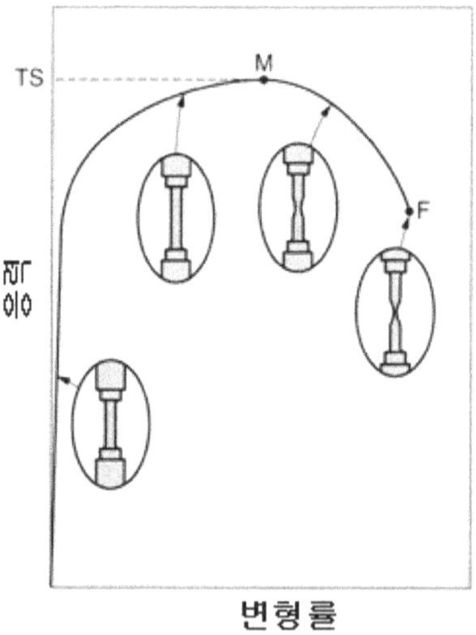

그림 1.1 정적인장하중에 있어서 응력-변형율 선도

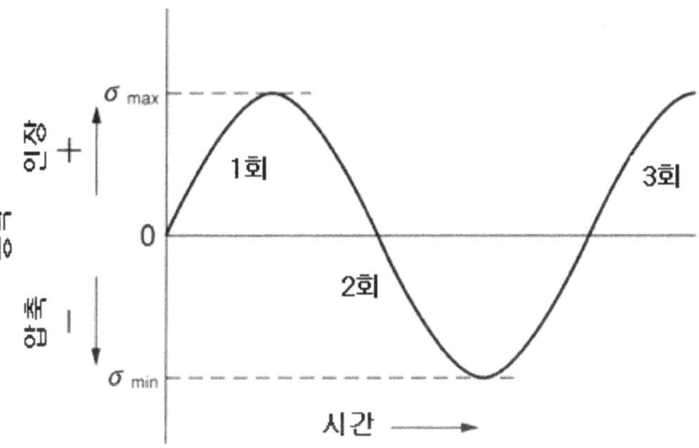

(a)

그림 1.2 피로현상에 있어서 응력의 시간적 변동

또, 피로파괴현상이라고 하는 것은 2~3회의 저반복수에서 파괴(동적 creep라고 말한다)한 경우라도, $10^{5\sim6}$회의 고반복수(고사이클피로)에서 파괴한 경우라도 피로파괴현상이다. 이하 피로강도 혹은 피로파괴현상에 대해서 또, 피로에 의해 생긴 파괴파면에 대해서 개략적으로 해설한다.

1.2 분쟁해결의 각오

1.2.1 파손사고 조사와 재발 방지를 위한 각오

(1) 먼저, 파손품의 사고를 조사하여, 재발 방지 혹은 장수명화 시키기 위해서는 첫째로 재료 메이커(maker), 부품의 제작자, 그 부품의 가공(열처리, 도금, 용접 등)메이커, 사용자 등이 잘 협력하여야 한다. 때에 따라서는 고액의 배상문제로 되는 경우가 있으며, 또 재판까지 가는 일도 있다. 서로가 파손된 현실을 겸허하게 인식하여 잘 협력할 일이다. 서로가 이해관계를 우선으로 하여 책임을 회피해서는 문제는 해결되지 않는다. 어느 부서가 잘못한 것인가, 잘한 것인가 말할 것이 아니라, 서로가 협력해서 파손원인의 구명을 철저하게 하는 것이 정확한 결과

와 재발 방지, 또 장수명화의 첫걸음이다.

(2) 전술했던 것처럼, 파손원인의 대부분은 재료설계도 포함하여 설계의 문제이다. 설계자는 파손된 사실을 겸허하게 받아들여 다시 한번 원점으로 돌아가서 응력계산, 재료강도의 문제 등을 재고해야만 한다. 의외로 설계자 중에는 직업적인 감각을 가진 사람이 많고 자신이 설계한 부품은 틀림없다라고 자부하고 있는 경우가 많다. 안전계수를 5배 혹은 6배로 해서 설계한 부품이 단시간에 파손한 경우는 현실적으로 파손된 사실을 확실하게 인식하여 다시 한번 백지상태로 돌아가서 0으로부터 재료설계나 강도설계를 고려해야만 한다.

(3) 파손품의 사고조사를 성공시키기 위해서는 파손품뿐만 아니라 그 주변도 상세하게 검토해야만 한다. 파손품은 기계적으로 성능적으로 문제는 없는가,
주위의 진동이나 진폭, 변형을 받아 강도적으로 약한 부분의 개소가 외관상 과대한 응력이 되어 파손하는 경우가 의외로 많다.

따라서 파손해석의 key point는 파손한 부품이 실제로 가동하고 있는 상태를 관찰하여 파손한 부품개소는 물론, 주변부도 포함해서 사용(기계가 움직이고 있는 상태)하고 있는 상태를 관찰하여 검토하는 것이 중요하다.

(4) 일반적으로 파손원인을 조사하는 경우, 사용재료(열처리나 도금, 용접 등을 포함)가 나쁜가 혹은 사용법이 나쁜가가 토론의 대상이 된다. 저자의 경험으로부터 파손품이 발생할 확률이 높은가 낮은가가 큰 문제의 하나라고 생각하고 있다. 100개 중에 1개, 혹은 1000개에서 수개의 파손품이 발생하는 경우는 대체로 사용법이 적정하지 않았든지, 또는 돌발적인 현상이 중첩되어 발생했다고 생각하더라도 상관없다.

사용재료가 맞지 않거나, 혹은 열처리 가공이 나쁘거나 하는 경우, 또 도금 등과 같은 가공이 부적절한 경우 더구나 설계나 강도설계가 잘못된 경우에는 파손 혹은 손상이 발생할 확률이 높다. 예를 들면 기계부품을 선반가공 한 경우 숙련자로부터 초보자로 바뀐 순간에 파손율이 높아지는 경우도 있다. 또, 동일한 기계의 동일한 부품만이 파손하여 새로운 부품으로 교환해도 단시간에 재차 파손하는 경우도 있다. 이와 같은 경우는 파손품만 원인을 파악해서는 해결되지 않는다. 기계전체를 조사할 필요가 있다. 더욱이, 1 lot 중에서 30%~40% 파손품이 발생하는 경우는 설계나 재료의 강도설계 등의 양부를 의심하는 것이 제일 우선이다.

1.2.2 파손원인의 파악

손상이라든가 파손이라든가로 불리어지는 현상에는 정확한 정의는 없지만, 일반적으로 생각하면, 그림 1.3에 나타낸 것처럼 사용 중인 부품이 파괴해서 정상 기능을 다하지 못하게 된 상태라고 말 할 수 있다. 그러나 피로현상의 경우는 다소의 균열이 발생해 있더라도 균열의 진전속도가 매우 느리고 2개 이상의 부품으로 분할되지 않는 한, 반드시 사용할 수 없다라고 하는 것은 아니다. 따라서 파손해석에는 파괴현상을 포함해 그 원인을 특정하기 위해 부품의 형상이나 파손상황 등, 여러 가지를 검토하는 것이 중요하다. 파손의 원인을 대별하면 다음과 같다.

(1) 설계의 실수

설계도면의 잘못이나 재료강도설계(사용응력에 적합한 재료의 선택)도 포함하여 파손원인으로 가장 많은 것이이 문제이다.

a) 부품의 형상과 치수(통상은 응력해석과 기하학 형상에 의해 결정되지만, 정확하게 계산되어지지 않았기 때문에 발생하는 손상)가 부적절
b) 사용재료의 강도(목적에 따른 재료의 선택과 처리방법)
c) 사용재료의 성질(내식성, 내열성, 전기전도율, 열전도율, 온도, 습도 등)

(2) 잘못된 사용

부품류가 설계시의 상정과 다른 조건 아래에서 사용된 경우에 생기는 손상이다.

(3) 조립의 실수 혹은 유지불량

조립의 실수는 예를 들면 볼트·너트의 조임 누락, 조임 과다, shaft 등의 중심 내기 불량, 부적절한 윤활유의 사용 등이다.

표 1.1은 파손원인을 빈도별로 나타낸 것이며[3] 재료의 선택 실수가 38%로 가장 많다. 제조시의 결함과 열처리 결함이 15%, 역학적인 설계 실수가 11%, 또 예측할 수 없었던 조작 조건의 실수가 8%를 점하고 있다. 또, 저자가 오랜 세월에 걸친 의뢰시험을 집약한 결과를 통계적으로 나타내면, 설계에 의한 실수가 53%, 사용조건이나 환경에 의한 경우가 28%, 재료결함이 7%, 용접이나 취부불량에 의

한 것이 6%, 열처리의 부적절에 의한 것이 4% 정도이며, 그 외가 2% 정도이다. 이와 같은 조사결과는 앞서 서술한 내용과 유사하다.

또, 파손원인에 관한 정보수집 결과를 그 발생원인과 대비해서 생각해 보면 다음과 같다. 이 문제는 매우 흥미 깊은 사항의 하나이다.

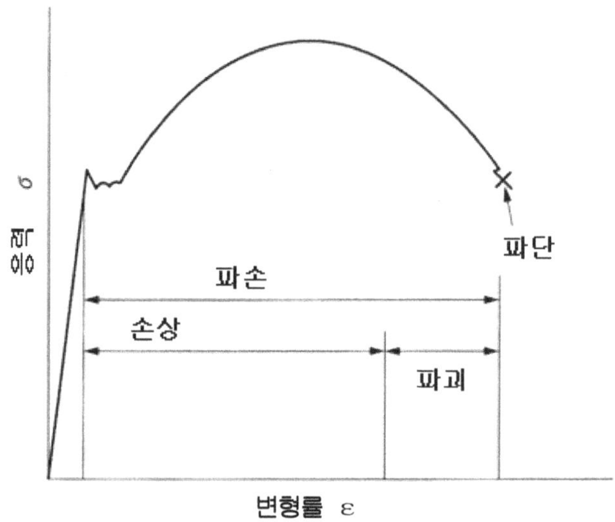

그림 1.3 파손의 정의

표 1.1 파손원인별 빈도[3)]

원 인	%
재료선택의 잘못	38
제조시 결함	15
열처리시의 결함	15
역학적인 설계상의 실수	11
예측할 수 없었던 조작 조건	8
환경의 제어 부족	6
감시·보수의 불충분성	5
재료의 혼입	2

① 재료선택의 적절/부적절

표 1.1에 나타낸 것처럼 사용재료의 타당성이 문제이다.

② 설계에서 실수

설계도면이나 사용재료의 강도에 관한 인식부족으로부터 발생하는 손상이다. 예를 들면 단 붙임 부의 만곡(round)반경의 부족, 가벼운 설계변경, 동일 부품을 한층 높은 용량의 기계부품으로서 사용, 또 설계기준의 불완전성에 기인한 경우도 있다. 이들이 적절한 가 적절하지 못한 가를 검토하기 위해서는

a) 파단면 및 그 근방에서 고찰하여 연성파괴인가 아닌가(과대한 변형, 탄성 혹은 소성변형 상태에서의 찢어짐, 전단파괴인가 아닌가).

b) 취성파괴인가 아닌 가(파단형상이나 파단면의 거칠기 등으로부터, 균열진전속도가 빠른 가 아닌 가)

c) 파단면으로부터 고찰하여 피로파괴파면인 가 아닌 가(반복부하응력 방향, 부하응력의 종류, 부하응력의 크기, 변형률 사이클, 열피로, 부식피로인 가 아닌 가, 전동피로인가 아닌가, 프레팅(fretting) 피로인가 아닌가)

d) 고온피로인가 아닌가(creep, 산화, 국부용융, 변형) 등.

e) 자연 파괴인가 아닌가(파면상으로 부터 수소취화, 부식취화, 환경에 지배된 저속의 부식).

f) 형상으로부터 추찰해서 과승한 응력집중인가 아닌가(단 붙임부의 R 혹은 C 부족)

g) 강도계산에 있어서 응력해석이 불충분, 또 형상이 복잡해서 최초부터 충분한 응력평가가 이루어지지 않음.

h) 사용 중인 부하응력의 종류를 알지 못하기 때문에 인장시험에 의한 기계적 성질만으로 설계한 것에 의한 파손.

③ 제조과정의 실수

제조과정의 실수는 재료결함, 기계가공, 열처리, 표면처리, 용접 등을 포함한 결함이다.

a) 소재 내부의 결함(비금속개재물, 단조에 의한 산화물의 혼입).

b) 소재에 있어서의 ingot pattern(주조결함, 국부적수축(sink marks), pipe, 백점 등).

c) 부품가공시의 결함(부분적인 소성변형, 체결시의 결함, 표면 박리).

d) 기계가공, 연삭, 천공가공 등에 의한 결함(황삭, 연삭조흔, 가공그을음, pin 체결법, 타흔 등).

e) 용접시의 실수(용접에 의한 산화물의 혼입, 용입부족, 잔류응력, under cut부, under bead crack, HAZ 등).

f) 열처리에 의한 실수(결정립의 조대화, 과열, 가열부족, 담금질불완전, 잔류오스테나이트, 침탄부족, 고르지 못한 경도, 탈탄, 입계산화 등).

g) 조립시의 실수(중심의 어긋남, 축심의 어긋남, 안이한 축 맞춤, 부품끼리의 부적합 등).

④ 사용 중의 마모, 부식, 피로에 의한 기능저하.

a) 과부하 혹은 예측할 수 없는 부하조건에 의한 피로손상.

b) 마찰·마모에 의한 손상(마모, seizure(녹아 붙음), 부식마모, cavitation, 유체에 의한 손모).

c) 화학물질에 의한 부식 및 열화에 의한 손상(전기화학적 부식, 화학적 부식, 응력부식, 부식피로, 탈아연 현상, 그 외 환경에 의한 오염 등).

d) 사용 중의 실수(충격적인 응력, 온도 상승, 진동, 열응력 등).

이와 같이 많은 파손사고는 파괴를 수반하여 발생하는 것이며, 파손해석에는 여러 가지 입장으로부터 재료역학적, 금속조직학적, 파괴역학적 등의 입장에 서서 조사하는 것이 불가결하다.

1.2.3 파손품의 보존

파손해석을 행할 경우 다음 8가지의 사항에 대해서 수순에 맞게 행하는 것이 해석에 의한 결론을 정확하고 빠르게 얻을 수 있는 수법이다.

(1) 파손상황의 기록을 얻는 것이다. 파손에 이르기까지의 경과는 파손의 역사를 기록한 것으로 범인 찾기의 기본이 된다. 따라서 파손에 관한 혹은 정보를 모으는 것이다. 예를 들어 사용재질의 이력, 기계적, 물리적, 화학적특성 등 또 사용상황에 대해서 환경, 부하응력 형태, 파손부 이외의 주변부의 상황 등 상세하게 조사하여 기록해 두는 것이 중요하다. 가능하면 실제 움직이는 상황을 카메라에 넣어 두는 것도 중요하다.

(2) 파손품의 파단면 또는 파단면 근방을 거시적으로 관찰하여 검토하는 것이다. 특히 파손품에는 상처를 입히지 않도록 주의하여 파단면을 스케치하여 두거나 또는 여러 방향에서 입사광을 바꿔서 사진촬영을 실시하여 거시적인 사진을 필름상 또는 컴퓨터상에 기록하여 남겨두는 것이 중요하다.

(3) 원점으로 되돌아가서 역학적 응력해석을 충분하게 실시하는 것이 중요하다. 파손부분이 역학적으로 중요한 부분이라면 역학적 응력해석은 불가결하다. 설계자는 원점으로 돌아가서 응력해석 결과로부터 치수, 형상이 충분한가 아닌가 재검토할 필요가 있다. 또 재료적으로도 강도가 충분한가 아닌가를 검토하면 손상원인을 판단하는 것이 가능하고 재발방지나 장수명화에 도움이 된다.

(4) 사용재료의 성분분석을 실시하여 사용조건에 적합한 강도를 충분하게 가지는가 아닌가, 또 부식에 대한 저항성 등을 검토할 필요가 있다.

(5) 파단면을 fractography적 견지에 서서 거시적, 미시적으로 검토한다. 파단면은 파손의 역사를 남긴 산 증인이다. 중요하게 취급하여 광학현미경 혹은 SEM 등을 사용하여 파단면 표면의 검사를 실시하여 파괴의 기구를 특정한다.

(6) 최종적으로는 금속조직학적으로 조사하여 열처리의 좋고 나쁨, 개재물, 결정립도 등 파손에 관한 정보를 확인한다.

(7) 사용재질의 기계적특성을 조사하여 파손과의 관련을 검토한다. 경도, 인장강도, 항복점, 연신, 단면수축, 충격치 등을 구해서 파손과의 관련을 조사한다.

(8) 최후로 파손의 시뮬레이션을 행한다. 실험실적이지만 파손부와 같은 부하응력을 부여하여 파손의 재현실험을 실시한다. 그러나 일반적으로는 많은 비용과 시간이 걸리기 때문에 현실적이지 않다.

1.3 파손해석의 순서와 시료의 준비

◆ **파손해석에 필요한 항목으로서,**

(1) 사용재료의 조사로써 제강이력(ingot으로부터의 제조인가, 연속주조에 의한 것인가 등), 압연재인가 단조재인가, 금속조직을 포함한 열처리 상황 (불림인가 풀림재인가, 담금질· 뜨임재인가, 조질재인가 혹은 고주파담금질, 침탄, 질화 등의 표면경화재인가), 또 X선이나 화학분석에 의해 재료의 첨가원소의 종류와 양의 파악, 비금속개재물 등의 불순물에 대해서도 다방면으로부터 정보를 수집한다. 더욱이 인장강도나 경도, 충격치, 피로 등의 기계적특성도 조사할 필요가 있다. 또 표면의 성상이나 잔류응력, 손상부 근방의 외관 등에 대해서 거시적, 미시적으로 상세하게 검토하는 것도 중요하다.

(2) 설계 및 사용조건에 대해서 외부응력의 종류와 크기, 반복수, 사용환경에 있어서는 온도, 습도, 분위기 등 그 외 수복이나 보수의 이력이 있는가 없는가를 검토하여 최후에 시뮬레이션을 실험실적으로 실시하여 그 데이터를 실기로 반영시키는 것이다.

파손해석의 순서로서는 상기의 사항에 대해서 먼저 비파괴적으로 검사하는 것이다. 최초에 파괴적으로 금속분석이나 금속조직을 검토하면, 전술한 것처럼 파손의 과정이 삭감되어 버려, 증거가 남지 않게 되어 버린다.

따라서 파손품에 대해서

① 먼저, 전술한 것과 같이 사진 1.1에 나타난 것처럼 파손품의 거시적인 외관 및 파단면을 입사광을 여러 가지로 바꿔서 촬영하여[4], 사진영상상 혹은 컴퓨터상에 기록하여 남겨둔다. 이것은 재발사고의 조사 혹은 재발방지에 도움이 된다.

② 파손으로부터 시간의 경과가 적은 것은 비교적 녹의 발생이 적고, 그대로의 상태로 관찰이 가능하지만, 대부분의 경우는 녹이 있거나 유지류가 부착 되어 있거나 한다. 또 부식 환경에서 사용된 손상품의 경우는 특히 녹의 발생이 현저하다. 녹이 부착해 있거나 유지류가 붙어 있으면 후술하는 전자현미경이나 microphotography 등으로 관찰하는 경우, 오염을 일으키거나, 경우에 따라서는 파괴의 기구를 아는 것이 곤란하게 되어 버린다. 사진 1.2는 녹

이 파면상에 생성되어 있는 볼트의 예이다. 먼저 파면상에 생성되어 있는 녹 혹은 기름. 찌꺼기 등의 더러움을 제거하기 위해서는 건조공기를 불어서 제거하든가 사용한지 오래된 솔을 사용하여 물로 씻어내는 것이 좋다. 물로 씻어내는 경우는 수도수를 사용하여 수직으로 흐르게 한 상태로 가볍게 가는 정도로 한다. 물로 씻어내는 것에 의해 탄소나 찌꺼기계의 부착물은 대부분 제거할 수 가 있다. 와이어 브러쉬나 놋쇠솔 등 금속제 솔을 이용하면 파단면이 깎일수 있고 또 솔의 자국이 잔존하여 마치 후술하는 비치마크(조개껍데기 모양)나 스트라이에이션 모양이 될 우려가 있기 때문에 사용해서는 안 된다.

③ 물로 씻어서 녹이 떨어지지 않는 경우는 기계적인 박리방법으로서 레프리카법이 있다. 이 방법은 초산메틸에 담근 아세틸셀룰로스를 사용하여 10분간 정도 붙인 후 그 테이프를 벗긴다. 이 조작을 3~4회 반복하여 실시하면 비교적 파단면은 청정화 된다. 의외로 효과적인것은 셀로판테이프다. 이 경우도 수회 반복하여 실시하여 최후에 아세톤, 알콜 등의 유기용제로 세정한다. 더욱이 딱딱한 부착물은 3% 염산 알콜용액+인히비터나 6NGCI 알콜용액 +2g/1 헥사메틸테트라민 등을 사용하여 녹의 상태에 맞추어 1~10분간 정도 침지하거나 초음파세정을 실시한다. 또는 1% H_2SO_4 수용액 +인히비터 등을 이용한 양극전해법 등도 있지만 어느 쪽으로 해도 녹이나 부착물을 제거하는 단계에서 파면 및 그 근방에 데미지를 입혀서는 안된다. 유기용제를 사용하여 초음파세정을 실시하는 것도 효과적이다.

초음파세정에 의해 표면에 부착된 찌꺼기 혹은 미립자등은 제거하는 것이 가능하다. 하지만 초음파세정의 경우는 파단면상에 존재하고 있는 특정성분도 제거해 버리기 때문에 이와 같은 경우는 먼저 성분분석을 실시한 뒤 초음파세정을 실시하는 편이 좋다. 사진 1.3(a)는 세정전의 파면상에 녹이 발생하여 있는 상태, 또 (b)는 녹을 화학약품을 사용하여 제거한 전현상이다. 녹이 발생하여 있는 상태에서는 파면상에서는 파괴의 과정을 아는 것이 불가능하고, 또 녹을 제거한 파면은 피로파괴 특유의 스트라이에이션 모양이 관찰된다.

④ 또, 파단면상에서 파손을 유발하는 원소, 예를 들면 유황, 염소 등 응력부식균열인가 아닌가, 파괴의 균열발생기점 근방에 파손에 직접 관계하는 것 같은 이물이 존재하고 있는 경우는 물로 씻어내는 것이나 산 종류에 의해 흐

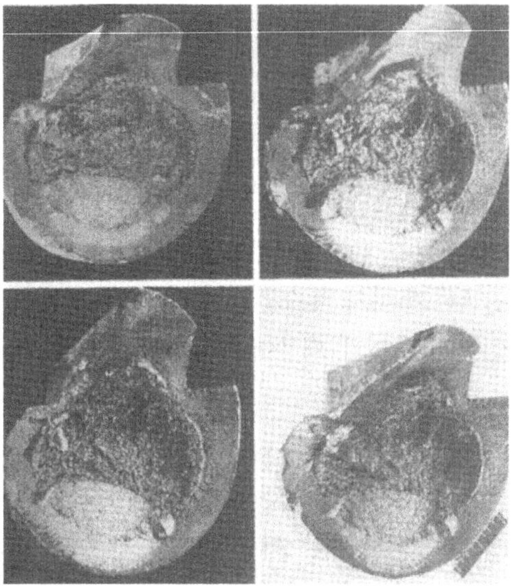

사진 1.1 입사광을 바꾸어 촬영한 고주파담금질 스플라인의 파단면[4]

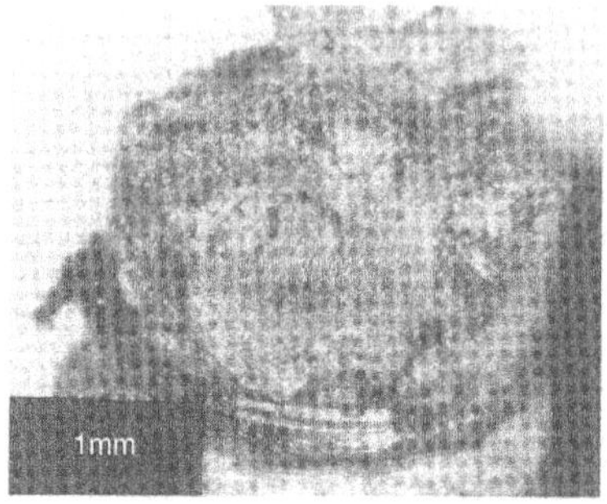

사진 1.2 녹이 발생해 있는 볼트의 파단면

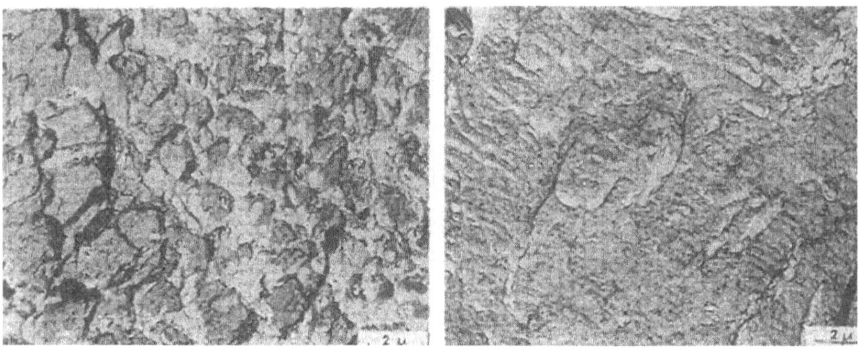

(a) 세정 전 (b) 세정 후

사진 1.3 녹의 세정 전후의 파단면

르거나 녹이거나 해서 제거되어 버릴 우려가 있다. 물론 손으로 만져도 유지류가 부착하여 분석에 지장을 주기 때문에 세심하게 주의할 필요가 있다. 절단해서 작은 조각으로 할 경우는 파단면에는 충분하게 주의하고 세톱 절단

등으로 해서 관찰할 필요가 있다. 따라서 표면이 청정한가 아닌가에 따라서는 무엇을 관찰하여 무엇을 분석할 것인가를 잘 파악해서 어떠한 수단으로 표면을 청정하게 할 것인가를 잘 고려해서 실시하는 것이 바람직하다.

⑤ 적절한 파손해석결과가 얻어진 시료는 스크랩해서 폐각되지 않게 파손품의 파단면 혹은 잔재를 녹슬지 않게 기름 등을 도포하거나 또는 건조제를 넣은 데시게이터안에 보존해두는 것이 중요하다. 이것은 귀중한 데이터이며 재발방지나 장수명화에 의외로 도움이 되는 것이 많다.

1.4 스퍼터링과 금속에칭

파단면상에 녹 형상의 부식생성물이 존재하여 있거나 전자선에 의한 도통이 없는 시료(전기전도가 없다) 등에 있어서는 오염이 발생하거나 선명한 사진을 촬영하는 것이 불가능하다. 특히 파단면을 고배율로 검토하는 경우에는 문제가 된다. 따라서 파단면상에 금이나 탄소 등을 스퍼터링에 의해 증착하거나 혹은 W나 Cr 등의 금속을 이용하여 금속 에칭에 의해 청정하게 할 필요가 있다. 하지만 파단면상의 이물을 분석하여 손상원인과의 관계를 검토하는 경우, 스퍼터링한 증착물, 에칭 등에 의해 표면을 청정하게 한 금속원소가 분석의 단계에서 동일시되거나 또 서로 겹친 피크로써 관찰된다. 이와 같은 경우에는 정확한 결과를 얻을 수 없게 된다. 따라서 미리 어떤 원소가 파단면상에 존재하고 있는지 에너지형 분광분석계 등에 의해 충분하게 파악한 후 코팅하는 것이 바람직하다.

1.5 손상부의 시작

작은 샘플에서는 그대로의 상태로 SEM(주사형전자현미경) 등으로 관찰하는 것이 가능하지만 많은 경우 관찰기구에 의해서는 샘플의 치수에 한도가 있다. 이와 같은 경우는 손상부를 포함한 적당한 크기로 절단하여 잘라 낼 필요가 있다. 이와 같은 절단에서 주의하지 않으면 안되는 점은 파단면이 새로운 손상을 받거나, 변질하지 않도록 충분히 신경을 써야만 한다. 큰 손상부품은 필요한 부분을 녹여서 끊어 적출하는 것이 일반적이다. 이 때, 파단면이 열에 의해 변색되거나 파단면상에 용융물 등이 부착되지 않도록 파단면에서 충분히 떨어진 위치에서 절단하는 것이 중요하다.

작은 물품의 경우는 쇠톱이나 고속절단기를 이용하는 것이 많다. 쇠톱의 경우는 큰 문제가 없지만 고속절단기에 의한 경우는 냉각제의 종류에 따라서 파단면상의 이물이나 분석원소를 씻어내어 버릴 우려가 있다. 따라서 절단할 때에는 충분히 주의해서 절단 후에는 목적에 따라서 즉시 유기용제를 도포하거나 세정 후 빨리 건조할 필요가 있다. 절단시에 파단면을 보호할 목적으로 락카나 방청유등을 도포하는 것도 유효한 수단이다.

1.6 이차균열의 시작

주균열에 있어서 녹 등의 손상이 현저하고 관찰이 불가능한 경우는 이차균열을 개구하여 그 파면을 조사할 필요가 있다. 이차균열은 손상이 심한 주균열보다도, 보다 많은 정보를 가져오는 경우도 있다. 왜냐하면 개구한 이차균열은 주균열보다도 작지만 녹 등의 손상도 적고 또, 최종파단부에 도달하지 않은 면을 나타내고 있기 때문에 균열의 진전과정 등 새로운 정보가 많다.

이차균열의 개구에는

① 형상적으로 가능하면 인장시험기로 안장파단면을 얻는다.

② 샘플을 바이스에 끼워서 해머로 두드려서 파단면을 얻는다.

③ 샘플을 펜치나 플라이어에 끼워서 굽힘, 비틀림 응력을 가해서 파단면을 얻는다.

④ 드라이아이스 +알콜 또는 액체질소에 침전시켜 취화시켜 파단면을 얻는다.

방법 등이 있다.

이와 같은 방법에 의해 최종파단부도 포함하여 파단면을 노출시키지만 이 경우 주균열과 분별되도록 하는 것이 중요하다. 또 파단하기 전에 이차균열의 길이를 구해두는 것도 피로파괴나 파괴기구의 해석에 중요하다. 이것은 개구전의 균열면의 간격, 길이 등으로부터 균열개구량이 결정될 수 있기 때문이다.

1.7 손상부품의 취급과 주의

손상부품을 검사하는 경우 실험실적으로 행하는 것이 많아 검사를 실시하기까지의 사이에 습도가 높은 장소에 보관해 두는 경우는 녹이나 변색이 생길 수 있다. 그 같은 경우에는 파단면을 피복하거나 혹은 플라스틱 봉지에 넣거나 또는 데시게이터 안에 보관하여 파괴될 때의 파단면상태를 가지도록 주의할 필요가 있다. 따라서 파손부의 표면은 손으로 만지거나, 파면 간에 스치거나, 깎거나 날카로운 기구 등으로 상처를 입혀서는 않된다. 또 전술한 것처럼 녹 등이 생기거나 하면 정확한 정보를 얻을 수 없게 된다. 손상부품의 취급법에는 특히 주의 깊게 대응할 필요가 있다.

1.8 파손해석의 도구와 수법

파손해석을 행하는 경우, 전술한 것처럼 먼저 비파괴적으로 검토한 다음 파괴적으로 조사하여 양자의 결과로부터 종합판단해서 결론을 내는 것이 바람직하다. 먼저 비파괴적으로는 거시적으로 파단면모양의 관찰, 파단면의 착색, 부착물의 유무, 파단면근방의 표면상태 등을 조사한다. 그 도구로써 확대경, 자석, 봉줄, 자, 전자현미경 등을 이용한다. 또 파괴적으로는 금속현미경, 불꽃시험 등에 의해 검토한다.

(1) 확대경 (현미경, 망원경등)

최종적으로는 전자현미경등을 사용하여 미시적으로 관찰하지 않으면 파손결과가 얻어지지 않는 경우도 있지만 먼저 확대경을 이용하여 거시적으로 파단면을 관찰한다. 이 경우 확대경의 배율은 8~10배 정도의 것이 좋다. 너무 배율이 높게 되면 집점 심도의 문제부터 역으로 관찰이 곤란하게 되어 정확한 결과를 얻을 수 없는 경우도 있다. 10배 이하의 확대경을 이용하여 파단면에서 균열발생기점, 균열의 진전방향, 비치마크의 유무, 표면의 마무리상태 등, 파단면 및 그 근방을 상세하게 관찰한다.

(2) 마그네트 (자석)

자석에 붙는 가 붙지 않는가에 의해 철강재료인가 비철금속재료인가 또 플라스틱류인가, 고무인가, 유리인가 등을 판단한다. 그러나 철강재료 중에서도 오스테나이트계 스테인리스강, 고 Mn강 등은 자성이 없기 때문에 자석에 붙지 않는다.

(3) 봉줄(경도는 보통 60 HRC 정도)

파손품을 줄로 문질러 미끄러짐(60〈 HRC), 걸리는 경향(56~60 HRC), 걸림(59〉 HRC)에 의해 경도를 판단하여 열처리의 유무 등을 판단한다.

(4) 자(스케일)

파손품이 피로파괴를 한 경우는 균열발생기점 근방의 ratchet mark(단차모양)의 길이, 피로균열진전 영역, 최종파단부의 면적(길이) 등을 자로 검토한다. 여러 가지 값에 의해 설계응력에 대해서 재료의 강도부족인가 아닌가 또, 과대한 부하응력의 작용에 의한 파손인가 아닌가, 충격적인 과대부하응력에 의한 균열발생인가 아닌가 등이 파악 가능하다.

(5) 전자현미경(주사형전자현미경)

파단면을 거시적으로 관찰하면 최종적으로는 전자현미경을 이용하여 미시적으로 관찰하여 파손의 기구 등을 상세하게 검토한다. 이 경우 투과형전자현미경으로도 좋지만 시료의 작성에 노력이 걸리는 것에 비교적 얻을 수 있는 정보는 주사형 전자현미경과 차이가 없다. 또 주사형의 쪽이 시료의 작성이 간편하고 경우에 따라서는 손상품을 그대로의 상태로 관찰할 수 가 있다. 더욱이 전자현미경으로 관찰하는 경우, 파단면상의 원소를 분석하는 경우 이외는 부착물 등을 제거하기 위해 초음파세정을 실시하는 것이 바람직하고 오염의 방지에도 도움이 된다.

(6) 금속현미경

비파괴적으로 검토하더라도 손상원인을 추정할 수 없는 경우는 금속조직 등의 파괴시험을 실시하지 않으면 안 된다. 파단면근방에서 샘플을 채취하여 경면상태로 마무리한 후 에칭에 의해 금속조직을 나타나도록 하여 손상과의 인과관계를 구명한다. 더욱이 샘플의 작성에 있어서 특히 표면개질이나 경화처리한 것은 가장자리에 주의할 필요가 있다. 또 에칭에 의해 조직을 나타나게 하여 현미경으로 관찰하는 경우, 저배율로 관찰하는 경우는 연하게 고배율의 경우에는 약간 큰 진하게 에칭을 실시하면 좋다.

(7) 불꽃시험

또, 파괴적인 방법인데 그라인더나 토치불꽃에 의해 불꽃시험을 실시한다. 이 방법은 그라인더 접촉이나 토치불꽃에 의해 발생하는 불꽃을 관찰하여 사용재료의 종류나 첨가원소의 종류 등을 간이적으로 판별하는 것이다. 또 경험에 의해서는 담금질재인가 아닌가, 침탄, 질화 등 표면경화재인가 아닌가 혹은 탄소함유량 등을 추정할 수 가 있다.

1.9 손상조사의 체크포인트

손상부품에서 그 원인을 구명하여, 대책을 세워 재발방지를 행하려면 파단면 및 파단면근방을 거시적으로 관찰하여 최종적으로는 금속조직 등으로 검토할 필요가 있다. 좋은 결과를 얻기 위한 키포인트는, 이하의 방법과 같다.

① 손상부품의 파단면의 상태를 관찰

파단면이 거친 상태를 나타내고 있는가 또 점진적인 파면으로 비교적 미세하고 평평한 상태인가 아닌가. 파괴의 기점이 표면인가 내부인가, 표면개질, 경화처리한 부품이 파손한 경우는 부하응력의 크기에 의해서는 내부로부터 파괴한다. 이것에 대해서는 제2장에서 해설한다. 더욱이 파단면에 대해서는 기점의 수는 1개 혹은 여러 개 존재하는가. 균열의 진전방향은 일방향인가 이방향인가, 또 굽힘인가 비틀림응력, 축력에 의한 모양이 관찰되는가 아닌가 등을 검토한다. 파단면의 녹의 상태, 부착물의 유무 등의 조사도 중요하다.

② 손상부품의 표면상태의 관찰

파단면 근방에는 접촉한 것 같은 흔적의 유무, 조각에 의한 마모, 변형, 타흔 등의 유무를 상세하게 조사한다. 또 기계가공부품이라면 툴(tool)마크의 크기 혹은 파단면 근방의 부식상황 등도 검토한다.

③ 설계에 있어서의 형상

노치, 기름구멍, 키홀, 나사부, R이나 C의 부착 방법 등 적정한가 아닌가, 또 펀치마크 등의 부착 방법이 적절한가 아닌가 등도 손상해석의 대상이 된다.

④ 가공방법의 적정화

단조품이라면 산화물 등의 유입, 파팅라인(parting line)의 상태, 주조품의 경우는 특히 수축, 가스, 주조방법 등도 조사한다. 또 용접부품의 손상이라면 비드크랙, HAZ 등을 검토하고, 열처리가 실시되어 있다면 그 처리의 방법, 예를 들면 일반적인 담금질·뜨임 품인가, 표면경화처리 부품인가 아닌가를 조사하여 경도, 결정립도, 경화층 깊이, 탈탄층 깊이 등도 포함해서 조사한다. 도금품이라면 베이킹(baking)을 실시하였는가 아닌가가 문제가 되어 손상과의 인과관계는 상당히 많다.

⑤ 사용재질을 조사한다

손상부품이 어떤 재질로부터 만들어졌는가는 중요한 문제이다. 설계자는 안전계수를 계산하여 파손하지 않는 강도설계를 하였을 것이다. 화학성분으로부터 충분한 강도를 가지고 있는가, 다른재료가 혼입되어있지는 않은가, 또 기계적 성질로서 중요한 인장강도의 값은, 혹은 열팽창계수, 열전도율, 전기전도율 등 물리적 특성도 조사의 대상으로써 구할 필요가 있다.

⑥ 부하응력형태와 잔류응력을 조사

부하되어있는 응력은 설계시에 파악해야 되지만 손상품의 파단면상에 사용부하 응력과 다른 파단면이 관찰된 경우는 그 원인을 조사할 필요가 있다. 예를 들어 굽힘응력에서 사용되고 있었던 부품이 손상된 경우 파단면상에는 비틀림응력이 작용한 모양이 관찰된 것 같은 경우는 비틀림 응력이 작용한 원인을 구명하지 않으면 안 된다. 또 표면에 잔류하고 있는 응력의 크기도 중요하다. 잔류응력은 X선을 이용하여 간편하게 구할 수 있고, 이 응력은 평균응력으로써 생각되어질 수 때문에 균열의 발생에는 중요한 포인트이다.

⑦ 인접부의 영향

손상이 발생한 경우, 일반적으로 그 부품만을 조사의 대상으로 생각하는 경우가 많지만 그것으로는 편파적인 조사방법이다. 손상부품을 조사하는 것은 물론 중요하지만 손상이 생긴 부품의 주변부를 조사하는 것도 중요하다. 다른 부분에 진동이나 공진이 발생하여 약한 부분에 주름이 생겨서 손상된 경우도 있다. 이와 같은 경우는 손상된 부품을 새롭게 바꿔도 다시 파손되어 버린다. 재발방지로는 손상부품도 포함한 그 주변부를 상세하게 검토하는 것이 중요하다.

⑧ 조립의 좋고 나쁨

기계 등을 조립하는 경우 조정불량이 없었는가 또 공차불량, 맞물림불량 등에 대해서도 조사할 필요가 있다.

⑨ 사용상황과 환경

많은 손상원인에 부하응력이나 부하속도, 주유 누수, 화학적 부식환경의 유무, 온도, 습도 등을 들 수 있다. 사용 중에 충격적으로 과대한 응력이 작용하는가 아닌가, 일정부하속도에서 급격하게 속도변동이 생겼는가 아닌가 더욱이 사용 환경에 대해서도 상세하게 검토할 필요가 있다.

이들 9항목에 대해서 주의 깊게 거시적, 미시적으로 조사하는 것이 파손해석에는 중요한 포인트이다.

chapter 2

파괴모드와 거시적인 파단면의 양상

2.1 부하응력형태와 파단면형태

기계부품이나 구조물에 작용하는 응력에는 외부에서 가해진 외부응력(하중, 힘)과 기계부품이나 구조물자체가 가열·냉각에 의한 열팽창에 의해서 발생하는 내부응력이 있다. 또 외부응력, 내부응력에는 응력이 작용하는 방향에 따라 인장응력과 압축응력이 있다. 더욱이 이들 응력이 제품 내에 잔존한 경우는 인장잔류응력, 압축잔류응력으로써 생성되어있다. 이 잔류응력은 평균응력으로써 작용하고 손상원인이 되는 것은 인장응력 또는 인장잔류응력으로 압축 혹은 압축잔류응력에서는 균열의 발생은 없고, 또 진전도 하지 않는다.

부하응력의 종류에는 축응력, 굽힘응력, 비틀림응력과 롤러나 톱니바퀴에 작용하는 접촉응력 등이 있다. 실기에 있어서는 이들 응력이 단독으로 작용하는 것은 드물고, 많은 경우 중복 되어 작용하는 것이 많다. 그림 2.1처럼 일정응력으로 작용하는 가 변동응력으로 작용하는 가도 손상에는 중요한 사항이다. 더욱이 그림 2.2에 나타낸 것처럼 양진으로 작용하는 가 편진으로 작용하는 가, 혹은 부분양진, 부분편진으로 부하되는 것인 가이다. 사진 2.1 (A)~(C)는 여러 가지 부하응력형태에 의해 생긴 파면을 나타낸 것으로, (A)가 편진굽힘의 경우로 비교적 부하응력이 작은 파면(O가 균열발생기점, F가 피로균열진전영역, E가 최종파단부이다. 화살표는

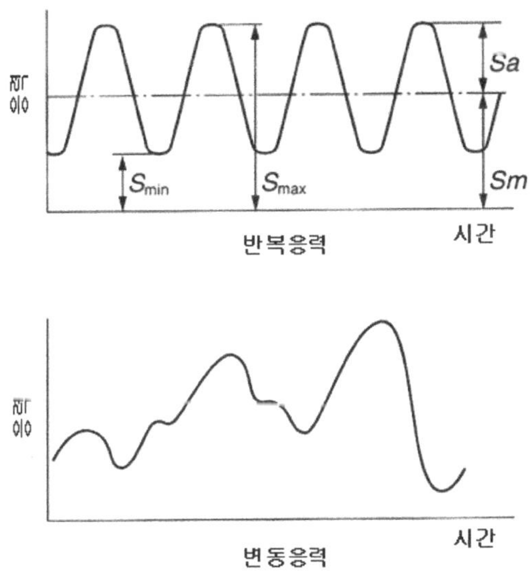

그림 2.1 단순응력 및 변동응력

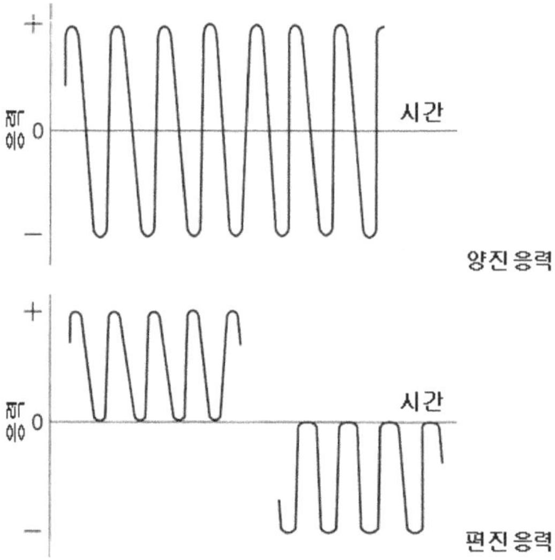

그림 2.2 양진응력 및 편진응력

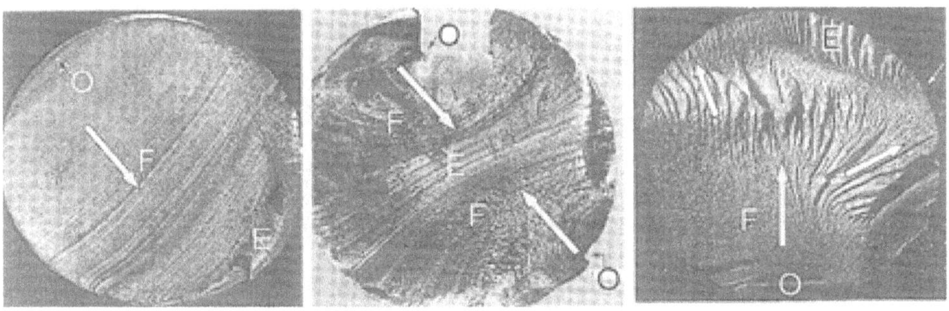

(A) 편진굽힘: 부하응력 小 (B) 양진굽힘: 부하응력 小 (C) 편진비틀림: 부하응력 大

사진 2.1 부하응력의 형태에 따른 거시적인 파단면

균열진전방향을 나타낸다), 또 (B)는 양진굽힘의 예이다. 이 경우도 부하응력이 작은 파면이고 O가 균열발생기점, F가 피로균열진전영역, E가 최종파단부, 화살표는 균열의 진전방향이다. (C)는 굽힘과 양진비틀림응력에 의한 파단면이다. 단차모양(ratchet mark)이 크고 국율(局率)을 가지고 관찰되는 것으로부터 과대한 비틀림 부하응력에 의해 파괴된 것이다.

2.2 균열의 발생과 진전속도

반복부하응력에 의한 피로균열발생은 그림 2.3에 나타낸 것처럼, 외부전단응력에 의한 칼날전위나 나선전위의 운동에 의해 slip step line이 발생하여[1], 이 slip step line의 밀도가 증가하고, 또 폭이 증가하여 균열로 성장하여 부하응력방향으로 진전한다. 그림 2.4는 균열의 발생모델을 나타낸 것으로 돌출(extrusion) 및 함몰(intrusion)에 의해 형성된다[2]. 그림 2.5는 균열발생과 진전과정을 나타낸 것이다. 일반적으로 균열발생은 최대전단응력이 작용하는 표면에 있어서 약 45° 각도를 가지고 생긴다. 이것은 체심입방격자구조(BCC)의 경우는 (110)이, 면심입방격자구조(FCC)의 경우는 (111)이 가장 슬립이 일어나기 쉬운 면이며, 이 면의 각도가 45°인 것에 기인하고 있다. 반복 돌출·함몰에 의해 발생한 슬립대(slip band)는 그 후의 반복에 의해 성장하여 균열이 되어 진전한다. 균열의 진전영역으로는 그림에 나타낸 것처럼 최초는 슬립대균열과 벽개균열이 혼재한 영역이 존재하고 다음으로 벽개균열 영역, 소성역으로 이행하여 최종파단부로 된다. 이 사이 소성역의 영역에서는 피로파괴 특유의 연성스트라이에이션(ductile striation)이나 취성스트라이에이션(brittle striation)영역이 존재한다. 더욱이 슬립대로부터 균열발생까지를 제 Ⅰ단계, 벽개균열이나 스트라이에이션발생영역을 제 Ⅱ단계로 부른다. 또 최종파단부는 전단파단면(dimple) 을 나타낸다.

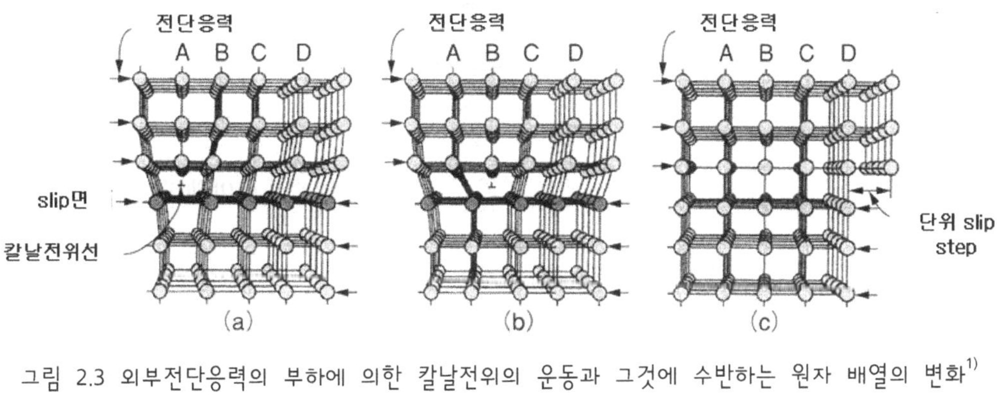

그림 2.3 외부전단응력의 부하에 의한 칼날전위의 운동과 그것에 수반하는 원자 배열의 변화[1]

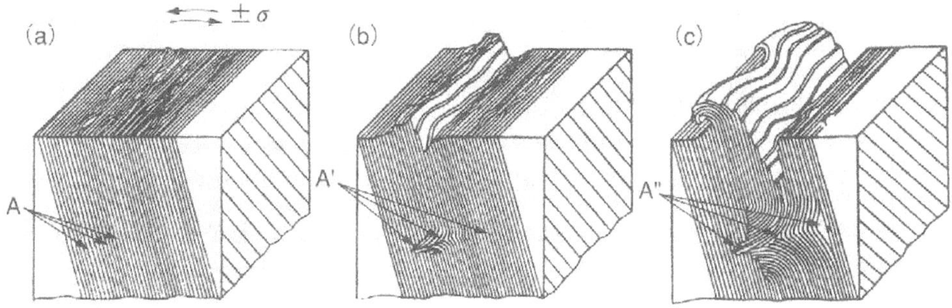

그림 2.4 돌출 및 함몰의 형성[2)]

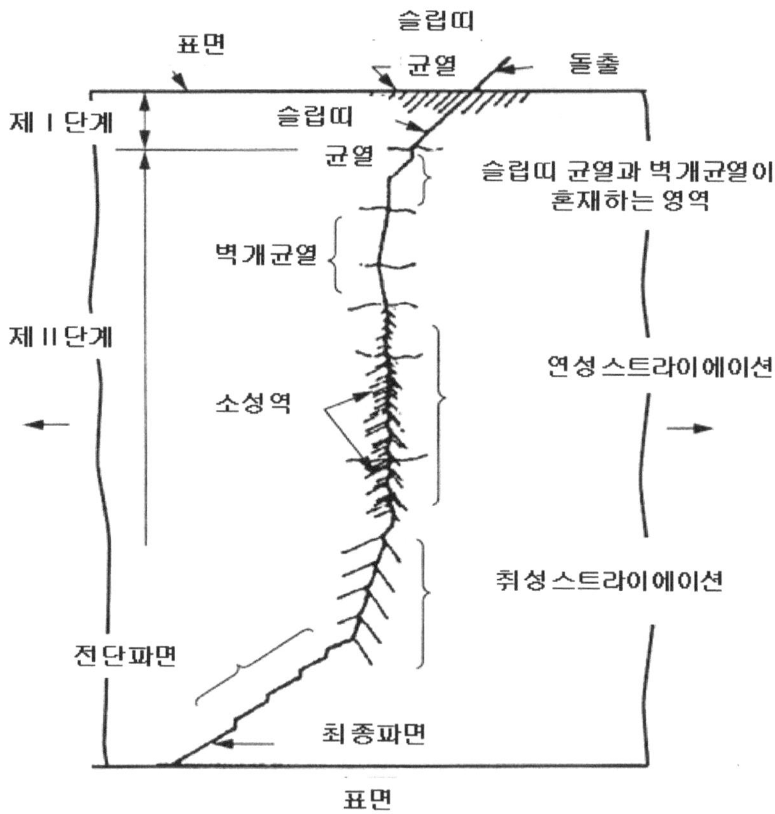

그림 2.5 피로균열의 발생과 진전거동

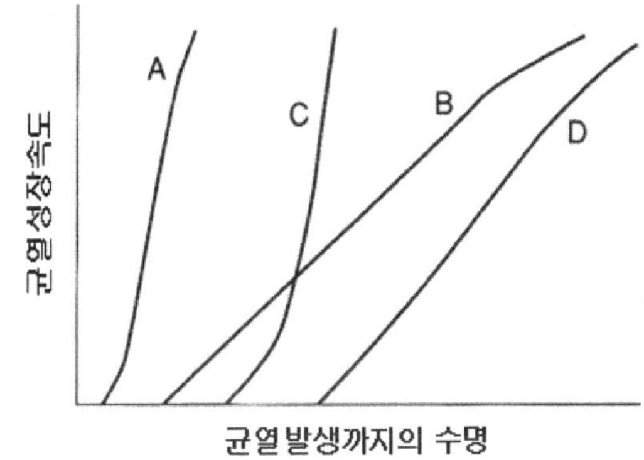

그림 2.6 균열발생과 진전속도와의 관계[3)]

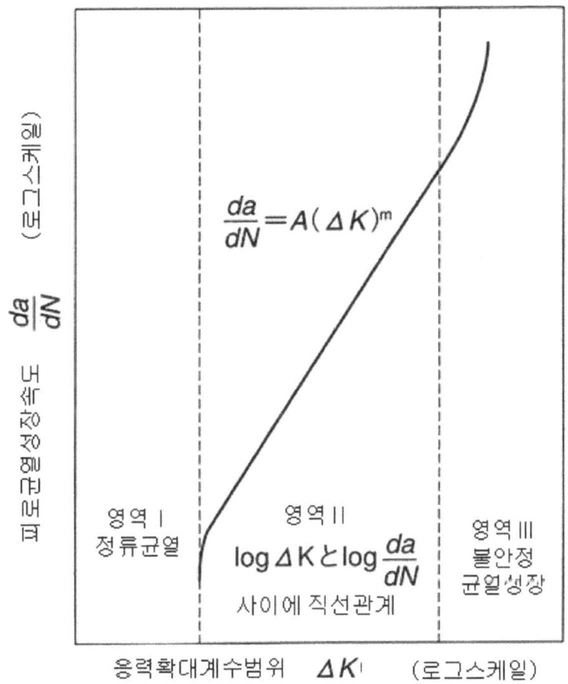

그림 2.7 균열진전속도와 응력확대계수와의 관계[4)]

그림 2.6은 균열의 발생과 진전속도를 모식적으로 나타낸 것이다[3]. A는 균열의 발생도 진전속도도 빠르고, B는 균열의 발생은 C보다 빠르지만 균열진전속도는 느리다. 또 C는 B보다도 균열발생은 느리지만 진전속도가 빠르고, D는 균열발생, 진전속도도 느린 경우이다. 또 그림 2.7은 균열진전속도와 응력확대계수와의 관계를 나타낸 것이다[4].

균열발생에 관여하는 인자는 ①표면거칠기, ②압축잔류응력, ③반복응력에 의한 표면의 데미지(damage)층이다. 균열진전속도를 좌우하는 인자는 ①합금성분, ②금속조직이다. 따라서 균열발생을 지연시키기 위해서는 표면거칠기를 최대한 작게 하고 표면에는 큰 압축응력을 잔류시켜 반복에 의해 생긴 데미지층(슬립대)을 제거하든가 해야 한다. 또 균열의 진전을 느리게 하기 위해서는 Cr, Mo, Ni, W등의 특수원소를 첨가하여 강인성의 매트릭스가 되게 하거나 비금속 개재물의 감소, 결정립도의 미세화, 탈탄층의 제거 등 금속조직의 균열화를 꾀하는 것이다.

2.3 거시적인 파단면형태

2.3.1 인장에 의한 파단면

일반적으로 거시적인 파단면은 그 모양에서부터 균열의 발생기점, 부하응력의 종류, 부하응력의 방향, 반복피로에 있어서의 영역, 최종파단부 등을 판단할 수 가 있고 많은 정보가 얻어진다. 또 파단면 전체 혹은 파단면 근방에서 소성변형이 발생하지 않는 파단면인지(취성적 파괴파면에서 평탄으로 변형량이 작은 것을 의미한다), 연성적으로 파괴된 파단면인지(변형량이 크다) 용이하게 추찰할 수 가 있다.

그림 2.8은 파단형태의 기초로도 되는 정적인 축응력(인장)에 의해 파괴된 형태를 나타낸 것이다[5]. 일반적으로 파괴현상은 내부응력, 외부응력을 불문하고 정적, 동적응력이 작용하여 생기는 것이며 정적하중보다도 동적인 하중에 의해 파괴되는 편이 많다. 그러나 정적인 파단면은 기초가 되는 정보를 많이 제공하여 주기 때문에 파단면의 특징을 파악하는 의미로는 중요하다. 그림에서도 확실하게 나타나듯이 재료의 특성에 의해 다른 파괴양식을 나타낸다. (a)는 취성파괴이며 육안적으로

는 소성변형을 거의 수반하지 않고 취성적으로 축력에 대해서 직각인 평행면으로 파단하는 형태이다. 또 (b) (c) (d) 의 순으로 우측으로 이동함에 따라 소성변형을 수반하는 파괴형식으로 된다. 더욱이 일반적으로 (a)~(d)로 이동함에 따라서 취성재료로부터 연성재료가 되지만 (a)에서는 거시적으로는 취성적 파괴형식이다. 하지만 전자현미경등에 의한 미시적 관찰에서는 미시적인 연성파괴파면을 발견할 수 있는 것이 많다. 또 (b)에서는 파단면 안에서도 미시적으로는 취성파괴면을 포함하는 것도 있다. 이 파괴는 cup and corn 형이며, 부분적으로 수축이 생긴 후 중심부에서 균열이 발생하여 인장방향으로 수직하게 주변부로 진전한다. 최종적으로는 남은 부분이 인장응력과 45°의 각도로 최대전단응력방향으로 전단파괴한다. (c)와 (b)의 최후의 단계에서는 전단파괴를 일으키지 않고, 엿 모양으로 늘어나서 파단하는 형식으로 double cup형으로 불러지는 것이다. (d)는 균열을 전혀 생성하지 않고 엿모양으로 늘어나서 파단하는 형식이며 chisel edge point 혹은 인선형파괴로 불리고 있다. (e)는 박판이나 단결정 등 슬립현상이 관여한 파괴로써 전단적으로 파괴하는 형식이다.

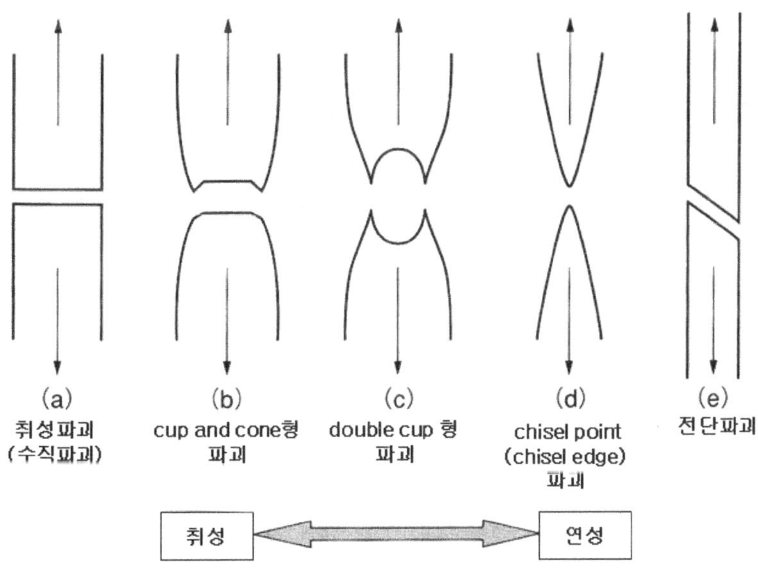

그림 2.8 정적 인장시험에 있어서의 파단면 형태[5)]

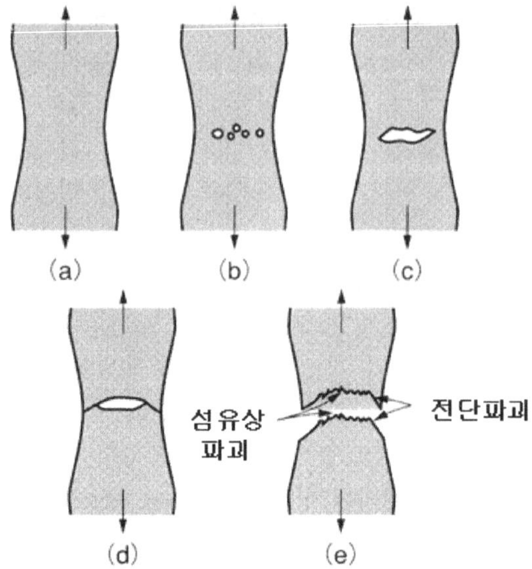

(a) 초기 necking, (b) 미소공동의 형성, (c) 미소공동의 합체에 의한 균열생성, (d) 균열진전, (e) 인장축에 대해 45° 의 최종적인 전단파괴

그림 2.9 cup and corn 형 파괴의 과정[6)]

그림 2.9는 cup and corn형 파괴의 파괴를 나타낸 것이다[6)]. 또 사진 2.2는 cup and corn형 파괴와 취성파괴 파단면을 비교한 것이다[7)]. 축응력에 대해서 necking이 생기면 시험편의 내부에서는 미소공동이 발생한다. 이 미소공동은 변형의 진행에 따라서 성장 합체하여 부하응력방향과 직각방향에 긴 타원형의 균열을 생성한다. 균열은 타원의 장축방향으로 진전하여 최종적으로는 necking의 외주부로 따라 급속하게 성장하여 파괴된다. 이 때 인장축방향에 대해 45°의 방향에 전단변형이 일어난다. 이와 같은 특징을 가지는 파단면은 한쪽 파면이 cup형태, 다른 한쪽 파면은 corn형태가 된다. 이와 같은 파단면은 파단면 중앙에 소성변형한 섬유상의 요철이 관찰된다.

그림 2.10은 인장파단에 있어서의 파단면 모양을 나타낸 것이다[8)]. 크게 3가지의 요소로 나눌 수 가 있다. 즉, fibrous(섬유상) (F), radial(방사상) (R), shear lip (SL)의 3영역이다. 이것을 파단면의 3요소로 부르고 이 3개의 영역의 비율은 시험편의 재료특성, 크기, 형상, 시험온도 등에 따라 다르다. 사진 2.3은 여러 가지 온도를 바꿔서 인장시험을 실시한 시험편의 파단면을 나타낸 것으로[9)] 시험온도가 낮

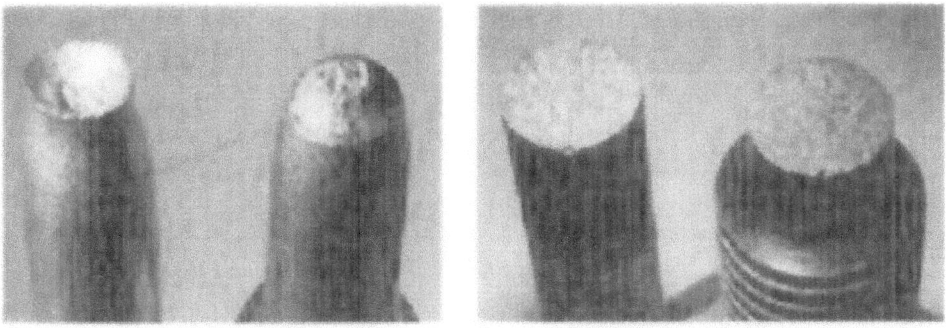

(a) 알루미늄의 cup and corn형 파손　　(b)연강의 취성파단면

사진 2.2 cup and corn 형 파괴와 취성파괴 파단면[7]

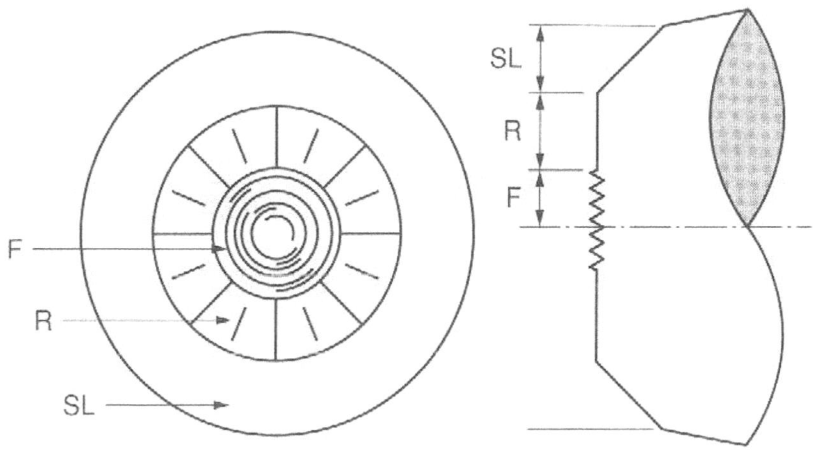

그림 2.10 인장파단면의 3요소[8]

아질수록 radial의 모양이 많이 발견되고 중심의 파괴개시기점에서 방사상으로 외주부로 향해서 진전한다. 또 역으로 fibrous와 shear lip이 점한 비율이 작게 된다. 시험온도가 높아지면 방사상의 모양이 미세하게 되어 파면전체를 덮는 것처럼 된다. 더욱이 사진 2.4는 노치를 가지는 경우의 파단면으로[10] 노치가 없는 경우와 달리 최표면 근방에 생긴 shear lip의 영역은 존재하지 않는다.

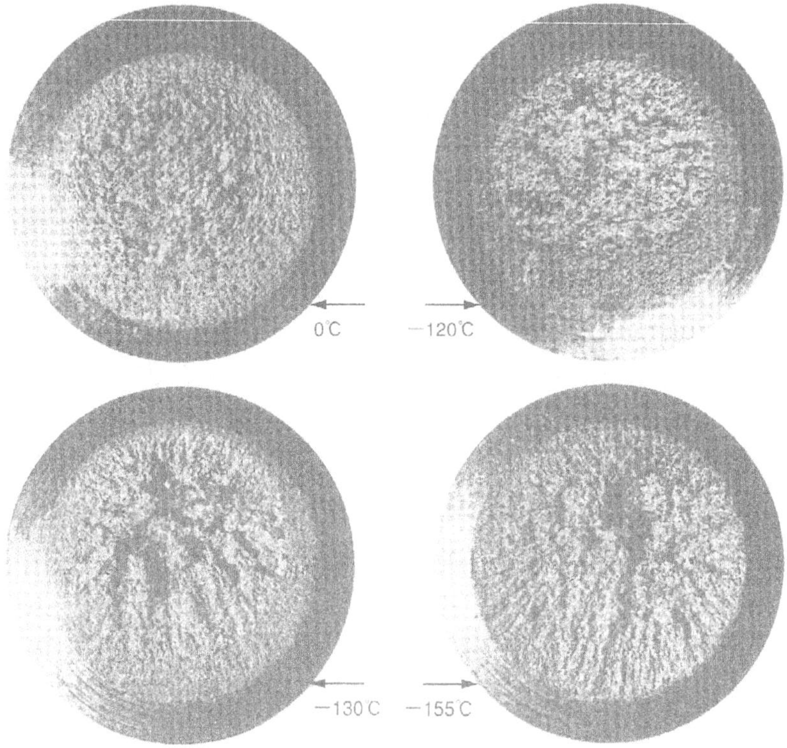

사진 2.3 각 온도에서 인장시험을 행한 시료의 파단면[9]

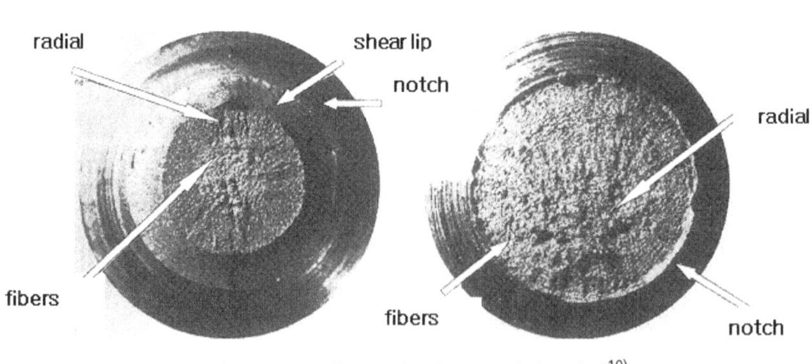

사진 2.4 노치를 가진 경우의 인장파단면[10]

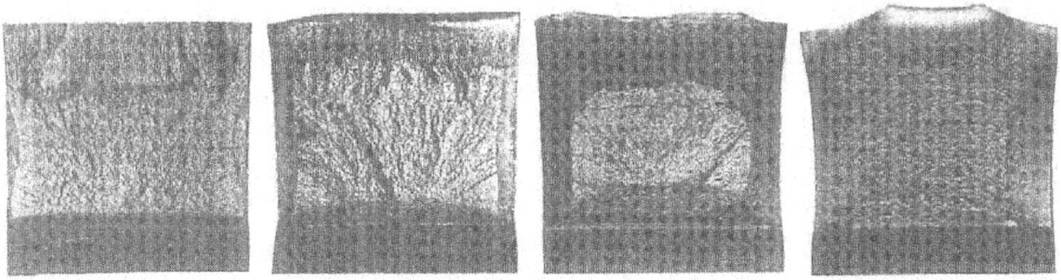

사진 2.5 각 온도에서 충격시험을 행한 시험편의 파면[11)]

2.3.2 충격하중에 의한 파단면

파괴과정은 변형률속도와 온도에 크게 의존한다. 사진 2.5는 샤르피 충격시험편을 각 온도에서 파괴시킨 경우의 파단면이다[11)]. 변형률속도와 온도와의 의존성은 재료의 특성은 물론이지만 변형률속도가 크고 온도가 낮은 경우는 많은 금속재료에 있어서는 강도가 증가하여 취성적(깨지기 쉽다)이 된다. 또 변형률속도가 크게 되면 항복응력이 증가해 파단의 신율이 저하하는 경향이 있다. 파단면의 모양은 변형률속도에 관계하며 속도가 커지게 되면 평탄한 파괴모양을 나타내고 온도가 저하할수록 전단연(shear lip slant)의 면적이 감소하는 경향을 나타낸다. 이들 파면모양은 파괴시의 균열의 진전방향 및 온도, 변형속도를 추정할 수 가 있다.

2.3.3 정적·동적응력에 의한 균열진전파면

균열진전속도는 일반적으로 2종류로 분류된다. 하나는 저속의 진전(≒6.1 m/s 정도)이고, 외부응력이 부하될 때만 균열이 진전한다. 이것을 안정균열성장으로 부르고 있다. 또 다른 하나는 고속진전(≒900 m/s)의 경우이다. 이 단계에서는 외부응력이 작용하지 않는 상태에서도 내부응력(예를 들어 열처리에 의한 잔류응력)만으로 균열은 진전한다. 이것을 불안정균열성장이라 부르고 인장시험 등에 있어서의 시험편이 잘록해진 후 파괴하는 현상이다.

이들 2가지의 파괴가 생기는 요인은 부하응력, 온도, 재료특성, 부품형상 등에 의해 결정된다. 더욱이 평면변형률의 경우는 불안정 파괴가 생기기 쉽다는 것을 파악해 두는 것이 중요하다. 그림 2.11은 동적응력에 의해 파괴된 모양의 대표 예를 나타낸 것으로12) 진전하기 전의 균열과 진전하고 있는 균열이 간섭하여 산형 모양(chevron pattern)이 형성되는 것으로 생각되고 있다. 또 사진 2.6은 chevron 모양을 나타낸 것으로[13], S는 균열발생기점이며 화살표방향으로 진전하고 있다.

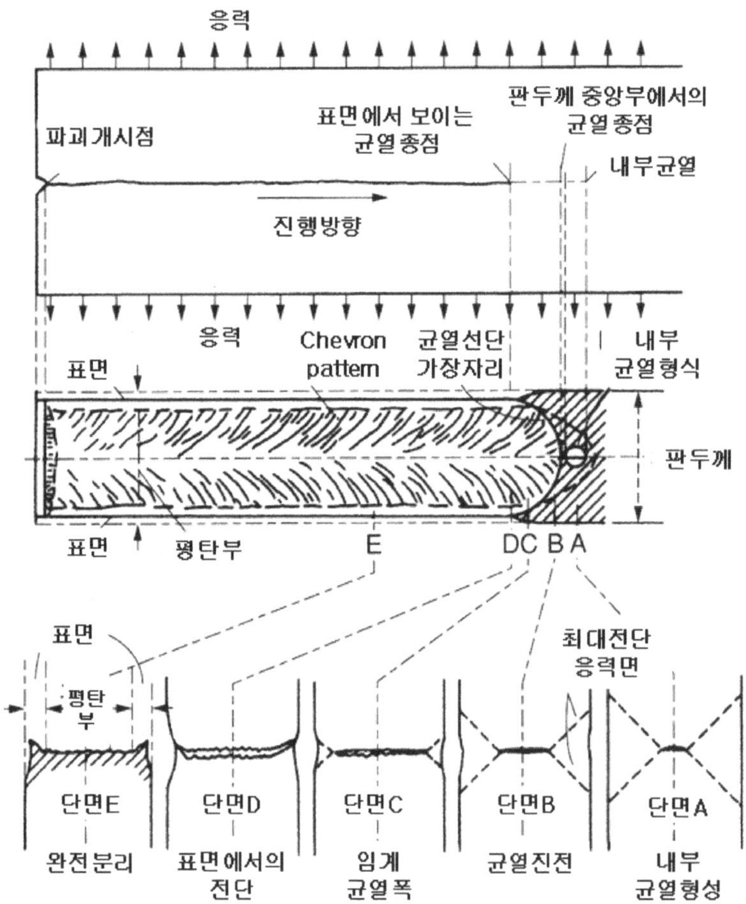

아래는 cup and corn 파괴와 chevron과의 대비[12)]

그림 2.11 chevron파면의 형성기구

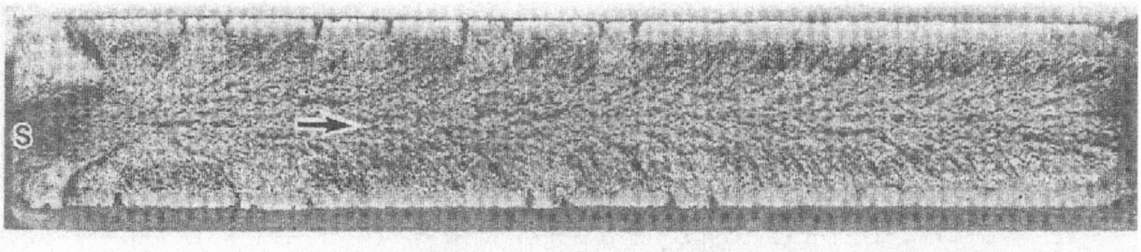

사진 2.6 chevron기구에서 파괴한 면(S: 균열발생기점, 화살표:균열진전방향)[13)]

2.3.4 수소취화에 의한 파면

수소취성에 관여하는 원소는 수소이다. 도금전의 산세척(도금층으로 생성되기 쉽게 청정하게 하기 위한 조작)에 의한 수소의 침입, 빗물에 의한 수소의 침입 등에 의해 금속재료가 취화하는 현상이다. 이 현상은 수소에 의해 결정립계가 침입 받아 간격이 벌어져서 파괴하는 것으로 결정립계균열이다. 수소는 상온에서 용이하게 결정격자 안으로 침입하는 것이 가능하여 상온에서는 대기 중에 방출시키는 것이 불가능하다. 그 때문에 도금 후는 200℃ 전후의 온도에서 가열한다. 이것을 베이킹(baking) 처리라 한다. 따라서 결정립계에서 파손이 생긴 경우, 수소취화인가 아닌가의 판단은 베이킹을 실시하여 취성파괴를 하는가 연성파괴를 하는가에 의해 조사할 수 가 있다.

2.3.5 환경에 의한 파단면

사용 환경은 피로균열파단면에 크게 영향을 미친다. 환경에 의한 파괴파단면의 검토는 중요함에도 불구하고 그 과정이 복잡하기 때문에 기본적으로 그 기구가 해명되고 있다고는 말할 수 없다. 그 원인은 파괴파단면이 환경의 영향에 의해 좌우되고 극히 다종다양한 파단면 상태가 나타나며, 아직도 파괴기구가 발견되지 않는 것이 현상이다. 따라서 파단면형태를 관찰하는 것에 의해 환경이 파괴에 미치는 영향을 명확히 하는 것이 어렵고, 또 파괴 후에 파단면이 화학적작용에 의해 변화할 우려가 있으며 더욱 해석을 어렵게 하고 있다.

그러나, 환경이 관여하는 파괴의 하나로 응력부식균열이 있고 이 파단면에 대해서의 파괴기구는 다소 해명되고 있기 때문에 약간 해설하기로 한다.

응력부식균열은 염화물, 유화물, 암모니아 등의 환경 중에서 사용되면 항복강도를 저하시키는 것 같은 부하상태의 부재는 돌연 파괴하는 것이 있다. 일반적으로는 그림 2.12에 나타낸 것처럼 결정립계가 우선적으로 부식되어 입계파괴가 생기는 것이다. 그러나 입내파괴면도 관찰되는 경우도 있고 파단면의 외관만으로 부식에 의해 파괴가 조장되었다고 결론 짓는 것은 어렵다. 상술의 수소취화에 의한 파괴도 환경이 관여한 균열이다. 응력부식균열도 수소취화에 의한 균열도 통상 정적인 응력이 부하된 상태에서 생긴 것이며 부하응력이 변동하면 부식에 의해 조장된 피로파괴가 된다.

따라서, 파단면적으로는 부식의 조짐도 관찰되고 부분적으로 피로에 의한 조개껍데기 모양이나 스트라이에이션 모양을 발견할 수 있다. 조개껍데기 모양이나 스트라이에이션 모양은 파괴 후의 부식에 의해 없어지고 마는 것도 있고 파단면에서 어떠한 기구로 파괴되었는가 해명하는 것이 어려운 경우도 있다.

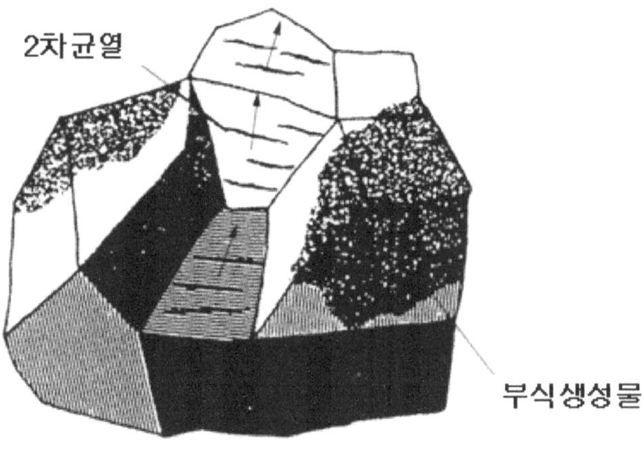

그림 2.12 환경에 의한 입계균열의 일례(응력부식균열)
(재료 표면으로부터 균열이 들어간다)

2.3.6 피로에 의한 파단면

(1) 피로파단면의 특징

반복응력을 받는 피로파단의 경우, 파단면형태와 파단면모양은 어떠할까? 사진 2.7은 탄소강의 피로파단 형태이다[14]. 부하응력의 차이에 의한 파단형태를 나타낸 것으로 좌에서 우측에 이동함에 따라서 연성파괴로부터 취성파괴형태로 된다. 이 같은 형태는 정적인장의 경우와 같고, 일반적으로 피로에 의한 파단면의 방향은 취성재료의 정적응력에 의한 파단면과 유사하여 최대주응력방향에 있어서 발생하는 경향이 있다. 또 사진 2.8은 부하응력의 차이 의한 파괴파단면을 나타낸 것이다. 여기에서 주목해야 할 점은 일반적으로 부하응력이 작고 수명이 긴 경우는 최종파단부의 위치가 주변부 가까이에서 편심하는 것으로 이 같은 파단면(편심위치)으로부터 부하응력의 크기를 개략 추정할 수 가 있다.

이 같은 파단면의 모양은 거시적으로는 고주파담금질재, 침탄담금질재 등의 표면경화재 등, 또 주철, 비금속재료 등에 있어서도 같다. 또 그림 2.13에 반복응력이 작용한 경우의 파단면 모양을 나타내었다[15]. 크든 작든 부재에 응력이 반복하여 작용하면 최대전단응력을 받는 표면에 슬립현상이 생기고 이 슬립의 밀도와 폭이 크게 되어 균열로 된다. 따라서 최대전단응력에 의해 데미지를 받은 표면이 균열의 발생기점이 되는 것이 많다. 그림은 반복부하응력을 받아 파괴된 피로파

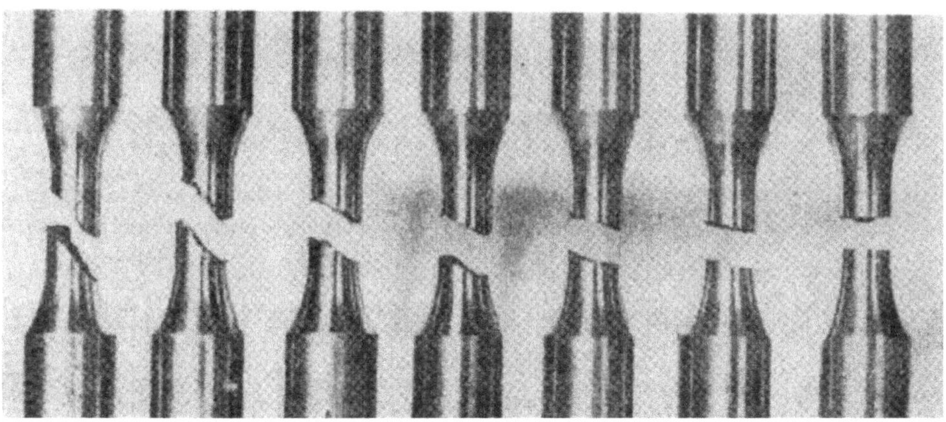

사진 2.7 탄소강의 피로파단면[14]

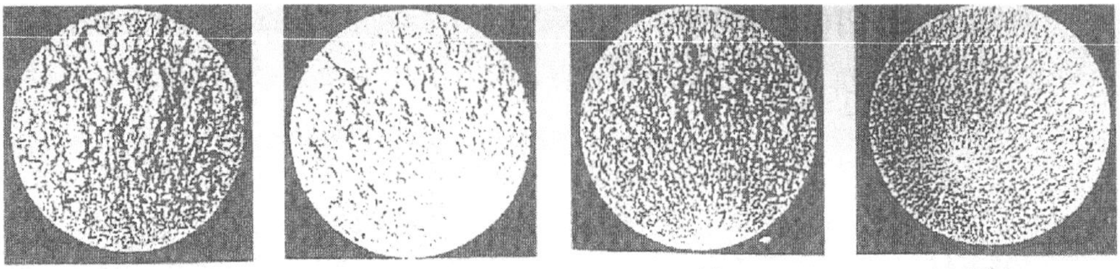

사진 2.8 부하응력을 바꾼 경우의 가스연질화처리의 피로파단면
(회전굽힘피로: 평활재, SCM435)

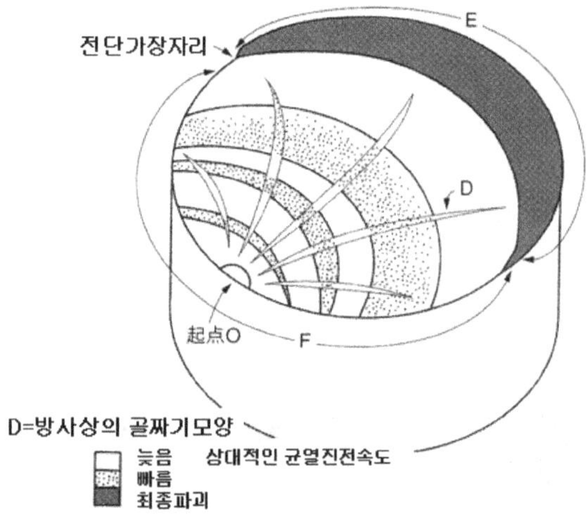

그림 2.13 피로파괴 파단면의 모식도[15)]

단면의 모양을 모식적으로 나타낸 것이다. 기점 O가 균열발생기점, F영역은 피로균열진전영역이며 E부분이 전단적으로 파괴된 최종파단부이다. 이와 같은 파단면모양은 피로파면의 특징이며 예외가 있지만 많은 경우, 균열발생기점은 표면으로 생각해도 지장이 없다. F의 피로균열진전영역에서 D의 시령으로 불리는 모양이 관찰되지만 이것은 ratchet mark로도 불리는 것으로, 균열의 진전속도가 비교적 빠른 경우에 생긴다. 따라서 이 시령의 유무에 의해 균열진전이 빠른가 느린가를 판단할 수 가 있다.

(2) 재료의 노치 감도에 의한 파면형태

그림 2.14는 노치감도의 차이에 의한 파괴파단면 모양의 한 예를 나타낸 것이다[16]. 피로파면에 미치는 노치의 영향에 대해서는, 노치감도의 대소에 의해 균열 진전모양(조개껍데기 마크 또는 비치마크)이 다르다. 조개껍데기마크나 비치마크(beach mark)는 균열의 진전방향을 나타내는 중요한 정보로, 마크의 모양만을 관찰해서 균열의 진전방향을 결정지으면 잘못된 판단을 할 경우가 있다.

사용재료의 노치감도는 균열발생 근방과 균열진전영역의 파단면 형태에 크게 영향을 미친다. 예를 들어 인장강도가 큰 고장력강 등은 노치감도가 크기 때문에 최표면에 발생한 첫 균열이 (a)처럼 급속하게 내부로 퍼지려고 한다. 그러나 풀림처리한 연강 등과 같이 인장강도가 작고, 노치감도가 낮은 재료는 최표면에서 소성변형을 일으켜 (b)처럼 내부로 확대하는 경향이 있다. 따라서 파단면 상에 나타난 모양은 균열진전영역과 최종 파단부 근방에 있어서 반대의 모양이 관찰되는 경우가 있기 때문에 충분히 주의할 필요가 있다.

(3) 부하응력의 대소에 의한 파면형태

그림 2.15는 응력의 크기와 형상에 따라 다른 피로파단면이다[17]. 단이 붙은 부분의 응력집중부에 날카로운 노치가 존재하는가 존재하지 않는가에 따라 파단면 형태가 다르다. 난이 붙은 부분이 무딘 노치의 경우 부하응력의 크기에도 따르지만 부하응력이 작은 경우는 일반적으로 한점에서 균열이 발생하고 최종 파단부가

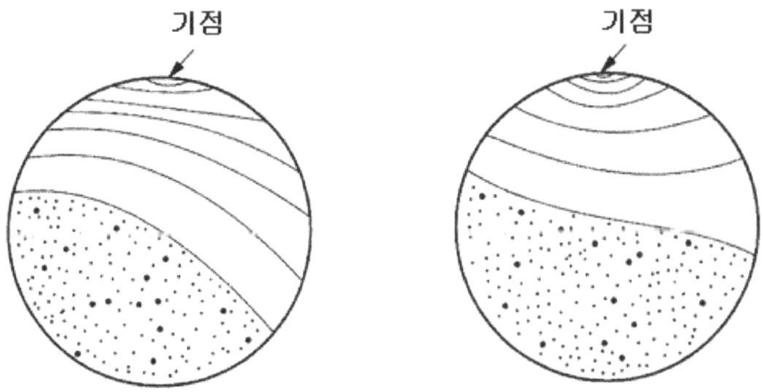

그림 2.14 피로파괴 파단면에 미치는 노치감도의 영향[16]

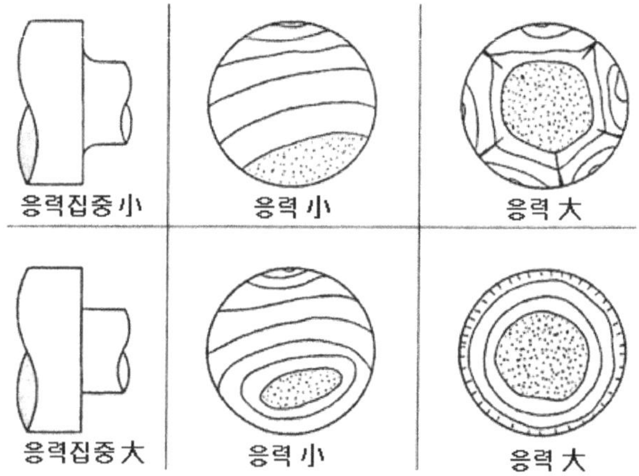

그림 2.15 응력의 크기와 형상에 따라 다른 피로파단면[17)]

한쪽에 치우치지만(편진), 부하응력이 크게 되면 여러 군데에서 균열이 발생하여 최종 파단부가 중앙으로 된다. 또 단이 붙은 부분에 날카로운 노치가 존재하면 이것이 응력집중원이 되어 부하응력이 작은 경우는 균열의 발생은 한군데이며 최종 파단부가 표면보다 약간 내부에 존재하게 된다.

부하응력이 크게 되면 응력집중의 영향을 받아 360° 의 원주 전체에서 균열이 발생하고 최종파단부가 중앙이 된다. 이와 같은 파면모양으로부터 사용재료의 노치 감수성, 부하응력의 크기 등을 추정할 수 가 있다. 예를 들면 기준으로써 최종 파단부가 중앙부 가까이에 존재하는 경우는 파괴까지의 반복수가 1×10^5회 정도이고, 외주부에 존재하는 경우는 1×10^6회 이상으로 생각해도 좋다. 또한 그림 2.16은 다양한 형상에 있어서의 부하응력의 방향, 크기, 노치 등의 차이에 의한 파단면 형태를 나타낸 것이다[18)].

(4) 표면경화재의 파단면 형태

고주파담금질이나 침탄담금질, 질화처리 등의 표면경화처리재의 경우는 경화층의 깊이(두께), 부하응력의 크기, 표면 및 표면 근방에 존재하고 있는 잔류응력 등의 차이에 따라 다르다. 사진 2.9는 가스침탄담금질처리한 경우의 피로파단면이다[19)].

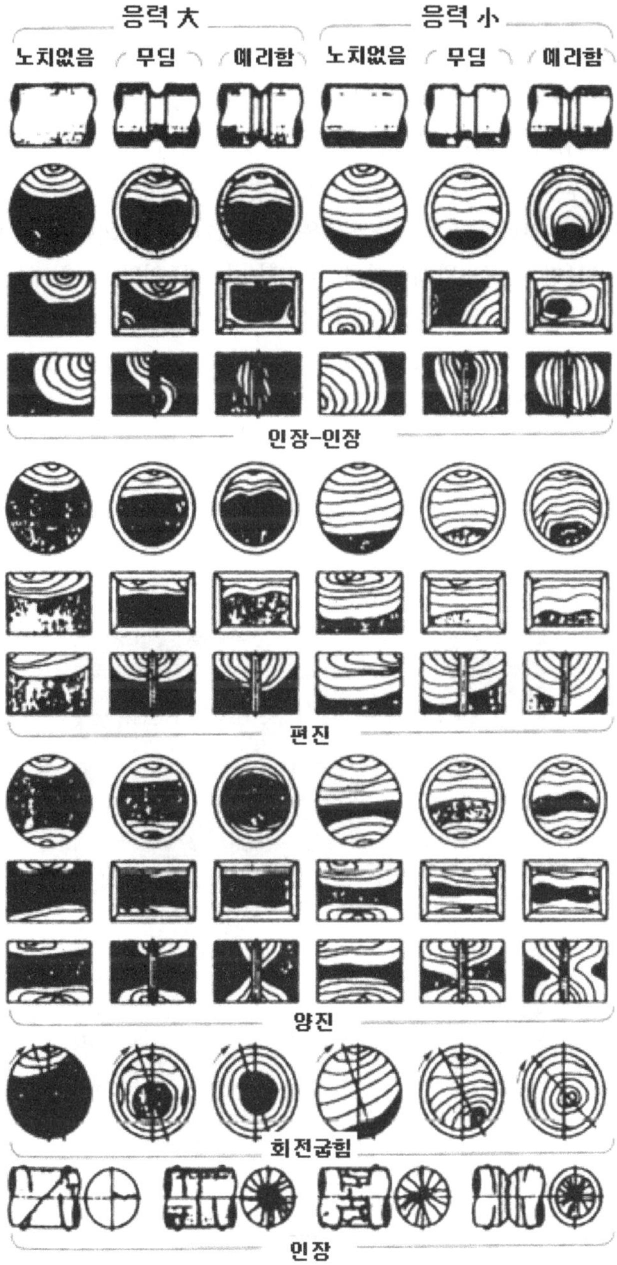

그림 2.16 부하응력 및 형상이다른 경우의 파단면 형태[18)]

fish eye(물고기의 눈)로 불리는 파괴기구로 파괴된 면을 나타내고 균열의 발생기점은 표면이 아니라 약간 내부의 S부이다. 이와 같이 fish eye 기구에서 파괴하는 경우, 파괴기점은 피로파괴 본래의 미끄럼(slip)에 의한 제 1단계의 균열발생이 아니라 비금속개재물이 관여하고 있는 것이 많다.

또, 그림 2.17은 표면경화재에 있어서의 평활재의 피로균열발생기구의 모델을 나타낸 것이다[20]. 경화층의 깊이, 부하응력의 크기 등에 의해 표면이 균열발생기점인가 내부로부터의 균열발생인가를 추정할 수 가 있다. 노치재의 경우는 부하응력분포에 응력집중의 영향을 고려할 필요가 있지만 대체로 평활재의 경우와 같다고 생각해도 좋다. 더욱이 그림 중의 피로한도 분포곡선은 표면의 잔류응력, 경도분포 곡선 등으로부터 추정한 곡선이다. 또 사진 2.10은 가스연질화처리한 시료를 다른 부하응력에 의해 피로파괴시킨 경우의 파단면이다[21]. 사진에서도 알 수 있듯이 부하응력이 큰 경우는 표면이 균열발생기점이지만, 작게 되면 내부가 균열발생기점으로 되어 fish eye 기구로 파괴하고 있는 것을 알 수 있다.

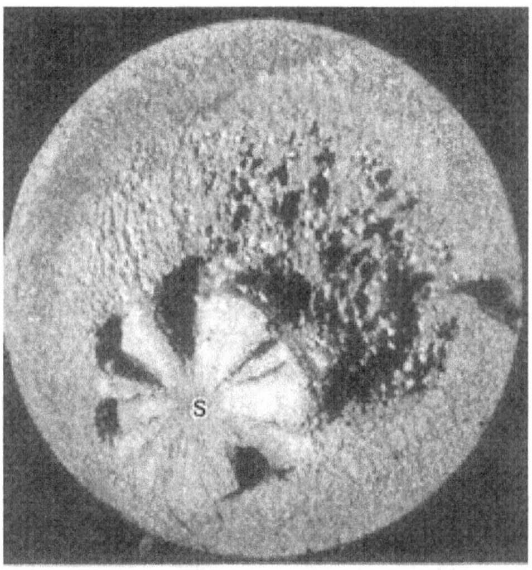

부하응력 : 650MPa, N : 1.82×10^5 회

사진 2.9 Fish eye 형으로 파괴한 가스침탄 shaft의 피로파단면[19]
(S부: 피로균열발생기점)

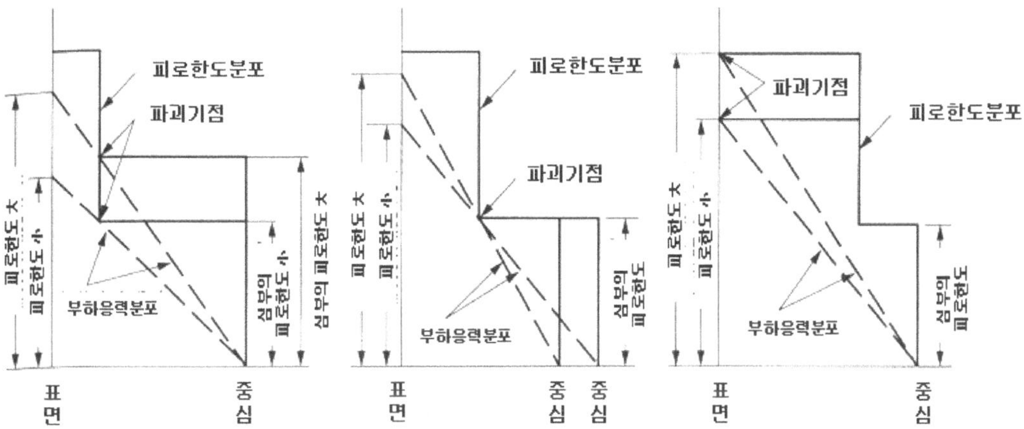

(a) 경화의 비율이 小 (b) 경화의 비율이 中 (c) 경화의 비율이 大

그림 2.17 표면경화재에 있어서의 피로파괴 모델(평활재의 경우)[20]

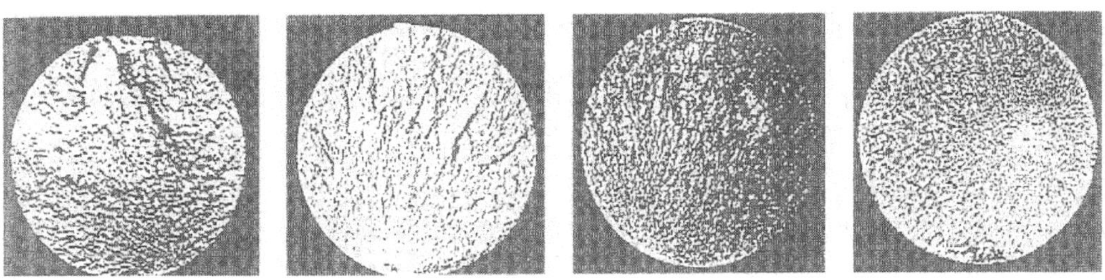

1500Mpa	1250Mpa	1100Mpa	1000Mpa
2.93×10^3	7.04×10^3	1.84×10^4	4.85×10^4

사진 2.10 회전굽힘피로에 있어서의 부하응력을 바꾼 경우의 피로파단면[21]
(SCM435: 570℃ 가스연질화 처리)

3 chapter

파괴기구와 미시적인 파단면의 양상

피로균열이 부재 속을 진전하는 경우, 부하응력은 겉보기상 과대한 응력으로 되어 비교적 미세한 영역에서 파괴가 일어난다. 이와 같은 미세영역은 육안으로 그 형태를 파악하는 것이 어렵고 현미경의 사용이 필요하게 된다. 전술한 거시적인 파단면 관찰을 거시적 fractography로 부르는 것에 대해 현미경을 사용해서 미시적으로 파단면을 관찰하는 것이 미시적 fractography이다. 이 미시적 파단면 관찰은 파단기구의 실마리가 될 뿐만 아니라 재료의 특성이나 사용 상황 등도 추정할 수 가 있다. 그림 3.1은 파괴기구의 차이에 의한 미시적인 파면의 특징을 나타낸 것이다[1]. 파괴의 형식을 크게 나누면 입내파괴와 입계파괴가 있고, 다시금 입내파괴(결정의 입내를 균열이 진전해서 파괴)안에서 연성파괴, 취성파괴, 피로파괴로 나눌 수 가 있다. 또 입계파괴(결정의 입계를 균열이 진전 혹은 분리해서 파괴)에 있어서도 연성, 취성, 피로파괴의 3가지로 분류되고 있다.

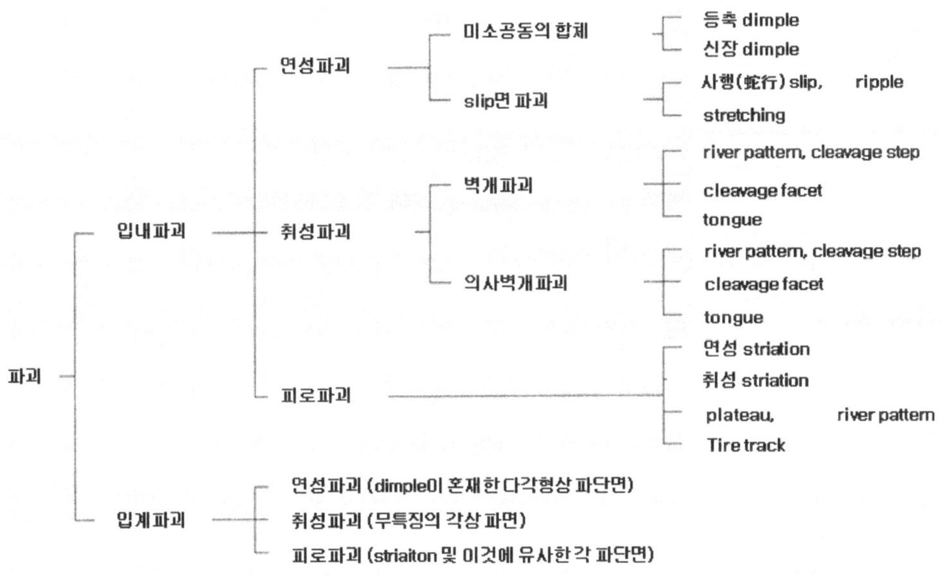

그림 3.1 파괴기구의 차이에 의한 미시적인 파단면의 특징[1]

3.1 연성파괴와 취성파괴

연성이나 취성파괴는 일반적으로 파괴시의 소성변형의 과정으로서 연신을 수반하여 파괴하는 현상을 연성파괴, 또 연신을 일으키는 것 없이 파괴되는 현상을 취성파괴라고 한다. 이 2가지 현상은 거시적인 파단면, 또 미시적인 파단면에 있어서 사용되어지는 것이며, 거시적으로는 형상의 변화로부터 연성파괴, 취성파괴를 판단할 수 가 있다. 또 미시적으로는 후술하는 미소공동의 합체에 의해 생기는 딤플(dimple)모양이나 슬립면 분리 등은 연성파괴이다. 그러나 완전히 동일한 기구에서 파괴하고 있더라도 거시적으로는 대부분 소성변형을 하지 않고 파괴하는 경우도 있다. 이와 같은 경우를 취성파괴라 고 한다.

여기에서 거시적인 연성파괴와 취성파괴의 특징을 기술한다면

(1) 연성파괴의 경우

a) 파괴전에 상대적으로 큰 소성변형이 발생한다.
b) 파괴가 정지한 장소에 전단연 (shear lip)이 관찰된다.
c) 파단면이 모래시계형으로 necking에 의해 감소하고 있다.
d) 균열진전은 비교적 저속이다.

(2) 취성파괴의 경우

a) 파괴전에 소성변형은 거의 생기지 않는다.
b) 파단면은 평평하며, 축방향에 대해 수직이다.
d) 파단면은 입상이며 광택이 있다. 특히 결정립도가 큰 강 등에 있어서는 facet가 관찰된다.
e) 산형모양(chevron) 이 관찰된다.
f) 균열진전속도가 비교적 빠르고, 파괴시에 큰 소리가 발생하는 경우가 있다.

이상과 같은 파면상태 혹은 파단면 근방의 형태는 인장시험에 의해 파괴한 형상으로부터 용이하게 판단하는 것이 가능하다.

3.2 슬립과 벽개파괴 파단면

소성변형의 특징은 전술한 것처럼 전위의 운동에 의한 미끄럼(slip)현상이다. 슬립현상은 재료내부의 결정에 있어서 전위가 상과 인접한 상과의 사이에서 일으키는 평행이동이다. 2.2에서 기술한 것처럼 결정격자에 전단응력을 부하한 경우, 전위의 슬립현상에 의한 것이며 전단응력이 임계 내에 있으면 전위의 이동뿐이지만 임계치를 넘으면 결정면의 분리가 시작되어 파괴가 발생한다. 따라서 슬립임계치가 클수록 슬립면의 분리가 지연되어 균열의 발생도 느리고 장수명으로 된다. 또 그림 3.2는 슬립에 의해 생긴 자유표면상의 미세한 어긋남을 고배율로 관찰한 것으로 그 단면을 나타낸 것이다[2]. 부하응력의 차이에 의해서도 다르지만 1회의 반복마다 ~500 nm의 슬립선이 발생하고 그 밀도가 증가하면 슬립대로 된다. 균열은 이 슬립대가 집적해서 생긴 것이다.

벽개파괴는 균열이 벽개로 불리는 면을 진전해서 생긴 것으로 특징 없이 평탄한 경면상태의 면으로서 관찰되는 경우와 찢어짐(tear)에 의해 분리된 나뭇잎 가장자리의 들쭉날쭉한 면으로 나타나는 경우가 있다. 어느 경우도 균열의 전전은 한군데 이상에서 발생하는 것이 아니라 같은 형식의 벽개이더라도 여러 가지 평행한 면 위에서 진전한다. 더욱이 벽개에서 파괴한 면에는 여러 가지 모양이 있고 tongue나 herring-bone pattern 혹인 river pattern 등으로 불리는 모양이 그것이다. 그림 3.3은 여러 가지 벽개면의 형성을 나다낸 것이다[3]. 사진 3.1은 tongue라고 불리는 파괴파면의 모양이며 (112) 면에서 생긴다[4].

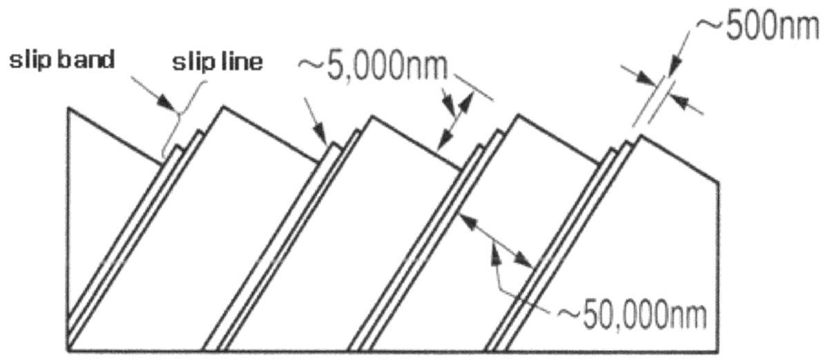

그림 3.2 슬립현상에 의해 만들어진 자유표면상의 미세한 어긋남[2]
(고배율로 본 표면의 양상)

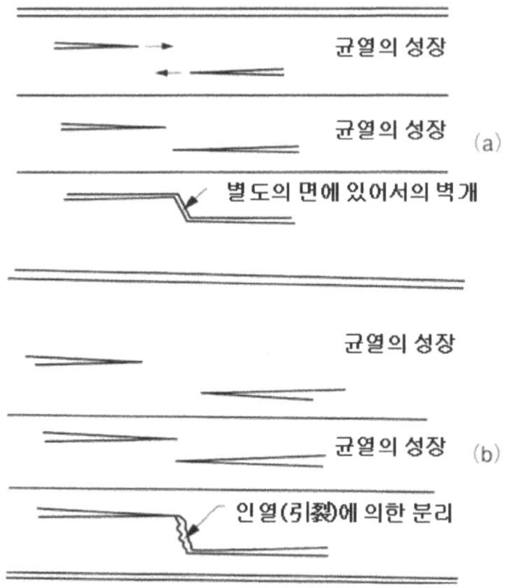

a) 벽개에 의한 경우, (b) 찢어짐에 의한 경우

그림 3.3 벽개의 사이에서 일어난 분리의 예[3)]

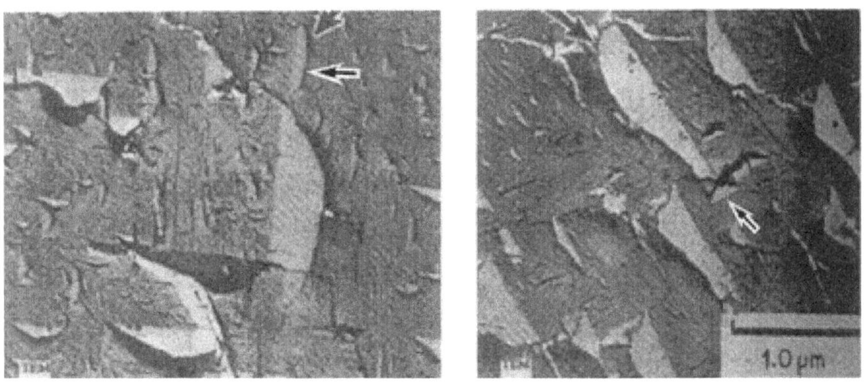

(a) 탄소강 (b) 1.8%Si강

사진 3.1 Tongue를 나타내는 일반적인 양상을 나타낸 파면[4)]
(화살표가 tongue)

3.3 미소공동의 합체(dimple) 파괴

금속재료가 벽개파괴하지 않고 슬립이 시작하는 경우는 다른 파괴기구에서 생긴다. 일반적인 파괴기구는 슬립에 관련된 것이며 미소공동의 합체과정도 동일하다. 단일한 공공이나 공동이 존재한 경우, 부하응력에 의해 한번 변형하면 모재는 슬립이 계속 되어, 공공을 팽창시키는 것과 함께 연결되기 시작된다. 이와 같은 기구에서 파괴된 모양을 딤플(dimple)이라 부른다. 공공의 발생은 그림 3.4에 나타낸 것처럼[5] 제 2상입자에 형성되고 그 원인은 비금속개재물 혹은 석출물, 미립자에 의한 소지(matrix)의 분리이다. 이들 딤플을 지배하는 것은 부하응력조건이다.

그림 3.5는 파면상의 딤플 형성에 미치는 부하상태의 영향을 나타낸 것이다[6]. (a)는 파면에 수직한 응력에 의해 일으켜진 공동 합체에 의해 생긴 등축적 딤플, 또 (b)는 전단응력에 의해 늘여진 딤플로서 블여진 딤플의 방향이 반대이다. (c)는 인장찢어짐에 의해 생긴 딤플이다. 전술은 전단이나 축응력에 의한 딤플형성이지만 비틀림응력이 작용한 경우의 딤플은 비틀림의 방향을 나타내는 것처럼 회전 또는 원형모양을 나타낸다. 딤플의 크기와 형상은 제 2입자의 크기, 형상, 분산상태, 또 부하응력의 종류 등에 의해 다르다. 사진 3.2는 연성피로파괴에 있어서의 딤플 모양을 나타낸 것이다[7].

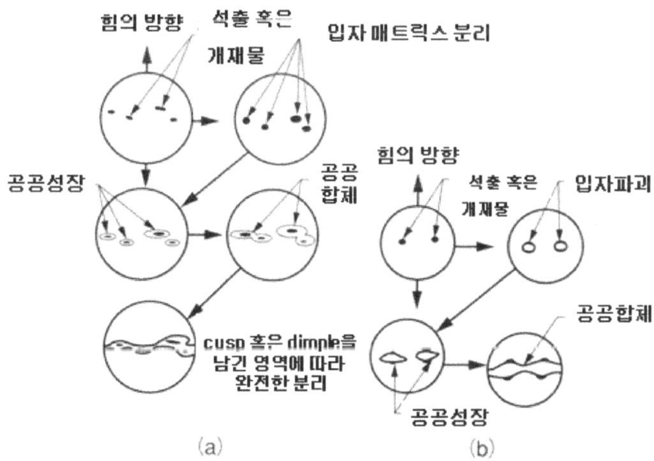

(a) 입자와 matrix의 경계 분리로부터 시작한다. (b) 입자파괴로부터 시작하는 파단

그림 3.4 입자에 있어서의 공공(void) 생성의 모식도[5]

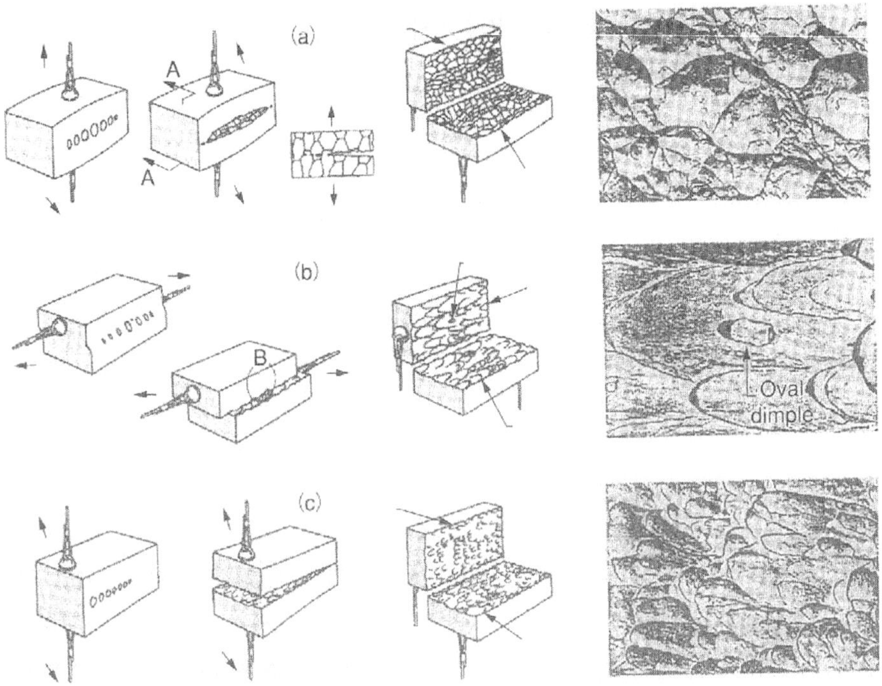

그림 3.5 dimple 모양의 생성기구와 파단면의 형태[6)]

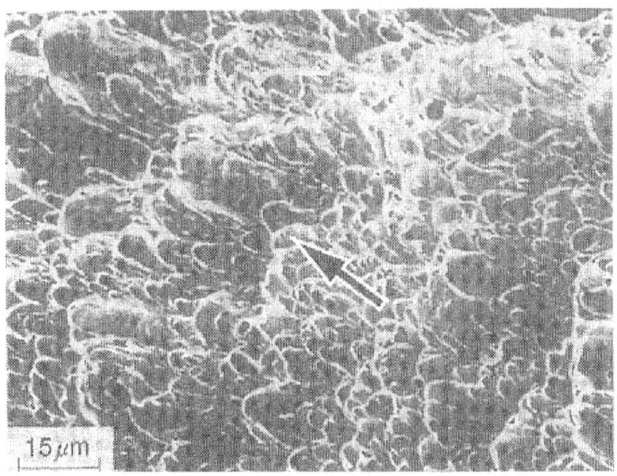

사진 3.2 미소공동의 합체에 의한 파단면(dimple)[7)]
(화살표: 균열의 진행방향)

3.4 의벽개파괴(river pattern)

많은 금속재료가 파괴하는 경우, 벽개에 의해 균열이 발생하고, 다음으로 딤플 형성기구에 의해 모재가 파괴한다. 이 경우 부하응력에 의한 변형률속도에 의해 좌우되고 천이온도 근방에서 일어난다. 이와 같은 파괴기구는 딤플과 벽개의 혼합 기구이다. 그러나 강처럼 변형이 적은 경우는 벽개성이 약한 영역을 가진 파단면으로 된다.

사진 3.3 취성파괴면(의벽개파면)[8)]

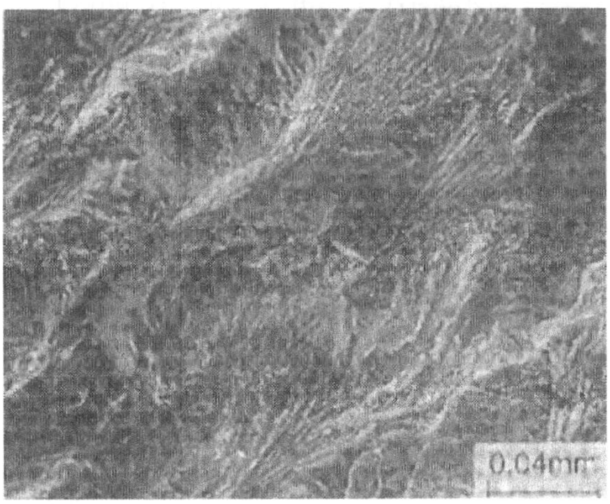

사진 3.4 의벽개파단면에 유사한 파단면[9)](18-8스테인리스강의 파괴 파단면에 잘 관찰된다)

이와 같은 파괴기구는 미소균열의 형성에 모재의 찢어짐(tear)이 기인하여 의벽개라고 부르고 있다. 사진 3.3은 의벽개파괴 파면의 한 예[8)]를, 또 사진 3.4는 벽개파괴에 유사한 파단면이며 조직의존성으로 갈라진 면이다[9)].

3.5 결정립계 파괴(rock candy pattern)

결정입계가 미시적으로 가장 약한 경우는 벽개 또는 슬립현상이 생기기 전에 표면에는 갈라짐이 일어난다. 이 갈라짐기구에서 파괴하는 경우, 결정립계파괴라고 한다. 갈라짐기구에서 파괴하는 입계균열은 균열진전이 입계상의 미립자에 따라서 진전한 경우, 또 입자-모재 계면에 따른 갈라짐 혹은 분리에 의해 파단면이 결정립계 파괴의 양상을 나타내는 것 같은 경우, 입계상의 입자와 관련된 공동의 합체에 의해 생긴 경우 전부가 결정입계 파괴이다. 그림 3.6은 입계파괴의 개략도를 나타낸 것으로[10)], (a)는 등축결정의 입계를 따른 갈라짐, (b)는 약한 입계면을 따른 갈라짐, (c)는 늘어난 결정립의 입계에 따른 갈라짐이다. 그림 3.7, 그림 3.8에 나타낸 입계수소취화, 입계탄화물취화, 응력부식균열 등도 입계파괴의 특징이다. 사진 3.5는 18-8스테인리스 강에 있어서의 염화마그네슘 수용액에 의한 응력부식균열을, 또 사진 3.6은 입계균열과 딤플이 혼재한 파단면이며, 사진 3.7은 탄소강의 입계피로 파단면을 나타낸 것이다.

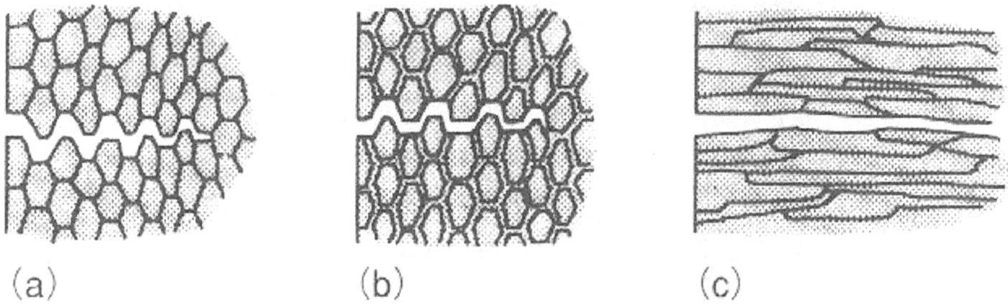

(a) 등축결정의 입계에 따른 갈라짐, (b)약입계면을 통과하는 갈라짐,
(c) 늘어난 결정립의 입계에 따른 갈라짐[10)]

그림 3.6 입계파괴의 개략도

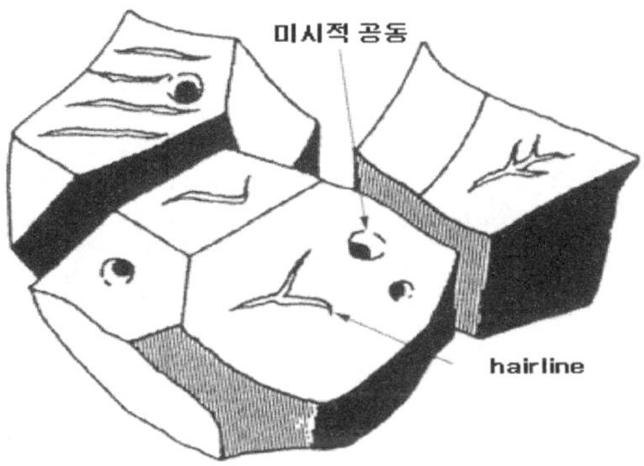

그림 3.7 수소에 의한 입계취화균열(지연파괴)
(거시적으로 보아 재료 내부에 입계취성균열역이 있다)

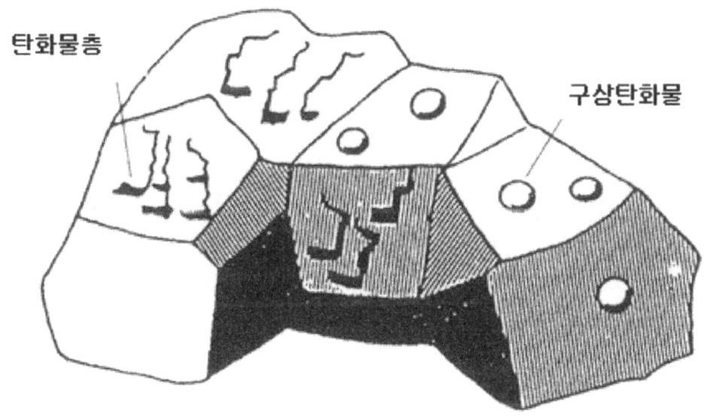

그림 3.8 입계탄화물취화균열

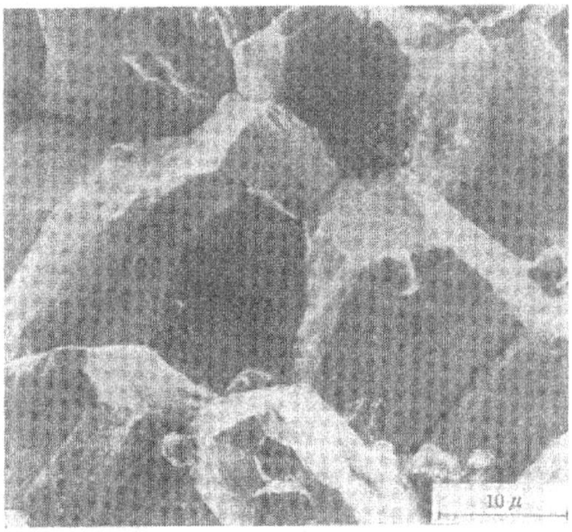

사진 3.5 입계취성파단면(18-8스테인리스강, 염화Mg수용액에 의한 응력부식균열)

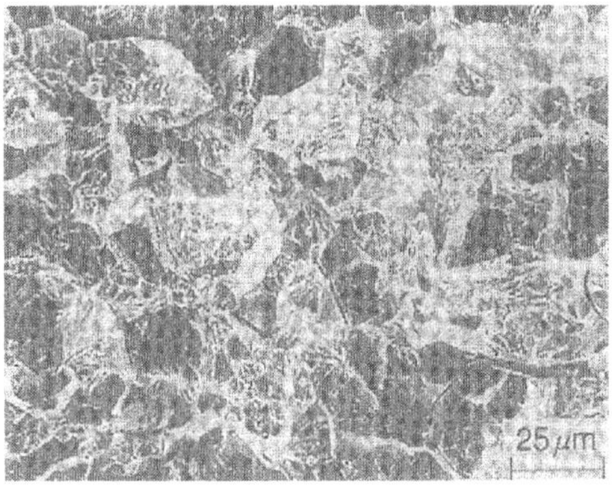

사진 3.6 입계파괴에 있어서의 연성파단면 (입계균열과 dimple이 혼재하고 있다)

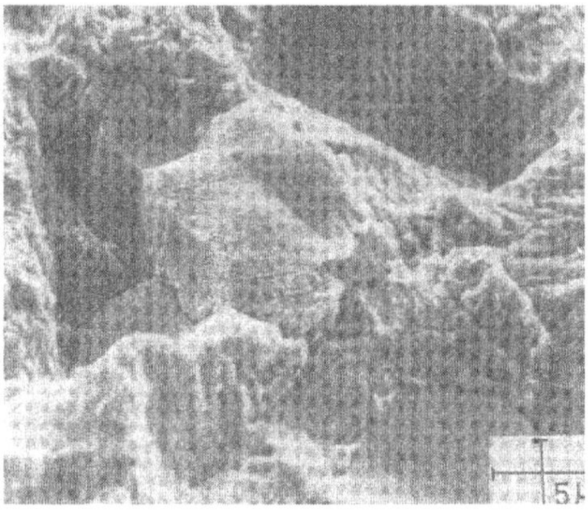

사진 3.7 탄소강의 입계피로파단면

3.6 피로파괴 파단면과 유사 파단면

사용 중의 부재에는 많든 적든 반복응력이 부하되는 상태에서 운전되는 경우가 많고 이 반복부하응력에 의해 발생하는 파괴현상을 피로파괴라고 한다. 피로파괴를 일으키는 균열발생기점은 전술한 것처럼 전위의 슬립운동으로부터이다. 일반적인 피로파괴에서는 부하레벨이 거시적인 소성변형이 시작되는 이하의 응력치 부터이다. 그러나 표면의 부정, 미시적인 조직의 양상 등 때문에 부분적으로 미소응력이 항복점을 넘는다. 이 때 반복부하응력이 작용하고 있으면 항복점을 넘은 부분에 소성변형이 발생한다. 이 경우 부분적인 소성변형은 슬립선 또는 슬립대로 발달하여 피로균열의 발생기점으로 된다. 이 부분적인 소성변형은 부하응력에 의해 생긴 인장응력에 대해서 대략 45°의 전단응력으로 된다. 따라서 피로균열기점에 있어서의 파괴파면의 모양은 벽개에 유사한 파괴모드로 된다.

이 피로균열개시 단계를 전술한 것처럼 제 1단계(제 1 stage)라고 부른다. 제1단계는 반복수가 많고 저응력의 경우에 일어나지만 응력이 지나치게 높은 경우는 관찰되지 않는다. 일반적으로 기계부품 등에 있어서는 원자의 크기로부터 비교하면 표면조도가 크고 피로균열발생의 단계는 표면의 부정이나 결함에서 발생하기 때문에 균열개시 근방의 파면은 상당히 작고 세심하게 관찰하더라도 확인하는 것이 어려운 경우가 많다. 제 1단계에서 발생한 피로균열은 그림 3.9에 나타낸 것처럼 인장응력에 대해 수직이 된다[11]. 그 후의 반복부하에 의해 제 2단계로 불리는 다른 파괴기구로 진전하기 시작한다. 균열이 진전하는 것은 그림에서도 이해되듯이 반복과정의 인장응력만에 의해 진전한다.

제 2단계의 균열진전에 있어서도 제 1단계와 같은 슬립이 관여한다. 그림 3.10은 균열선단에서의 교차슬립에 의해 균열이 진전하는 기구를 나타낸 것으로[12] 이 교차슬립에 의해 생긴 파면모양을 스트라이에이션(striation)이라 부른다. 스트라이에이션 모양은 전진하는 균열의 선단이 개구와 폐쇄를 반복 파면상에 남기는 것에 의해 생긴다. 이 모양은 미시적인 피로균열진전으로써 가장 일반적인 특징이다.

그러나 반복부하응력에 의해 반드시 스트라이에이션이 형성되는 것은 아니고 스트라이에이션이 관찰되지 않기 때문이라고 해서 그 부분이 피로를 받지 않았다라고 말할 수 없다. 즉, 스트라이에이션 형성은 균열이 폐쇄(부하응력사이클의 압축측)되었을 때의 표면형상, 균열선단이 놓여진 환경(진공 속에서는 균열선단의 산화반응이 없기 때문에 생기지 않는다)등에 의해 좌우된다. 더구나 스트라이에이션은

1회마다의 반복부하응력에 의해 생긴 것이며, 이 간격, 모양, 수 등을 구하는 것에 의해 부하응력의 크기, 진전속도, 균열의 진전방향 등 개략 판단할 수 가 있다.

그림 3.11은 미세구조가 스트라이에이션 모양에 미치는 영향[13], 또 사진 3.8은 연성스트라이에이션 및 취성스트라이에이션을 나타낸 것이며[14], 연성의 경우는 간격이 미세하고 취성의 경우는 거친 것을 알 수 있다. 이 간격은 부하응력의 대소에 의해 결정되고 부하응력이 커서(겉보기상 응력도 포함한다) 균열진전이 빠를 때는 간격이 넓다. 또 부하응력이 작아 균열의 진전속도가 느린 경우는 미세하게 된다. 더구나 어느 정도의 간격에서 진전하는가는 10 mm 또는 20 mm의 스트라이에이션 간격을 측정하여 촬영한 배율로 나누면 1회의 반복으로 진전한 거리(길이)를 구할 수 가 있다.

또, 스트라이에이션에 유사한 모양으로 tire track으로 불리는 모양이 있다. 이것은 파단면 속의 단단한 돌기물이나 질화처리에 있어서의 단단한 질화물 등에 의해 형성되는 것으로, 타이어상 모양을 나타낸다. 사진 3.9은 그 일례이며, 특히 표면경화처리한 부품이 파손될 때에 생긴다[15]. 이 외 스트라이에이션 모양에 유사한 것으로 금속조직 의존성으로 파괴한 파단면에 나타나는 모양이 있다. 이 모양은 강 속의 pearlite lamellar가 파괴할 때, 스트라이에이션상의 모양을 나타낸다. 반복부하응력에 의해 생긴 스트라이에이션은 균열진전방향이 일정한 방향(약간 다르다)을 나타내는 것에 대해 pearlite lamellar에서 파괴한 경우는 방향성이 없고 결정방위에 의존해서 파괴한다. 사진 3.10은 그 일례이다[16].

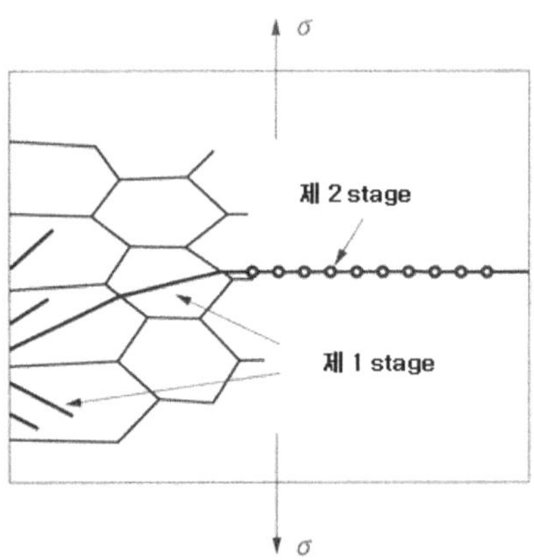

그림 3.9 제 1 stage 및 제 2 stage의 피로균열의 형성[11]

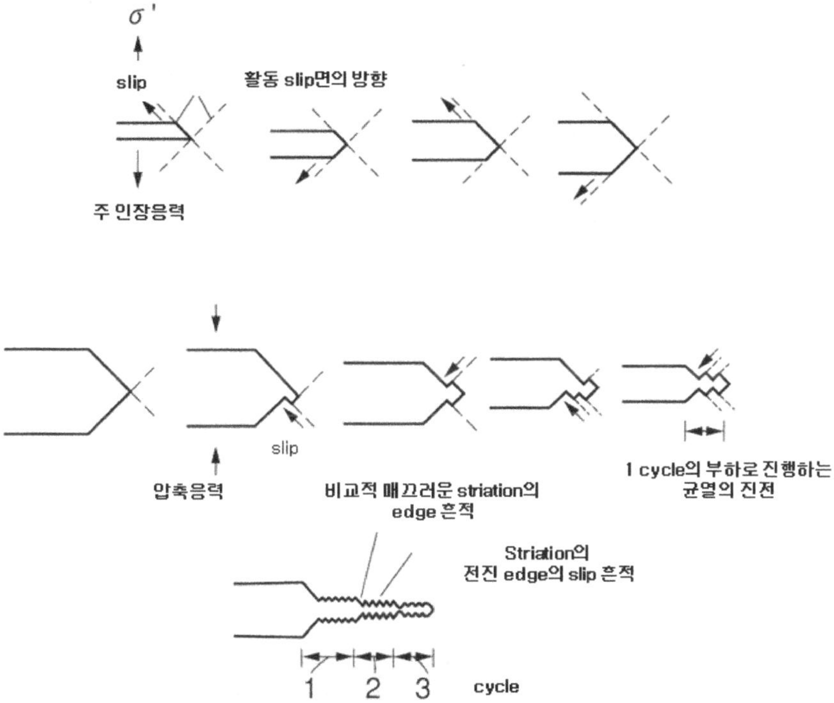

그림 3.10 균열선단에서의 교차슬립에 의한 제 2 stage의 피로균열진전기구[12)]

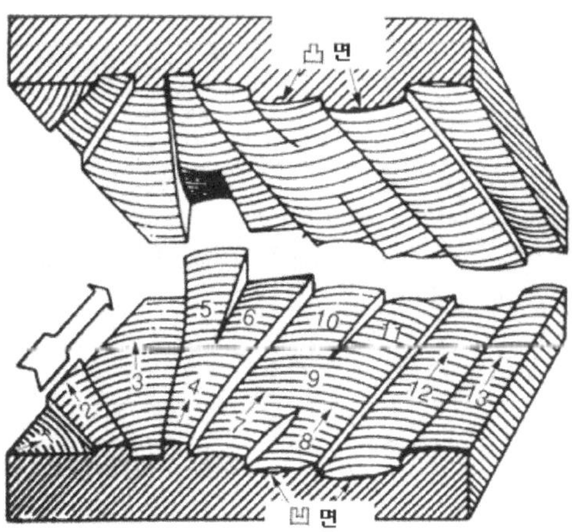

그림 3.11 미세구조가 부분적인 피로스트라이에이션 형성에 미치는 영향[13)]

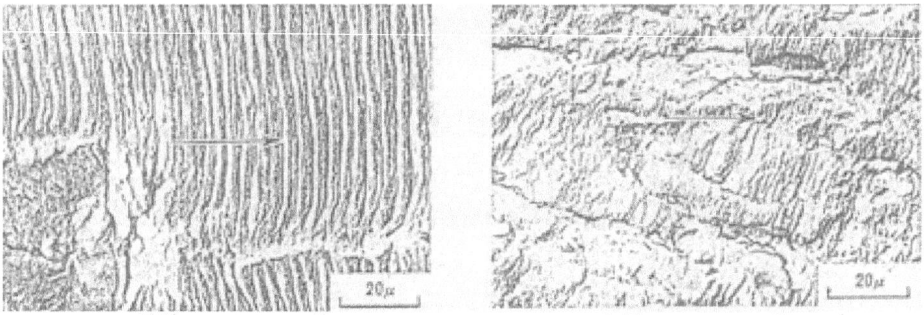

연성스트라이에이션 취성스트라이에이션

사진 3.8 피로파괴에 있어서의 스트라이에이션 모양[14)]

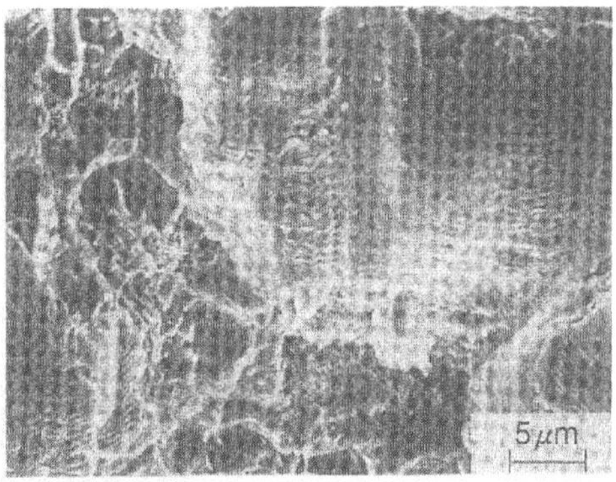

사진 3.9 표면경화재(가스연질화처리)에서 관찰된 tire track[15)]

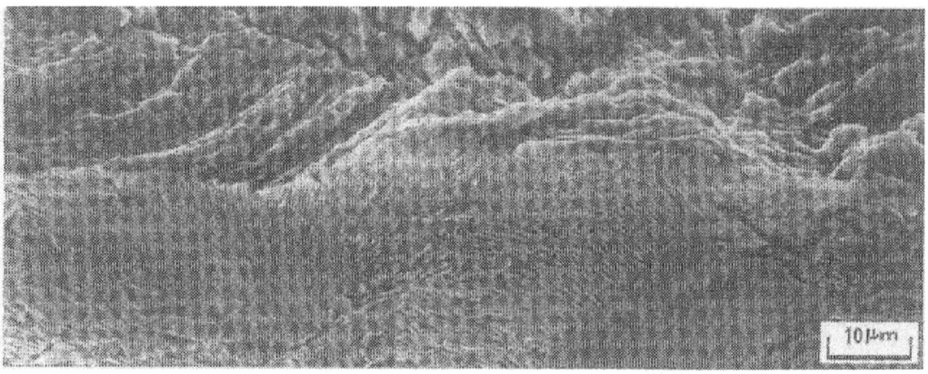

사진 3.10 풀림을 행한 탄소강의 피로파단면[16)](스트라이에이션에
유사한 lamellar모양은 pearlite)

chapter 4

피로강도에 미치는 인자

전술한 것처럼 90% 이상이 반복부하응력에 의한 피로파괴이다. 이 원인은 재료의 문제, 설계의 문제, 가공의 문제, 사용상의 문제 등 광범위하게 파괴원인이 존재하고 있기 때문이다. 또 이들 모든 문제에 연관하여 한가지만으로 파괴하는 것은 드물고 많은 경우 이들 원인이 중복해서 파괴원인으로 된다. 이하 피로강도에 미치는 인자에 대해서 개략 해설한다.

4.1 응력조건의 영향

부하응력형태, 즉 축력으로 응력이 작용하는가, 굽힘응력이 작용하는가, 비틀림응력이 반복작용하는가에 의해 파괴까지의 수명이 다르다. 일반적인 강에 있어서는 경도가 50 HRC(≒500 HV) 이하의 경우에는 반복굽힘응력에서는 σ_B(인장강도)의 50%가, 반복축력에서는 40%, 또 비틀림의 경우는 30%가 피로한도로 생각할 수 있다. 이것은 같은 σ_B를 가진 강에 있어서도 비틀림응력이 작용하면 단시간에 파괴하는 현상이 생기는 것을 의미한다. 또 일정응력이나 변동응력인가에 의해서도 파괴까지의 수명이 다르다. 예를 들어 고속도로를 일정한 속도로 달리는 경우는 각 부분에 걸리는 부하응력도 작고 울퉁불퉁한 길이 되면 변동적인 응력이 작용해서 파괴까지의 수명도 짧다.

4.2 노치의 영향

균열의 발생은 전술한 것처럼 전위의 슬립현상에 의한 것이며 표면조도나 단이 붙은 부분 등 응력집중원이 되는 노치가 존재하면 파괴수명에 크게 영향을 미친다. 따라서 아무리 작은 손상이라도 응력집중원이 되어 균열발생원이 될 수 있다. 즉 힘(응력) 이 작용하는 부분에 응력집중원이 되는 부분이 존재하는가 하지 않는가에 의해 균열발생수명이 좌우되고 단수명인가 장수명인가가 결정된다.

그림 4.1~4.4에 나타낸 것처럼 노치부에 부하응력이 작용하면 응력집중원으로 되어 균열이 발생한다[1]. 전술한 것처럼 균열의 발생은 원자순서 레벨이다. 따라서 아무리 작은 손상흔이라도 원자레벨에서 보면 크기 때문에 작은 노치라도 응력집중원으로 될 수 있다. 특히 최대전단응력이 작용하는 최표면은 가능한 한 요철을 작게 하여 노치가 되는 상처를 제거하는 것이 장수명화로의 제 1보이다. 일반적으로 인성을 가지는 인장시험편에 둥근 형태의 노치를 부여하면 남은 단면적에 있어서의 인장강도는 노치가 깊을수록 크게 된다. 이와 같은 사실은 노치저부의 응력의 증가(응력의 피크)에 의해 설명할 수 가 있다. 즉 부하응력과 직각방향에 노치가 있으면 그 응력레벨에 있어서 의 응력분포가 변화하여 최대주응력(축방향)에 대해서 생각하면 노치저부의 응력 피크와 중심축 부근의 응력저하부가 균형을 이룬다(그림 4.1 참조). 노치, 나사, 가장자리 부분, 구멍 등이 존재하기 때문에 생기는 단면적의 변화는 응력의 일정한 분포상태를 변화시켜 부분적으로 응력 피크를 발생시키는 것이 된다(그림 4.2, 4.3을 참조). 이와 같은 부분적인 응력집중은 다음 식에서 정해진 응력집중계수에 의해 나타낼 수 가 있다.

$$\text{이론적 응력집중계수 } K_t = \frac{\sigma_{\max}}{\sigma_n} \text{ (인장, 굽힘)}$$

$$K_{ts} = \frac{\tau_{\max}}{\tau_n} \text{ (비틀림)}$$

t는 이 계수가 이론치이며 탄성론을 적용할 수 있다고 하는 가정에 기초를 두고 계산되어진 것이다.

표 4.1은 피로강도에 미치는 노치의 영향의 일례로써 노치부재에 대해서 노치깊이를 바꾼 경우의 피로한도를 나타낸 것이다[2]. 또 동시에 평활재의 피로한도도 비교하기 위해 기재했다. 동일한 인장강도를 갖는 강에 대해서 평활재와 노치재를 비교한 경우, 어느 쪽의 강종에 있어서도 평활재에 비해 노치재 쪽이 낮은 피로한도를 나타내고 그 깊이가 크면 클수록 저하하는 경향을 발견할 수 있다. 따라서 균열의 발생을 지연시켜 장수명화시키기 위해서는 표면조도를 얼마나 작게 해서 응력집중원을 감소시키는가에 있다. 주철의 경우는 표면조도에 의한 외부노치와 흑연 자체가 내부노치가 되어 평활재와 같은 피로한도를 나타낸다.

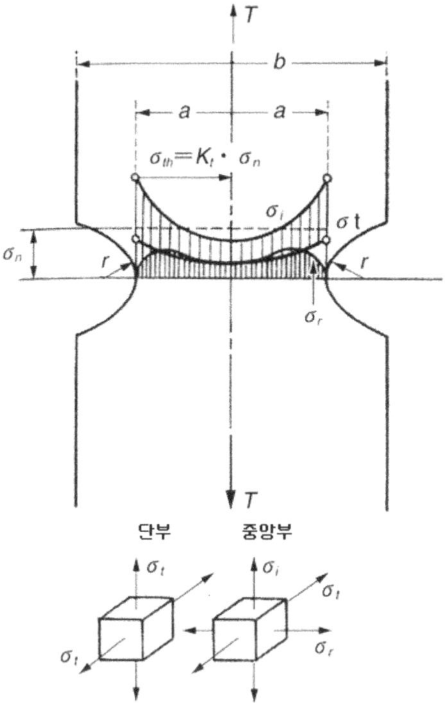

그림 4.1 노치를 가지는 환봉에 인장응력을 가했을 때의 응력의 상태[1)]

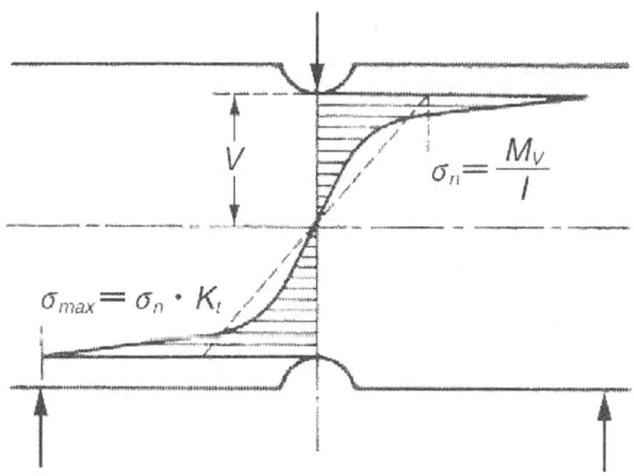

그림 4.2 노치를 가지는 환봉의 굽힘에 의한 응력집중[1)]

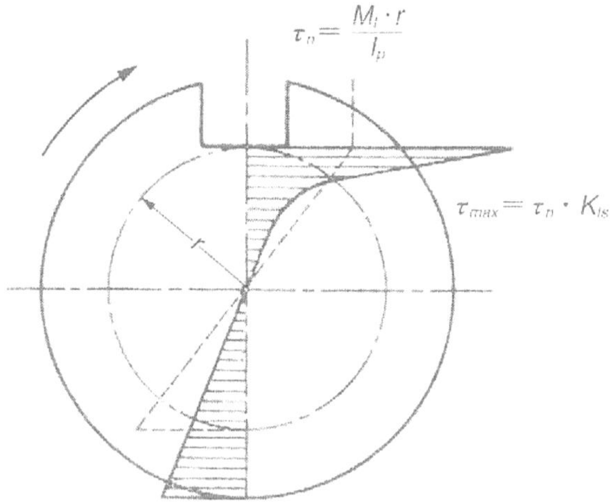

그림 4.3 키 구멍을 가지는 환봉의 비틀림에 의한 응력집중[1]

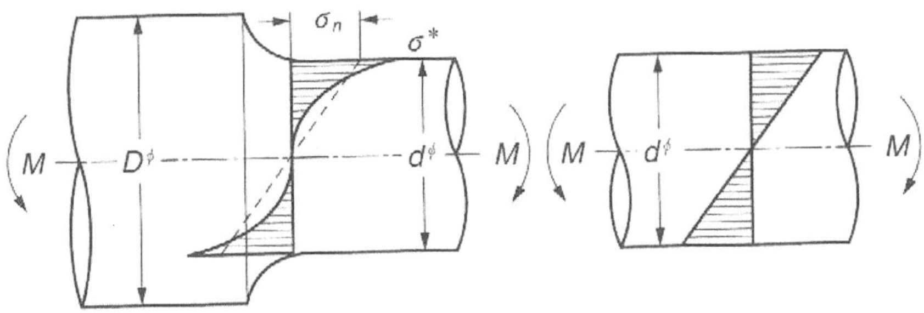

그림 4.4 단이 붙은 부분을 가지는 환봉의 응력집중[1]

표 4.1 피로한도에 미치는 노치의 영향[2]

재료	인장 강도 (MPa)	피로한도 (MPa) (5mm∅)					
		노치시험편에 있어서의 노치깊이					
		평활 시험편	0.05 mm	0.10 mm	0.20 mm	0.30 mm	0.50 mm
풀림처리한 중연강	550	280		199		150	
풀림처리한 반경강	630	320		220	190	178	160
Ni-Cr 조질강 (0.35%C, 4.6%Ni, 1.63%Cr)	1200	540.6	357	310	273	248	98
회주철		90.8		98			

4.3 평균응력의 영향

평균응력이라는 것은 예를 들어 볼트·너트로 어떤 부품을 체결한 경우, 부품에는 체결상태로 이미 죄고 있는 응력에 의해 응력이 부하되어 있다. 이 부하되어 있는 응력을 평균응력이라고 한다. 따라서 죄고 있는 응력이 클수록 평균응력도 크게 되어 작은 외부응력이 작용해도 죄고 있는 응력과 더해져서 항복응력 이상의 힘이 작용한 상태로 되어 균열이 발생한다. 잔류응력에 대한 생각도 평균응력과 같다.

평균응력이 피로강도에 미치는 영향에 대해서는 동일한 재료에 있어서도 실험자에 의해 약간 다른 경향을 나타내지만 대부분의 실험결과는 Goodman의 선도로 나타내어 진다[3]. 이 곡선은 양진피로강도와 인장강도를 연결하는 것이며 그림 4.5는 그 한 예를 나타낸 것이다[4]. 노치가 존재하는 경우는 인장평균응력이 어떤 값보다도 크게 되면 내구한도비는 우측으로 수평이 된다. 압축평균응력을 받으면 양진값보다도 높게 된다[5].

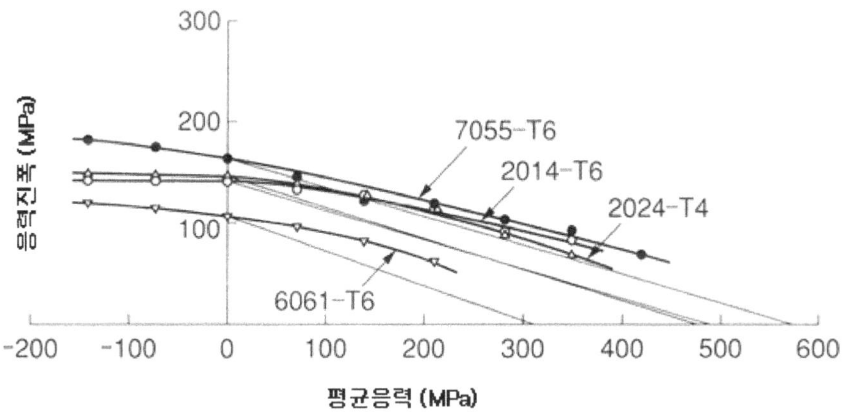

그림 4.5 내구힌도신도[4]

4.4 잔류응력의 영향

잔류응력은 부품에 외부응력이든지 내부응력이 작용한 경우 그 형상을 유지하기 위해 표면 및 내부에 존재하고 있는 응력의 것이다. 이 응력에도 인장잔류응력과 압축잔류응력이 있고 인장잔류응력은 피로강도를 저하시키는 원인으로 된다. 그림 4.6은 잔류응력이 피로강도에 미치는 영향에 대해서 나타낸 것이다[6]. 압축잔류응력치가 클수록, 시간강도, 피로한도와 함께 높은 값을 나타내는 경향이 있고 잔류응력이 존재하지 않는 경우보다도 상당히 높은 피로한도곡선을 나타낸다. 인장잔류응력이 존재하는 경우는 피로한도곡선도 잔류응력이 없는 것과 비교하면 낮은 값을 나타내고, 또 압축잔류응력이 존재하는 경우보다도 10^7회에서 약 3.5 MPa 감소하고 있다.

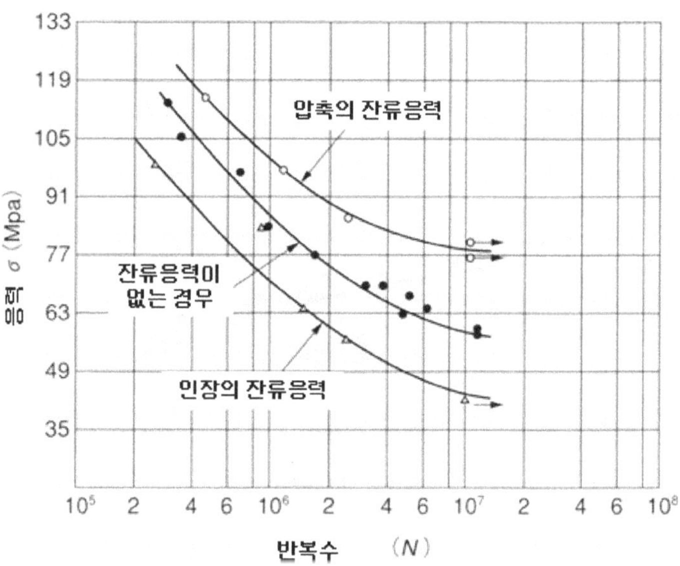

그림 4.6 피로강도에 미치는 잔류응력의 영향[6]

4.5 반복속도의 영향

부하된 응력의 속도에 의해서도 파괴까지의 수명이 다르다. 그림 4.7은 저탄소강의 한 예이다[7]. 냉각제로써 기화성 방성제의 수용액을 분사하면서 반복부하하중을 가한 결과 강종의 차이에 의한 현저한 차는 발견할 수 없었지만, 두 강종모두

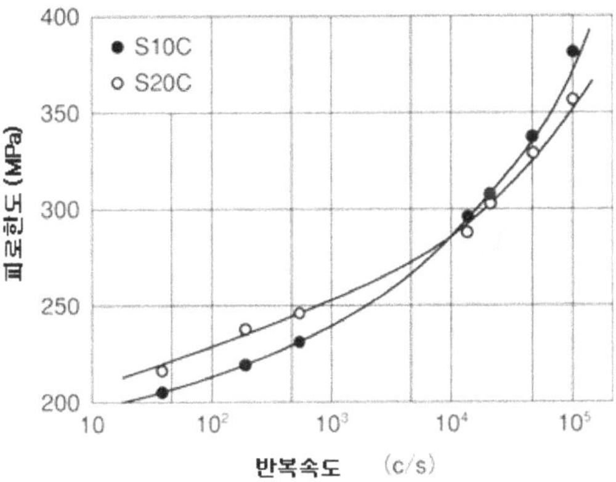

그림 4.7 피로한도에 미치는 반복속도의 영향[7](환봉평활재, 인장-압축, 기화성 방성제를 분사)

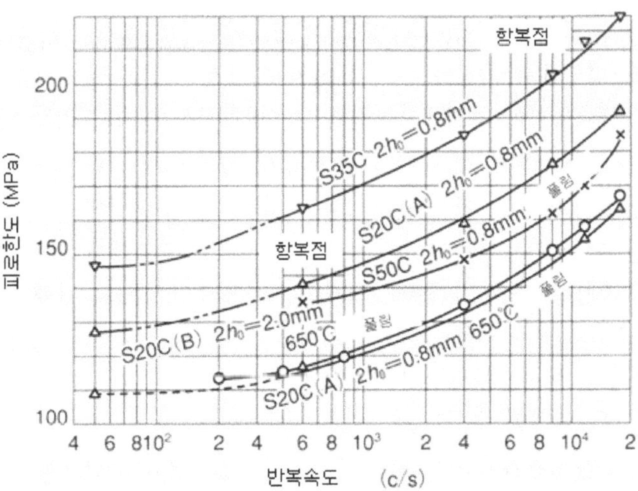

그림 4.8 피로한도에 미치는 반복속도의 영향[8](평면굽힘, 평판(두께 0.8~2 mm, 폭 5 mm))

저속도에서 반복부하 될수록 낮은 피로한도를 나타내고 10^3c/s, 10^4c/s로 부하속도가 증가함에 따라 피로한도가 상승하는 경향을 나타낸다. 그림 4.8도 동일하게 냉각제를 분사하면서 판재의 평면굽힘피로시험을 실시한 결과이다[8]. 이 경우도 반복속도의존성을 발견할 수 있었고 피로한도는 속도가 빨라짐에 따라서 상승하는 경향을 나타낸다.

4.6 방향성의 영향

압연이나 인발가공을 행하면 재료 속의 결정립은 소성변형의 방향에 나란한 섬모양 조직이 나타난다. 이 섬모양 조직(섬유상조직)은 풀림이나 담금질에 의해 어느 정도 삭감시킬 수 가 있지만, 많은 경우 잔존한다. 이와 같은 재료에서 부재를 가공하는 경우 그 방향성이 문제로 되다. 특히 압연된 판재, 인발된 환봉 등에 있어서는 방향성에 의해 기계적 특성이 다르다.

즉 부하되는 주응력에 대해서 부재의 섬유방향이 어떤 방향으로 가공되어 있는가 이다. 섬유방향과 평행(긴 쪽 방향=축방향)하게 가공되었는가 직각방향으로 가공되었는가에 의해 인장강도나 연신, 인성, 피로강도 등이 다르다. 일반적으로는 섬유방향과 평행하게 가공하면 여러 가지 기계적 성질은 최대치를 얻지만 직각방향에서는 모든 특성이 나쁘게 되어 때로는 방향성을 가지지 않는 주조재보다도 약하게 되는 경우가 있다.

그림 4.9는 Ni－Cr 강을 이용하여 시험편의 채취방법에 미치는 평활 및 노치의 영향에 대해서 나타낸 것이다[9]. 이 그림에서도 명확하게 알 수 있듯이 평활재의 경우는 축방향이 543.1 MPa, 직각방향이 345.6 MPa의 값을 나타내고 축방향에서 약 65%나 높은 피로한도가 얻어지고 있다. 또 노치재의 경우는 10^5회 정도의 반복까지는 현저한 차가 나타나고 있지만 10^7회의 피로한도 근방에 있어서는 방향성의 차를 발견할 수 없었다.

이 원인은 노치효과에 의한 것으로 예리한 노치에서는 섬모양 조직의 영향이 2차적인 것이라는 것에 기인하고 있다. 즉 저응력, 고사이클의 경우는 노치효과의 영향이 크고 섬모양 조직의 영향이 작게 된다. Ni－Cr강 이외의 강에 있어서 축방향과 직각방향과의 차가 작은 것에 대해서 실험한 결과에 있어서는 평활재의 경우 직각방향으로 430~500 MPa, 축방향이 500~580 MPa의 피로한도였다.

표 4.2는 인장강도가 850~1090 MPa가 되도록 조질한 각종 강에 대해서 압연방향과 직각방향의 회전굽힘피로한도, 인장강도, 연신, Mesnager의 충격치 등을 나타낸 것이다[10]. 이것에 의하면 압연방향의 충격치가 직각방향의 2배이면 피로강도는 30% 정도 높고 충격치가 4배이면 피로한도는 직각방향의 약 2배로 된다.

이와 같이 직각방향의 충격치가 강의 섬모양 조직과 상관성이 있는 것을 알 수 있다. 따라서 실용부재에 있어서도 주응력이 작용하는 방향을 충분히 파악하여 소재의 단계에서부터 가공방법을 고려 할 필요가 있다.

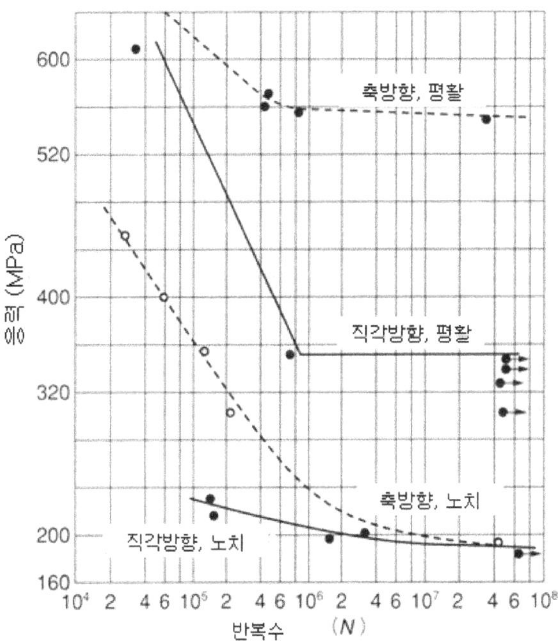

그림 4.9 평활 및 노치재에 있어서의 섬형상조직 방향의 영향(Ni-Cr강)[9]

표 4.2 각종 강의 압연방향 및 직각방향의 회전굽힘피로한도[10)]

화학성분 (%)								열처리	채취방향*	인장강도 (MPa)	항복강도 (MPa)	연신 (%)	피로한도 (MPa)	충격치
C	Mn	Si	S	P	Ni	Cr	Mo							
0.32	0.44	0.28	0.020	0.015	2.82	0.80		oil담금질 820℃	L	890	800	16	540	15.9
								뜨임650℃	T				425	12.1
0.315	0.35		0.025	0.022	2.56	0.80		oil담금질 820℃	L	950	820	6.2	510	11.5
								뜨임 650℃	T	920			280	2.9
0.355	0.72				0.25	0.95	0.30	oil담금질 950℃	L	1095			495	15.3
								뜨임 650℃	T	1095			430	8.5
0.35	0.76	Pb= 0.14			0.25	1.05	0.30	oil담금질 850℃	L	1098			430	14.1
								뜨임 650℃	T	1095			315	3.6
0.36	0.57	0.27	0.008	0.010	0.40	0.93	0.30	oil담금질 850℃	L	1065	990	14	540	16.4
								뜨임 650℃	T	1065	990	11.5	450	10.1
0.35	0.50	0.26	0.024	0.026				oil담금질 850℃	L	870	755	13.3	425	13.5
								뜨임 650℃	T	850	745	6.75	325	2.3
0.33	0.41	0.18	0.015	0.027	2.66	0.70		oil담금질 850℃	L	1000	870	15	550	14.0
								뜨임 650℃	T	950			330	6.3
0.37	0.27	0.29	0.010	0.012	2.66	0.81		oil담금질 850℃	L	925	880	11.5	510	21.2
								뜨임 650℃	T	920			430	15.0

* L: 압연방향, T:직각방향

4.7 내부결함의 영향

사용재료의 내부결함도 피로강도에는 큰 영향을 미친다. 강의 경우는 제강기술의 향상으로부터 수축공(pipe)이나 국부적 수축(sink marks) 등의 현저한 내부결함은 감소하고 있지만 최근에는 미시적 결함으로써 비금속개재물을 들 수 있다. 이 비금속개재물의 영향에 대해서 BISRA(British Iron and steel Research Association)가 실시한 Ni-Cr-Mo강의 실험에서는 Taylor 들은 인장강도가 950~1970 MPa 정도의 조질강에서는 현저한 차는 생기지 않고 있다고 하고 있다[11]. 하지만 인장강도가 큰 경우에는 피로균열의 발생원으로 되는 개재물을 발견할 수 있다. 이 비금속개재물은 섬모양 조직에 있어서의 평행방향과 직각방향의 피로한도와 깊은 관계가 있다.

그림 4.10은 축방향의 피로한도와 A계 비금속개재물의 함유량과의 관계를 나타낸 것이다[12]. 유황함유량을 고의로 바꾼 Ni-Mo-V강을 작성하여 직각방향의 피로한도가 MnS 개재물 함유량과 어떠한 관계가 있는가를 조사했다. 그림에서도 명확하듯이 S함유량이 증가할수록 A계 개재물량도 증가하여 함유량이 0.2%정도 까지는 피로한도가 완만한 저하경향을 나타내지만, 보다 함유량이 많아지면 급격한 저하가 나타난다. 개개의 개재물의 크기에 거의 차가 보이지 않았기 때문에 이 결과는 개재물의 영향에 의한 것으로 순수하게 생각해도 좋다.

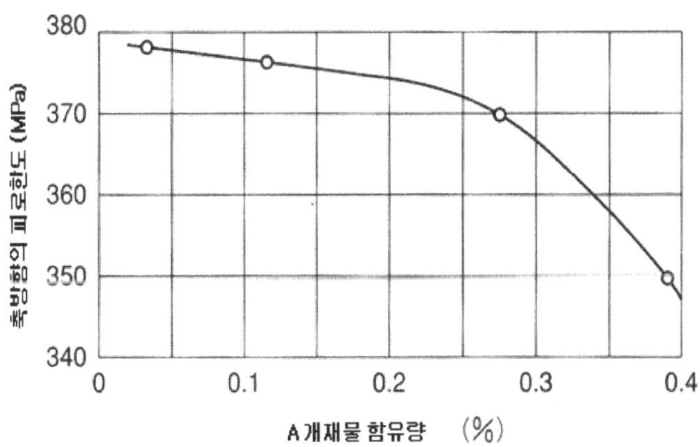

그림 4.10 A계 개재물 함유량과 횡방향의 피로한도와의 관계[12]

4.8 사용분위기의 영향

사용온도, 습도, 부식성분위기 등 환경의 변화에 의해서도 피로강도는 다르다. 특히 최근에는 내진, 내염방지 등 때문에 새로운 건축재료나 커텐 천,막 등에 여러 가지 약품이 이용되고 이 약품이 사용 중에 미량이지만 방출되기 때문에 응력부식 균열이나 지연파괴 등의 원인이 되어 단시간에 파손하는 예가 많다. 또 부식성환경 등에 의해 에칭피트 등이 생겨 이것이 응력집중원으로 되어서 균열이 발생하는 예도 있다.

4.9 표면처리의 영향

균열의 발생이 원자순서의 미시적인 부분인 것으로부터 최대전단응력이 작용하는 표면은 중요한 역할을 가진다. 따라서 건식도금이나 습식도금 등에 의해 생성된 표면은 균열의 발생에 크게 관여한다. 도금의 전처리로써 산세척은 수소취성이나 지연파괴의 원인으로 된다.

4.10 치수효과의 영향

피로강도나 피로파괴현상은 치수의 대소에 의한 효과의 영향도 크다. 그림 4.11은 형상이 다른 환봉의 직경과 회전굽힘피로한도의 관계를 나타낸 것이다[13]. 작은 단면적에서 파손된 경우 그 응급대책으로써 환봉의 단면적을 크게 한다면 해결된다고 생각하는 쪽이 많지만 이 방법은 잘못된 것이다. 그림에서도 알 수 있듯이 단면적이 다른 환봉에 있어서도 표면의 잔류응력의 값은 같으며 응력분포에서 말하면 직경이 큰 것일수록 인장응력이 작용하고 있는 면적이 많게 되다. 따라서 균열의 발생 시기는 대형, 소형 모두 같고 균열의 진전속도가 동일하다면, 예를 들어 단면적을 2배로 한 것은 파괴까지에 2배에 대한 수명이 연장될 뿐으로 본질적인 해결책은 되지 않는다. 본질적으로 장수명화를 목적으로 한다면 피로한도가 높은 재료를 선택하든가 열처리에 의해 피로한도를 높일 필요가 있다.

그림 4.12은 굽힘피로한도에 미치는 영향으로써 소재의 크기와 치수효과의 관계를 검토한 것이다[14]. 이 결과에 의하면 시료치수가 크게 됨에 따라서 굽힘피로한도가 저하하는 경향을 나타내고, S35C강에서 84%, Cr-Mo강에서 70% 피로한이 저하된 것을 알 수 있다. 표 4.3은 회전굽힘피로한도에 미치는 직경의 영향을 구한 보고이다[15]. 이 결과에 있어서도 직경이 크게 되면 피로한도의 저하가 보인다. 이와 같은 현상은 균열의 발생에서 표면의 잔류응력과 응력분포가 크게 영향을 주어 직경이 크게 됨에 따라서 인장잔류응력을 받는 면적(분포)이 늘어나기 때문으로 생각된다.

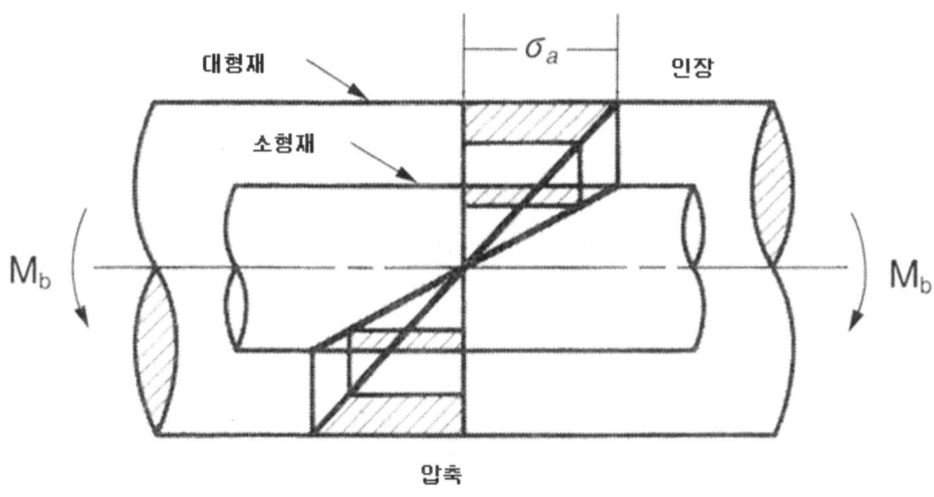

그림 4.11 굽힘응력을 받은 경우의 대소시험편의 표면에 있어서의 응력분포[13]

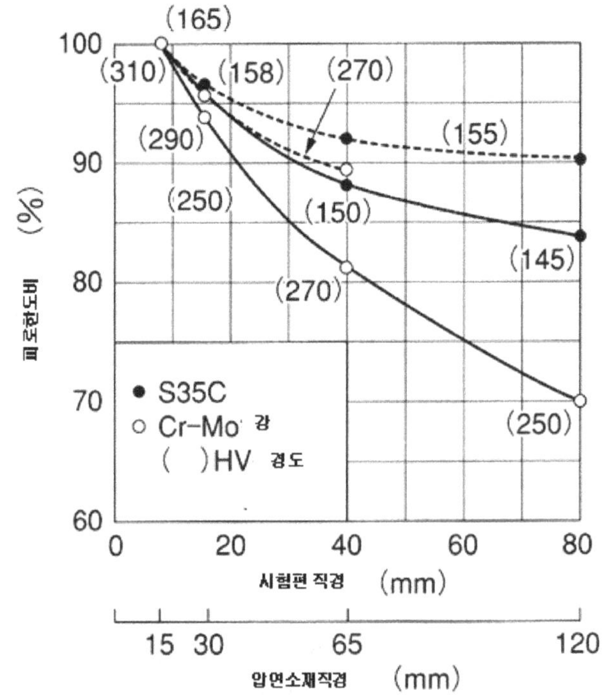

그림 4.12 형상의 크기가 다른 시험편의 치수효과와 피로한도비의 관계[14)]

표 4.3 회전굽힘피로강도에 미치는 직경의 영향[15)]

	직경 (mm)	응력구배 1/r	피로한도 (MPa)
탄소강, 열처리않음 C=0.40~0.50%	8 37 152	0.25 0.054 0.013	196~231 196~217 125~175
탄소강, 불림	8 37 152	0.25 0.054 0.013	231~252 203~210 147

4.11 표면거칠기의 영향

파괴균열 발생은 원자의 슬립현상에 의해 일어나고 표면의 거칠기는 피로파괴, 피로강도 등에 크게 영향을 미친다. 그림 4.13은 피로한도와 표면거칠기의 관계를 나타낸 것이다[16]. 이 그림에서도 알 수 있듯이 Hmax의 값이 크게 됨에 따라, 직선적으로 피로한도가 저하하는 것을 알 수 있다. 또 Moore, Kommers[17]는 피로한도에 미치는 마무리가공의 영향으로써 인장강도 690 MPa의 0.49%C 강과 302 MPa의 0.02%C 극연강을 사용하여 검토해서 표 4.4같은 결과를 얻었다[17]. 이 결과에 의하면 피로한도는 연마표면으로부터 거친 표면으로 이동함에 따라 현저하게 감소하고 있는 것을 알 수 있다. 또 연마에 의한 이와 같은 상흔은 극연강의 쪽이 경강보다도 둔감한 것을 알 수 있다.

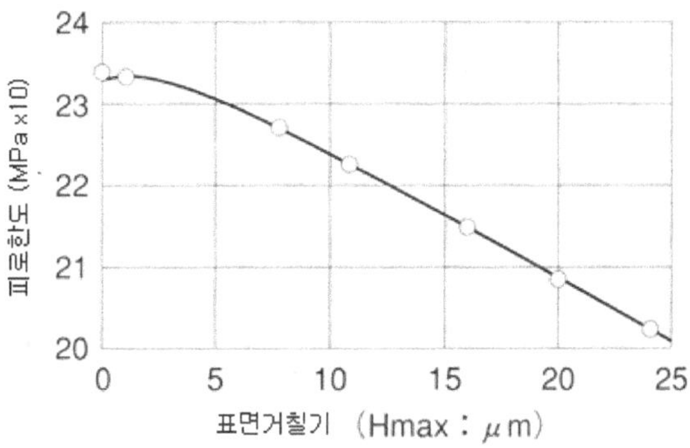

그림 4.13 표면거칠기와 피로한도의 관계[16]

표 4.4 피로한도에 미치는 표면마무리의 영향[17]

표면의 상태	피로한도			
	0.49%C 강		0.02%C 강	
	(MPa)	(%)	(MPa)	(%)
에머리페이퍼 0, 00번	352	100	185	100
에머리페이퍼 0, 00 번, 다음으로 에머리종이 1, 0, 00 번, 더하여 산화제이철, buffing 마무리	360	103	-	-
원통연마	323	92	-	-
마무리 선삭	307	87	171	92
거친 선삭	296	84	165	88

표 4.5 굽힘피로강도에 미치는 상흔의 최대깊이의 영향[18)]

가공방법	상흔의 최대깊이 (mm)	한도 (%)
정밀마무리	0	100
선삭	0.04	88
거친(rough) 줄	0.021	80~82
고운(fine) 줄	0.01	93~95
미세한 에메리종이	0.004	97~98
미세한 숫돌	0.005	96

표 4.5는 상흔의 최대깊이와 굽힘피로한도의 관계를 구한 보고이다[18)]. 0.33%C 강을 이용하여 기계가공의 종류와 연마의 정도를 바꾸어 6×10^6회 반복 했을 때의 시간강도를 구했다. 정밀마무리를 행하여 상흔의 최대깊이 0으로 한 것을 100%로 하면 선삭으로 0.4 mm로 거칠게 한 것이라도 시간강도가 12% 정도 저하하고, 오히려 거친(rough) 줄에 의해 최대 0.021 mm 깊이의 상흔이 있는 것이 20% 정도 시간강도의 저하를 보였다. 따라서 응력집중원으로 되는 손상흔을 표면에 생기지 않게 하여 가능한 표면거칠기에는 주의를 해서 세심하게 할 필요가 있다.

4.12 쇼트피닝의 영향

일반적으로 표면에 압축의 잔류응력이 발생하는 가공방법은 피로강도의 개선에 현저한 역할을 한다. 표면의 압축잔류응력의 생성에는 압연이나 단압, 쇼트피닝 등의 기계가공도 그 하나이다. 가공에 의한 압축잔류응력의 생성은 표면층의 소성유동을 일으켜 이것에 의해 가공경화 현상이 생기도록 상당히 가혹하게 행할 필요가 있다. 쇼트피닝법도 그 하나이며 H. F. Moore 들[19)]은 그림 4.14와 같은 결과를 얻었다. 탄소강을 사용해 회전굽힘피로강도에 미치는 쇼트피닝에 대해서 검토한 결과 피닝재는 피로한도의 상승이 나타나고 표면연마뿐으로 피닝하지 않은 것에 비해 335 MPa에서 388 MPa로 증가했다. 이와 같은 현상은 쇼트를 실시하는 것에 의해 표면에는 큰 압축잔류응력이 생성하는 것, 즉 연마만의 경우는 연마상태에서 표면에는 200~300 MPa 의 인장잔류응력이 생성되어 균열의 발생을 유발하기 때문에 피로강도가 저하하는 것으로 생각된다.

이 인장잔류응력을 경감시키기 위해서는 100℃의 뜨거운 물로 2시간정도 가열하든가, 혹은 200℃ 전후의 기름을 이용해서 가열한다. 더욱이 가열하는 경우는 고온이 될수록 인장잔류응력의 감소율이 크고, 가열 후는 급냉이 좋다. Pomer[20]는

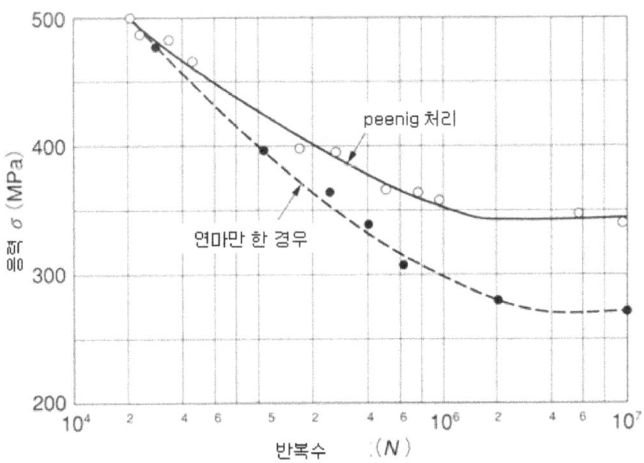

그림 4.14 양진굽힘피로강도에 미치는 쇼트피닝의 영향[19]

표 4.6 피로강도에 미치는 쇼트피닝의 영향[20]

시험법	시험재	107 시간강도 (MPa)		증가율 (%)
		피닝처리 하지 않은 경우	피닝처리 한 경우	
회전굽힘	armco iron	188	190	1
	0.45%C-Fe, 불림재	218	230, 240, 260	평균 10
	0.5%C-Fe	260	330	27
	0.37%C, 0.9%Mn, 0.25%Mo-Fe, 침탄, 담금질처리	705	1050	49
양진비틀림	0.85%C-Fe 스프링용선재, 담금질처리	670	950	42
	0.95%C-Fe 피아노선, 인발가공	635	950	49
	18-8 스테인리스강	460	780	69

각종 강을 이용하여 회전굽힘 및 양진 비틀림응력에 있어서의 10^7회의 반복시간강도와 쇼트피닝의 관계를 구했다. 표 4.6는 이 결과이다. 이 결과에 의하면 침탄담금질한 0.37%C-0.9%Mn-0.25%Mo 강에 있어서는 쇼트피닝을 실시하는 것에 의해 약 50%나 강도가 상승 하고 있다. 18-8 오스테나이트계 스테인리스강 등은 압축잔류응력의 생성과 가공경화의 상승효과에 의해 70%나 높은 시간강도를 나타낸다.

4.13 피로강도에 미치는 금속조직의 영향

금속조직과 피로강도의 관계를 논하기 전에 철강재료에 있어서의 경도와 인장강도의 관계, 인장강도와 피로한도에 대해서 약간 해설을 시도하고자 한다.

각종 부품이 사용 중에 파손이나 파괴된 경우, 재발방지나 장수명화가 요구된다. 이 때 문제로 되는 것은 사용재료의 강도이다. 안전계수를 어느 정도로 하면 좋은가, 그러기 위해서 사용재료에 대해서 어느 정도의 강도가 필요한가 등, 설계자는 재료의 강도를 포함하여 기계적, 물리적(열팽창계수, 전기전도도 등), 화학적(사용환경=부식피로, 응력부식균열 등) 특성을 충분하게 파악하여 강도설계를 실시할 필요가 있다. 강도설계를 실시하는 경우 중요한 팩터(factor)로써 인장강도, 항복점, 연신, 경도, 피로강도, 충격특성, 전기적인 특성이나 화학적 특성도 요구된다. 이들 특성 중에서 안전계수나 노치계수 등으로부터 재발방지, 장수명화 등을 추구하기 위해서는 각 강종에 대해서의 피로한도곡선을 파악하는 것이다. 그러기 위해서는 피로시험을 실시하여 피로특성을 구하면 되지만 시간과 경비가 들어 실용적이지 않다. 간이적으로는 먼저 경도를 측정하여 경도에서 인장강도를 계산하고 더하여 인장강도로부터 피로한도비를 구하는 것이 좋다. 다음 식은 간이적인 계산식이다.

경도와 인장강도의 관계는

$0.3\sim0.35\times HB$ (브리넬경도) = 인장강도 (σ_B)

$2.1\times HS$ (쇼어경도) = σ_B

$3.2\times HRC$ (로크웰C경도) = σ_B

0.155×HV (비커스경도) = 회전굽힘피로강도

이다.

또, 인장강도와 피로한도의 관계는

회전굽힘피로한도 = 0.35~0.64×σ_B

인장-압축피로한도 = 0.33~0.59×σ_B

비틀림피로한도 = 0.22~0.37×σ_B

또, 각 피로한도와의 사이에는

$$\sigma_{wb} = k\sigma_B$$
$$\sigma_{wb} = \frac{1}{0.8\sigma_{wz}} : \sigma_{wz} = 0.8\sigma_{wb} = 0.8k\sigma_B$$
$$\sigma_{wb} = \frac{1}{0.6\tau_w} : \tau_w = 0.6\sigma_{wb} = 0.6k\sigma_B$$

여기에서, σ_B; 인장강도(N/mm^2), σ_{wb}; 회전굽힘피로한도(MPa), σ_{wz}; 양진인장압축피로한도(MPa), τ_w; 양진비틀림피로한도(MPa), k; 계수(0.3~0.5) 이다. 더욱이 표 4.7은 기계구조용탄소강에 대해서 인장강도와 피로한의 관계를 비교검토한 것이다[21]. 표에서도 명확하듯이 불림재 및 담금질·뜨임재 모두 탄소량이 증가함에 따라 인장강도, 피로한도 모두 함께 상승하는 경향을 나타내지만 피로한도비에 있어서는 반대로 저하한다. 즉 이와 같은 경향은 탄소량의 증가에 따라 인장강도가 상승하지만 그 상승비율에 비교해서 피로한도의 상승비율이 낮아지는 것을 의미하고 있다. 회전굽힘, 인장-압축, 양진비틀림피로 모두 피로한도비는 비슷한 경향을 나타낸다.

표 4.7 기계구조용탄소강의 인장강도와 각 부하응력 방향에 있어서의 피로한도와의 관계[21)]

열처리	강종	인장강도 σ_B N/mm^2 (×10)	회전굽힘 피로한도 σ_{wb} MPa (×10)	σ_{wb}/σ_B (중앙치)	인장압축 피로한도 σ_{wz} MPa (×10)	σ_{wb}/σ_B (중앙치)	양진비틀림피로한도 τ_w MPa (×10)	τ_w/σ_B (중앙치)
불림	S10C	32~41	14~25	0.53	11~20	0.42	9~16	0.34
	S15C	38~47	16~27	0.51	13~22	0.41	10~17	0.32
	S20C	41~50	18~29	0.52	14~24	0.42	11~18	0.32
	S25C	45~55	19~30	0.49	15~25	0.40	11~18	0.29
	S30C	48~59	20~30	0.48	16~26	0.39	11~19	0.28
	S35C	52~64	21~30	0.44	17~27	0.38	11~20	0.27
	S40C	55~68	21~30	0.42	18~28	0.37	12~20	0.26
	S45C	58~72	22~31	0.41	19~29	0.37	12~21	0.25
	S50C	62~77	22~31	0.38	20~29	0.35	13~22	0.25
	S55C	66~81	23~32	0.37	21~30	0.35	13~22	0.24
담금질뜨임 (QT)	S30C	55~67	23~37	0.49	20~33	0.43	11~20	0.25
	S35C	58~72	24~38	0.48	21~35	0.43	11~21	0.25
	S40C	62~76	25~39	0.46	22~36	0.42	13~22	0.25
	S45C	70~84	27~40	0.43	23~36	0.38	14~22	0.23
	S50C	75~90	29~40	0.42	23~36	0.36	14~23	0.22
	S55C	80~96	31~41	0.41	24~36	0.34	15~23	0.22

피로강도나 파괴현상은 금속조직의 의존성이 높고 균열의 발생보다는 오히려 균열의 진전속도에 크게 영향을 받는다. 즉, 금속조직적으로 균일성이 있는가 없는가, 2상조직인가, 다상조직인가 아닌가에 의해서도 파괴수명이 다르다. 일반적으로 평활재와 노치재에서는 S-N곡선의 형이 약간 다르고 실용부품에 비해 실험치의 분포가 크다. 이 원인은 시험편의 경우는 표면 마무리정도, 평행부와 두께부와의 경계 등 가공정도의 문제, 결정립도, 비금속개재물, 지상 등 재료의 내부결함 등에 의한다. 철강재료의 경우 σ_D/σ_B의 대소에 의해 S-N곡선의 꺽여진 점에서 차이를 발견할 수 있고 평활재, 노치재 어느 경우도 σ_D/σ_B의 값이 클수록 장수명측으로 이동하는 경향을 나타낸다. 예를 들면 탄소강 등에 있어서는 저탄소강일수록 탄화

물이 안정되며 피로변형의 과정에서 시효를 나타내는 것을 의미한다. 어느 쪽이든 철강재료는 일반적으로 비철금속재료와 다르고, S-N곡선에 있어서는 확실한 굴곡점을 나타내어 명확한 피로한도를 얻을 수 있다. 이와 같은 현상에 대해서는 다음과 같은 추론이 알려져 있다.

① 피로시험 전에 이미 시험편 속에 존재하고 있는 원소의 분포에서 피로한도가 존재하고 있는 것. 즉 시험 전에 존재하고 있는 전위의 상태가 이미 피로한도를 결정하고 있다는 설.

② 피로시험의 과정에서 발생하는 전위와 침입형 원소의 상호작용에 의한다는 설.

③ S-N곡선의 모양 및 피로한도가 철강의 경우 체심입방구조에 기인하고 있다는 설.

등 설이 있고, 단 한가지만의 메카니즘으로 피로현상을 해명하는 것은 무리다. 어쩌면 체심입방구조가 크게 관여하고 있는 것은 틀림없다고 생각되지만, 변형이 초기의 상태에서 전위의 운동에 의해 발생하는 것, 또 장애물로 된 침입원소의 존재, 피로시험 과정에서 관찰된 시효현상 등도 고려 할 필요가 있다.

이하 금속조직과 피로강도의 관계에 대해서 개략해설한다.

4.13.1 페라이트 조직의 경우

피로균열의 발생이나 진전거동 등, 기본적인 파괴현상을 검토하는 경우, 단상에 가까운 페라이트 조직을 가지는 Armco철이나 극연강 등이 다양하게 이용되고 있다. 그림 4.15는 최고가열온도를 바꾼 경우의 페라이트 잔류량과 피로한도의 관계를 나타낸 것이다[22]. 그림에서도 알 수 있듯이 페라이트 잔류량이 많아짐에 따라 피로한도는 저하하는 경향을 나타낸다. 이런 종류의 재료는 연질이기 때문에 피로강도는 낮은 값을 나타내는 것으로부터 실용적으로는 기계부품이나 반송용부품 등에서는 사용빈도가 낮다. 그러나 피로한도는 인장강도에서 얻어지는 겉보기 탄성한도에 가까운 것으로부터 풀림온도에서 수중급냉을 실시하면 페라이트 결정립의 미세화와 냉각시의 열응력에 의한 압축잔류응력의 생성에 의해 피로강도가 상승한

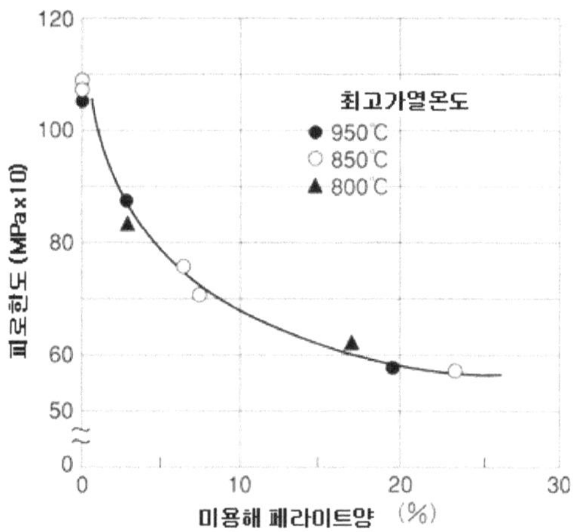

그림 4.15 페라이트 잔류량과 피로한도의 관계 (armco철)[22]

다. 또 풀림온도에 의존해서 온도가 높게 되면 결정립의 조대화현상이 발생하여 피로강도가 저하하는 경향을 나타내지만 피로한도비에 대해서는 다른 강보다도 높고 0.57~0.63의 값을 나타낸다.

4.13.2 페라이트·펄라이트조직의 경우

각각 탄소함유량이 다른 강에 대해서 풀림, 불림상태에 있어서의 페라이트·펄라이트 혼합조직강의 피로한도와 피로한도비의 관계를 표 4.8에 나타낸다[23]. 피로한도는 탄소함유량의 증가에 따라 상승하지만 피로한도비는 역으로 감소하는 경향을 나타낸다. 즉 0.12%C강의 경우 피로한도비가 0.89인 것에 대해서 0.75%C강이 되면 0.38정도까지 저하한다. 이와 같은 현상은 풀림재와 불림재에서는 페라이트 중의 펄라이트 층간격이 다른 것에 기인하는 것이며 불림재 쪽이 층간격은 좁고 인장강도는 상승하지만, 피로한도는 저하한다. 결정립이나 펄라이트의 평균자유거리 등의 차이에 의한 것은 물론이지만, 탄소함유량에 크게 의존한다.

즉, 피로강도에 미치는 탄소함유량의 영향에 대해서는 함유량이 많을수록 결정립내에 있어서의 균열진전저항이 크게 되고 또 집적된 전위에 의한 슬립대가 적어지기 때문에 피로강도가 상승한다.

표 4.8 C함유량이 다른 페라이트·펄라이트강의 피로한도와 피로한도비[23)]

C강량 (%)	열처리	피로한도 (MPa)	피로한도비
0.12	풀림	229.1	0.89
0.17	불림	227.1	0.58
0.29	불림	256.7	0.48
0.36	불림	266.6	0.46
0.45	불림	301.2	0.42
0.75	불림	296.2	0.38

4.13.3 구상시멘타이트 및 펄라이트 조직의 경우

강 속에 존재하는 시멘타이트는 통상의 불림, 풀림상태에서는 페라이트와 서로 번갈아가면서 석출하고 층상을 나타내고 있다. 이 층상조직을 구상화 풀림에 의해 매트릭스 중에 시멘타이트를 미세한 구상입자로써 균일하게 분산시키면 피로강도가 개선된다. 桜井들[24)]은 0.37%C강을 사용하여 water quenching한 후 700℃에서 구상화풀림처리를 실시하여 풀림재 및 저온담금질재와 비교했다. 그 결과 구상화풀림을 실시한 것에 의해 높은 피로한이 얻어지는 것을 도출하고 있다.

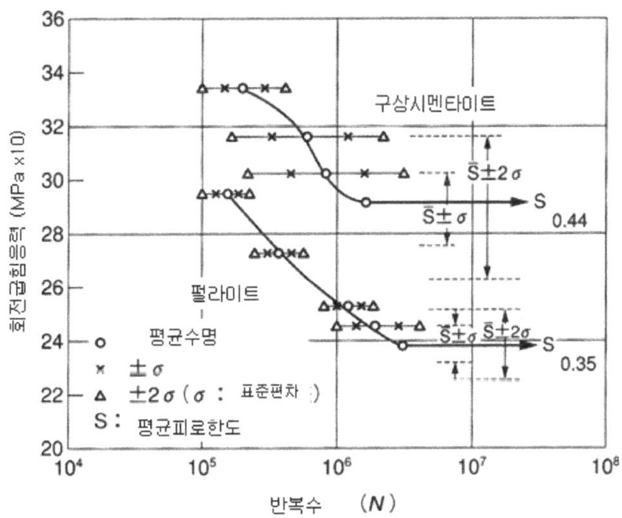

그림 4.16 페라이트 및 구상시멘타이트강의 S-N 곡선[25)]

그림 4.16은 인장강도가 거의 같은 0.78% 공석강에 대해서 회전굽힘피로강도 및 피로한도비를 구한 결과이다[25]. 그림에 의해 명확하듯이 시멘타이트를 구상화한 것은 층상과 비교해서 높은 피로한도와 피로한도비를 나타낸다. 또 파괴까지의 반복수, 피로한도 부근의 반복수의 불규칙한 분포에 대해서는 역으로 펄라이트강 쪽이 작은 값을 나타내고 있다. 이와 같은 결과는 반복부하응력에 의해 페라이트 매트릭스 중의 응력분포가 탄화물 형상 및 응력집중계수에 의존해서 변화하기 때문이다. 즉 반복부하응력에 대해서 펄라이트 속의 엷은 탄화물층보다도 구상탄화물의 주변이 응력이 완화되기 때문에 피로강도가 상승한다. 또 인장강도가 거의 동일하더라도 항복점이나 단면수축률 등의 기계적 성질이 구상탄화물 쪽이 큰 값을 나타내는 것도 상승하는 원인의 하나이다.

4.13.4 마르텐사이트 조직의 경우

기계구조용 탄소강이나 구조용 합금강 등, 비교적 C함유량이 낮은 강에서는 여러 가지 열처리에 의해 생기는 금속조직 중에서 템퍼래스마르텐사이트 조직을 나타내는 것이 가장 뛰어난 피로강도를 나타낸다는 것이 예전부터 알려져 있다. 가장 정량적으로 마르텐사이트량과 피로강도의 관계를 구한 것은 Borik들[26]의 연구이다. 그림 4.17은 그 결과이다. 0.39%C 를 사용하여 담금질, 뜨임에 의해 경도를 36 HRC 로 일정하게 하여 마르텐사이트량만을 바꾼 경우의 S-N 곡선을 나타낸 것이다. 이 결과에 의하면 20~99%로 마르텐사이트량을 증가시키면 69.1~79.0 MPa 정도의 피로강도의 상승을 확인할 수 있다. 또 C 함유량이 다른 강을 사용한 경우에서도 마르텐사이트 이외의 조직이 수 %라도 혼재하면 피로한도가 저하하는 결과도 얻어지고 있다. 따라서 우수한 피로특성이 요구되는 경우는 마르텐사이트상 이외의 상은 최대전단응력을 받아 파괴의 기점으로 되기 쉽고, 최표면은 완전한 마르텐사이트 조직인 것이 바람직하다. 하지만 이와 같은 의논은 저탄소강, 저합금강의 경우이며 경도가 50 HRC 이하의 래스마르텐사이트 조직을 가지는 강이다.

고탄소강에 있어서의 버터플라이마르텐사이트나 렌즈상 마르텐사이트 조직의 경우는 경도가 높기 때문에 균열의 발생은 지연되지만 균열진전속도가 빠르기 때문에 피로강도는 저하된다. 더욱이 저탄소강의 피로한도비는 0.47 정도의 값을 나타내지만 고탄소강의 경우는 0.26 정도까지 감소한다.

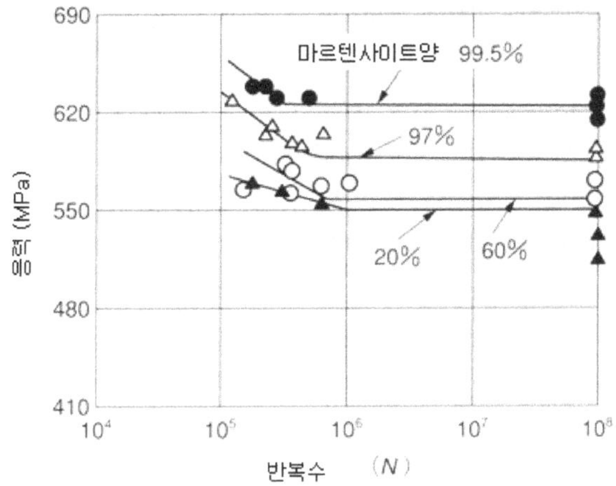

그림 4.17 마르텐사이트량을 변화시킨 경우의 S-N곡선[26)]

4.13.5 베이나이트 조직의 경우

전술한 것처럼 템퍼마르텐사이트가 가장 우수한 내피로성을 나타내지만 이것은 경도가 50 HRC이하의 강의 경우이다. 높은 경도를 가지는 고탄소강에서는 오히려 베이나이트조직 쪽이 우수하다. 그림 4.18은 0.97%C강을 이용하여 오스템퍼처리에 의해 경도를 40~61 HRC로 한 베이나이트 조직강과 템퍼마르텐사이트 조직의 피로한도를 비교검토한 것이다[27)].

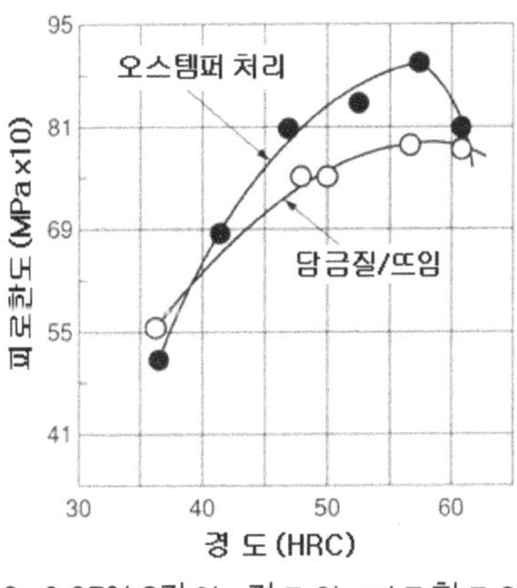

그림 4.18 0.97%C강의 경도와 피로한도의 관계[27)]

그림에서 명확하듯이 40~61 HRC의 범위에 있어서는 베이나이트 조직 쪽이 마르텐사이트 조직보다도 높은 값을 나타내고 40 HRC 이하에서는 역의 경향을 발견할 수 있다. 이와 같은 현상은 탄화물의 석출형상의 차이에 의해 응력집중계수가 다른 것에 기인하고 있다. 즉, 오스테나이트화 온도에 있어서 의 미용해 탄화물을 제거하면 뜨임에 의해 석출된 탄화물은 마르텐사이트 잎 내에 존재하는 중간 탄화물과 마르텐사이트 경계에 존재하는 엷은 필름상 탄화물로부터 된다. 이 엷은 필름상 탄화물이 높은 응력집중원으로 된다. 베이나이트 조직의 경우는 페라이트 매트릭스 중에 존재하는 미세한 탄화물이 구상에 가까운 상태에서 균일한 분포(베이나이트 생성과정에 기인)하고 있기 때문에 응력집중이 완화되어 높은 피로한도가 얻어진다.

4.13.6 트루스타이트 조직의 경우

이 조직을 가지는 강은 템퍼마르텐사이트에 이어서 높은 경도를 가진다. 표 4.9는 SCM435 상당의 강을 이용하여 담금질(quenching)한 후 뜨임(tempering)온도를 바꿔서 처리한 경우의 피로한도와 피로한도비의 관계를 구한 결과이다[28]. 이 결과에 의하면 뜨임온도가 높아짐에 따라 피로한도는 상승하는 경향을 나타내지만 피로한도비는 역으로 저하하는 경향을 나타낸다. 이와 같은 경향은 뜨임온도가 상승함에 따라서 페라이트 매트릭스 중의 탄화물이 $\varepsilon Fe_{23}C$에서 Fe_3C의 탄화물로 변화하여 매트릭스 중에 균일하게 분산하고 있기 때문에 이 탄화물이 응력집중완화를 도와 피로강도는 상승하지만 정적인 인장강도는 피로한도의 상승률보다도 작은 것으로 생각된다.

표 4.9 트루스타이트 조직을 가지는 SCM435강의 피로한도와 피로한도비[28]

열처리	피로한도 (MPa)	피로한도비
850℃ oil quenching 325℃ tempering	411.8	0.54
850℃ oil quenching 400℃ tempering	491.8	0.43
850℃ oil quenching 450℃ tempering	576.7	0.40

4.13.7 소르바이트조직의 경우

트루스타이트 조직이 얻어지는 뜨임온도보다도 더욱 높게 되면 소르바이트 조직이 얻어진다. 이 조직은 Fe_3C가 페라이트 매트릭스 중에 응집조대화한 상태이다. 이 경우 피로강도에 대해서는 응력완화가 기대되지만 페라이트 매트릭스 중에 고용된 탄화물이 석출응집 하기 때문에 연화현상이 생긴다. 그 때문에 매트릭스의 강도저하에 의해 500℃이상의 온도에서의 뜨임에 있어서는 피로강도가 저하하는 것으로 생각된다. 하지만 피로한도비에 있어서는 응집한 탄화물의 영향으로부터 0.56~0.63의 높은 값을 나타내는 것을 알 수 있다.

그림 4.19는 뜨임온도를 바꾼 때의 S-N 곡선을 나타낸 것이다[29]. 그림에서 명확하듯이 200℃ 뜨임에 비교해 700℃에서는 피로한도가 약 45%나 저하하는 경향을 볼 수 있다.

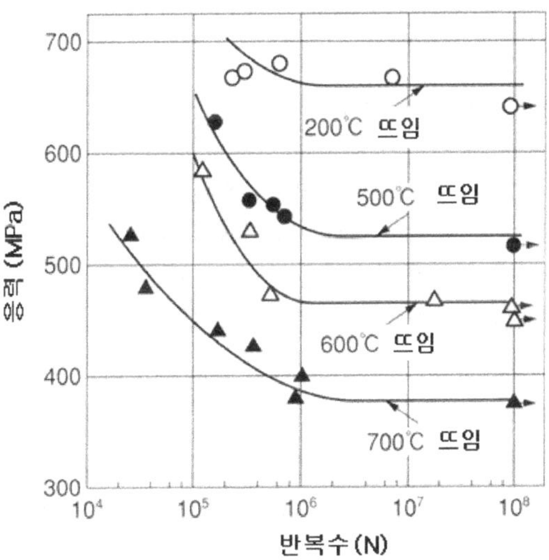

그림 4.19 825℃ Oil quenching 실시 후 각 온도에서 뜨임한 고용화열처리 후의 Cr-Mo강의 S-N 곡선[29]

4.13.8 오스테나이트 조직의 경우

오스테나이트 조직을 가지는 강의 피로강도는 고용화열처리 후의 결정립도와 가공경화의 정도에 관계하고 결정립이 작을수록 또, 가공에 의한 경화현상이 클수록 피로한도가 상승한다. 일반적으로는 페라이트 조직 1상의 경우와 동일하게 균일한 오스테나이트 조직으로 되어 있는 경우에는 피로한도는 겉보기 탄성한도보다도 높거나 혹은 같은 정도이다. 이와 같은 현상은 큰 소성변형태에 의한 것이며 겉보기 탄성한 이하의 응력에 의해서도 가공경화 하기 때문에 경화에 수반하는 슬립변형에 기인한다. 즉 가공경화현상에 의해 오스테나이트가 마르텐사이트적 변태(응력유기 마르텐사이트 변태)가 생기고 초기의 탄성한도이상의 값으로 된다. 따라서 피로한도가 상승함과 동시에 인장강도, 항복점은 높게 되고 피로한도비에 있어서도 높은 값을 나타내고 35%Ni강이나 12%Mn강 등은 1.13, 1.21로 1을 넘는 값으로 된다[29].

4.13.9 섬모양 조직(섬유상)의 경우

압연이나 인발가공 등을 실시한 경우, 재료 중에서는 소성변형의 방향에 평행한 섬모양 조직이 나타난다. 이 섬모양 조직을 풀림이나 담금질을 실시하기 위해 오스테나이트화 온도까지 가열하면 어느 정도 균일하게 할 수 가 있지만 잔존하는 경우가 많다. 이와 같은 재료는 기계적 성질이 긴쪽 방향(축방향)과 직각방향에서는 다른 특성을 나타낸다. 이 경우 연신이나 인성은 긴쪽 방향에 대해서 최대의 값을 얻지만 직각방향에서는 모든 기계적 성질이 나빠지고 이방성이 존재하지 않는 주조재보다도 약하게 되는 것 마저 있다.

그림 4.20은 경도 400 HV로 한 베이나이트 강판에 대해서 시험편의 채취방법을 바꾼 경우의 S-N 곡선을 나타낸 것이다[30]. 그림에서도 명확하듯이 압연방향과 평행(긴쪽 방향=축방향)하게 채취한 것이 직각으로 채취한 것보다도 높은 피로한이 얻어지고 있다. 따라서 실용부재에 있어서도 주응력이 작용하는 방향을 충분히 파악하여 소재의 단계부터 가공방법을 고려 할 필요가 있다.

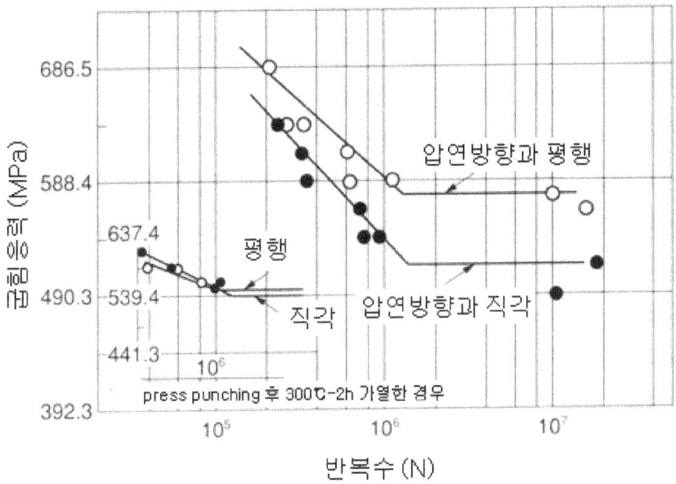

그림 4.20 피로강도에 미치는 시료 채취 방법의 영향[30)]
(400 HV 베이나이트 강판, 프레스타발)

4.13.10 결정립의 크기가 다른 경우

다결정체의 금속재료는 크든 작든 결정립의 크기가 다르다. 이 결정립의 대소는 피로강도뿐만 아니라 기계적 특성에 크게 영향을 미친다. 즉 결정립의 크기는

$$\sigma_{ly} = \sigma_0 + kyd$$

d; 결정립도, σ_0; 용질원자와 전위의 마찰력

의 관계가 성립한다.

그림 4.21은 결정립경 d의 평방근의 역수로 정리하면[31)] 항복강도와 동일하게 Hall-Pecth식에 따르는 관계가 얻어져 d 가 작을수록 피로한이 상승한다. 이와 같은 Hendus들의 실험에 있어서는 항복점의 결정립도 의존성이 동시에 측정되어져 있지 않다고 하는 부족한 점이 있지만 横堀들[32)]은 이것들을 고려하여 0.16%C강에 대해서 페라이트 결정립도를 바꾼 경우의 항복점, 반복굽힘 및 반복비틀림 피로한도를 구했다.

그림 4.22는 이 실험에 의해 얻어진 결과를 페라이트 결정립도 d의 평방근의

역수 $d^{-1/2}$에 대해 plot한 것이다. 상하항복점 및 굽힘, 비틀림 피로한과 함께 d가 작을수록 크게 되는 경향을 나타내지만 d가 크게 되면 직선관계에서 벗어나 있다. 이 이유에 대해서 横堀는 실측에 의해 페라이트 결정립도를 바꾼 경우에는 펄라이트의 크기도 바뀌고 d 가 작게 되면 펄라이트 간격도 작게 되는 것, 펄라이트 간격과 피로강도와의 사이에는 밀접한 관계가 있다고 설명하고 있다. 더욱이 오스테나이트 결정립의 경우는 상술한 Petch칙에 따르지 않는다. 즉 풀림, 불림재 등의 경우는 냉각속도의 차이에 의해 펄라이트 간격(평균 자유 페라이트 거리도 포함)이 다르기 때문에 결정립의 크기에 서로 피로한도 다르다. 즉 냉각속도가 느려 펄라이트 간격이 넓고 또 결정립이 큰 것일수록 피로한이 저하하는 경향을 나타낸다. 또한 조질 후의 오스테나이트 결정립도 의존성은 매트릭스 전체가 균일하게 되기 때문에 피로한도나 피로한도비의 사이에서는 현저한 차는 발견되지 않는다는 보고도 있다.

하지만 항복비가 높은 강일수록 피로한도비도 높기 때문에 일반적으로는 결정립이 작으면 피로한도는 높게 된다. 이와 같은 현상은 결정립계에 있어서의 균열진전저항의 증대, 또 입내에 있어서는 전위의 슬립운동에 의해 집적하는 수가 적게 되어 응력집중원이 감소하기 때문이다. 다결정체 재료의 평균 결정립경은 역학적 특성에 크게 영향을 미친다.

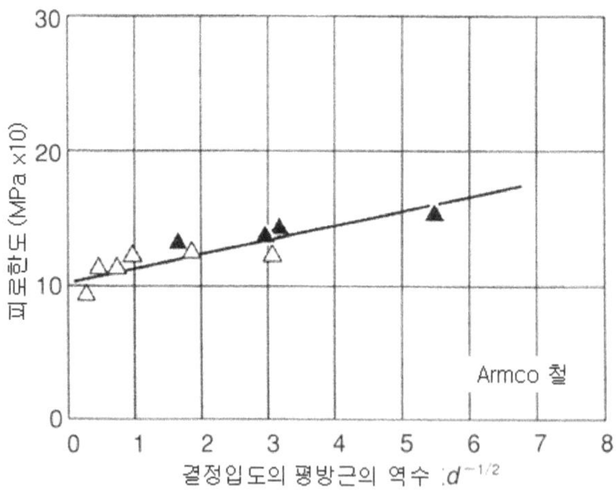

그림 4.21 평면굽힘피로한도에 미치는 결정립도 의존성[31)]

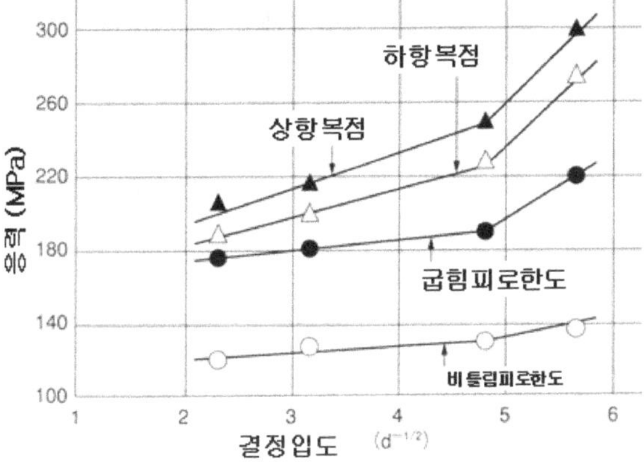

그림 4.22 0.16%C강의 페라이트 결정립도와 피로한도 및 항복점의 관계[32)]

그림 4.23은 전위가 결정립 속을 이동하여 입계를 넘는 도해이다[33)]. 그림에 나타낸 것처럼, 인접하는 결정립은 공통의 결정립을 경계로 다른 결정방위를 가지고 있다. 다결정체의 소성변형에서는 전위운동에 의해 슬립이 이 경계를 넘어 A부터 B로 이동하지 않으면 안 된다. 그것에는 결정립계는 다음의 2가지 이유에 의해 장해물로써 움직인다.

① 2가지의 결정방위가 다르기 때문에 전위가 B에 침입하기 위해서는 운동의 방향을 바꾸지 않으면 안 되고 따라서 방위차가 크게 될수록 곤란하게 된다.
② 입계에서는 원자배열이 흐트러져 있기 때문에 슬립면은 한 개의 립에서 다른 립에 연속해서 이동하고 있지 않다.

또한 대경각입계에서는 변형 중에 전위가 입계를 통과하지 않고 오히려 한 개의 결정립 내의 어떤 슬립면 방향의 응력집중에 의해 인접하는 결정립 내의 전위가 활동한다고 생각된다. 따라서 작은 결정립의 재료는 조대화한 결정립의 재료보다도 딱딱하고 강하다. 이것은 전위의 운동의 장해로 되는 결정립계의 영역이 많기 때문이다. 이것은 전술한 Hall-Pecth 칙에 따른 것이 다. 즉 결정립이 작을수록 많은 입계를 넘지 않으면 안 되기 때문에 강도가 증대하는 이유이다. 사진 4.1은 과열 때문에 혼입이 된 경운기용 쟁이의 돌림판에 있어서의 파단면과 금속조직을

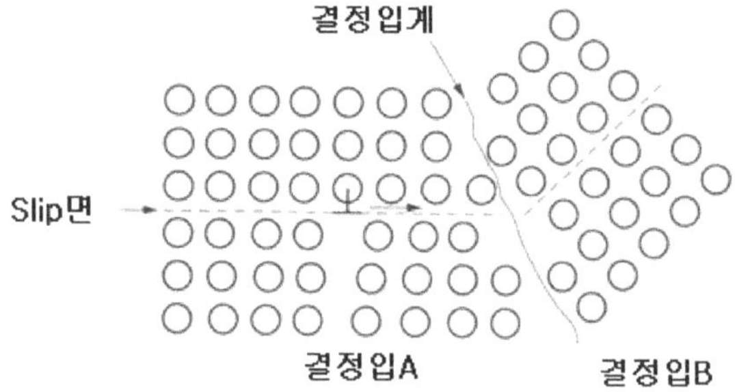

그림 4.23 결정립계 근방의 전위의 운동[33](결정립계는 전위운동의 장애로 된다)85

사진 4.1 과열 때문에 혼입된 경운기용 쟁이의 돌림판

나타낸 것이다. (a)는 적정온도보다도 높은 온도에서 직접 담금질한 경우의 파단면이며 요철이 극심한 면을 나타내고 있다. (c)는 표준적인 작은 파단면이다. 이와 같이 혼입이 되거나 결정립이 과열에 의해 조대화하면 피로강도가 저하할 뿐만 아니라 파단면도 거칠게 된다.

4.13.11 탈탄조직을 가지는 경우

탈탄은 강 중의 탄소가 산화성분위기에 의해 표면에서 빠지는 현상이며 고온탈탄과 저온탈탄이 있다. 고온탈탄의 경우는 표면에서의 탄소농도가 경사적 감소하는 것에 대해서 저온탈탄의 경우는 급격한 탄소농도구배로 된다. 어느 쪽의 경우도 피로강도는 극연강에 가까운 값을 나타내고 심부의 탄소함유량이나 경도에 좌우되지 않는 것조차 있다.

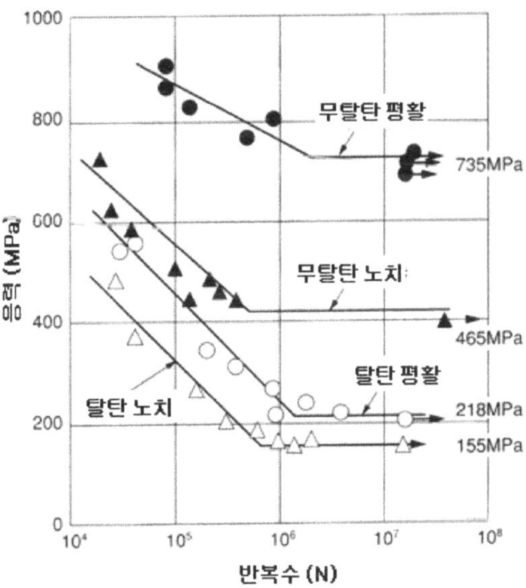

그림 4.24 회전굽힘피로강도에 미치는 탈탄의 유무의 영향[34)]

그림 4.24는 SCM440강의 회전굽힘피로강도에 미치는 탈탄의 영향에 대해서 구한 결과이다[34]. 그림에서도 알 수 있듯이 평활재의 경우는 탈탄의 유무에 의해 피로강도가 크게 다르고 무탈탄의 경우는 탈탄재에 비교해 3배강의 피로강도를 나타낸다. 노치재의 경우도 평활재 정도는 아니지만 무탈탄의 쪽이 높은 피로강도를 나타내고 있다. 즉 노치재에 있어서는 탈탄층이 노치깊이를 넘지 않는 경우는 노치감수성이 작은 것으로 생각된다.

4.13.12 잔류오스테나이트 조직의 경우

잔류오스테나이트(γ_R)가 강 중에 존재하는 경우, 화학조성이나 열처리 조건에 의해 필연적으로 잔류하는 경우와 TRIP강처럼 강인성을 부여하기 위해 의식적으로 잔류시키는 경우가 있다. 일반적으로는 담금질 등에 의해 얻어진 단단한 마르텐사이트상 중에 연한 오스테나이트가 존재하면 인장강도는 저하되는 경향을 나타낸다[35].

피로강도에 미치는 γ_R의 영향에 대해서는 종래의 연구에서 유효하다는 설[36]과 유해하다는 설[37]이 있다. 이들의 모든 설은 원인이 고찰되지 않은 것, 실증되지 않은 것 등이 있고, 그 거동이나 역할 등 불분명한 점도 많다. 예를 들면 γ_R이 담금질에 의해 생긴 것인가, 또 역변태에 의해 형성된 것인가, 래스상인가 괴상, 입계 혹은 입내의 어느 쪽에 형성 되어있는가, 부하응력에 의해 변태하는 γ_R량, γ_R에서 응력유기에 의해 변태한 마르텐사이트의 무름 등, 이들의 인자가 피로강도에 어느 정도 영향을 주고 있는가, 상당히 어려운 문제이다.

유효하다는 설에서는 예를 들면 굽힘이나 비틀림 응력이 부재에 반복작용하면 최대전단응력이 움직이는 표면에 있어서 γ_R에서의 마르텐사이트 변태가 촉진되어 그 변태팽창에 의해 거시적인 압축잔류응력이 생겨 피로강도가 개선된다고 하는 것, γ_R은 변태한 마르텐사이트보다도 연하기 때문에 소성변형하기 쉽고 쿠션의 역할을 완수하여 응력집중을 완화시키는 등의 이유가 있다.

그림 4.25는 유효하다는 설의 한가지로 전동피로의 결과이다[38]. 이 경우는 반복부하응력에 의해 γ_R부터 생긴 마르텐사이트는 가공열처리된 상태와 같게 되어 피

로강도가 상승한다. 역으로 유해하다는 설은 γ_R에서 마르텐사이트로 변태하는 경우, 그 변태응력에 외부에서 반복응력이 가산되어 응력집중부에 균열이 발생하기 쉽다고 하는 것, 또 피로과정에서 생기는 응력유기마르텐사이트는 뜨임이 실시되어 있지 않기 때문에 깨어지기 쉬워 피로강도가 저하하는 것, γ_R은 마르텐사이트보다도 강도적으로 약하고 피로손상이 집중하여 파괴의 기점으로 되기 쉽다고 하는 설이다. Frankel들[39]은 그림 4.26같은 결과를 얻고 있다. 종축의 피로한도는 소재의 열처리가 다르기 때문에 그룹마다 차가 있고, 이들 데이터를 동일 인장강도 레벨에서 비교하기 위해 미리 구한 경도와 피로한도의 관계로부터 각 그룹간의 경도차에 따라서 수정을 실시한 것이다. 이 그림에서 알 수 있듯이, γ_R량이 증가함에 따라 피로강도는 직선적으로 저하하는 경향을 나타낸다. 즉 0.44%C강을 제외한 강에서는 일정 γ_R량까지 직선적으로 저하하지만 그것 이상이 되면 피로강도는 이제는 저하하지 않는다고 하는 한계치가 존재한다. 이와 같은 현상은 전술한 마르텐사이트 조직과 피로의 항에서 기술한 것처럼 유사한 현상이다.

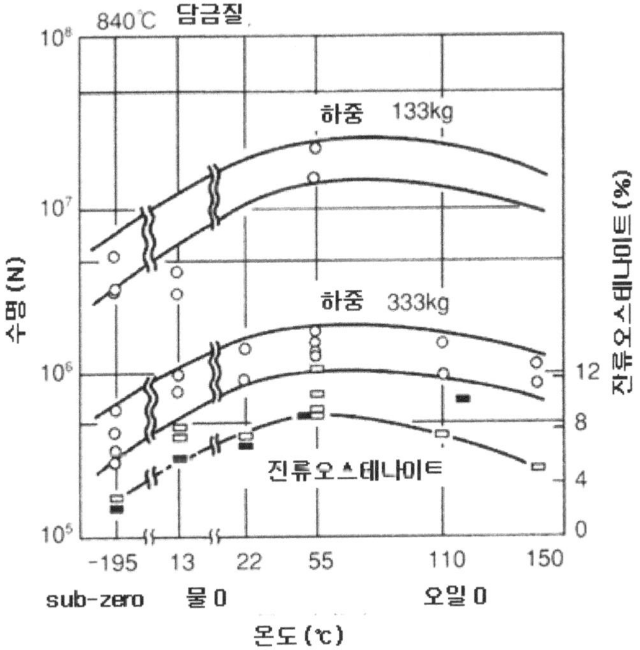

그림 4.25 전동피로수명에 미치는 잔류오스테나이트의 영향[38]

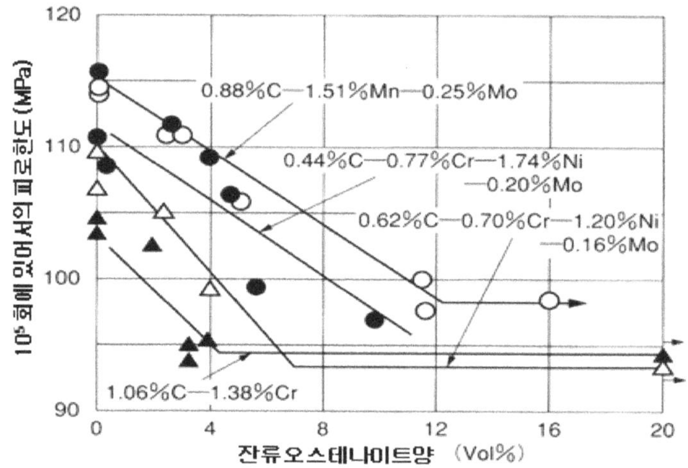

그림 4.26 잔류오스테나이트량과 피로한도의 관계[39)]

또, 저온뜨임을 실시한 합금강의 피로한도와 γ_R의 관계를 나타낸 보고가 있고[39)], γ_R가 많게 됨에 따라 피로한도가 저하하는 경향을 나타낸 결과가 얻어지고 있다. 어느 쪽이라도 γ_R은 반복부하응력 하에서 마르텐사이트로 변태하고 최대전단응력을 받은 최표면에 있어서 변태량이 많게 되고 또, 탄소함유량 등에 의해서도 그 거동이 다르기 때문에 복잡하다.

4.13.13 조질 조직의 경우

C강을 담금질하면 단단한 마르텐사이트 조직으로 되어 피로강도 그 자체는 상승하지만 정적인장강도는 현저하게 저하한다. 이와 같은 현상은 강의 조직변화 혹은 내부응력의 발생 등에 의해 미세한 수축균열에 기인하고 있다. 그림 4.27은 Cazaud에 의한 결과이고[40)], S45C를 water quenching한 후, 고온에서 뜨임을 실시한 경우의 S-N곡선이다. 고온에서 뜨임을 실시하면 당연히 인장강도나 0.2% 내력은 감소하지만, 피로한도는 550 및 650℃에서 뜨임을 실시하면 200℃의 저온뜨임과 같은 정도의 값을 나타낸다. 이와 같은 경향은 C강에만 나타나는 현상이며

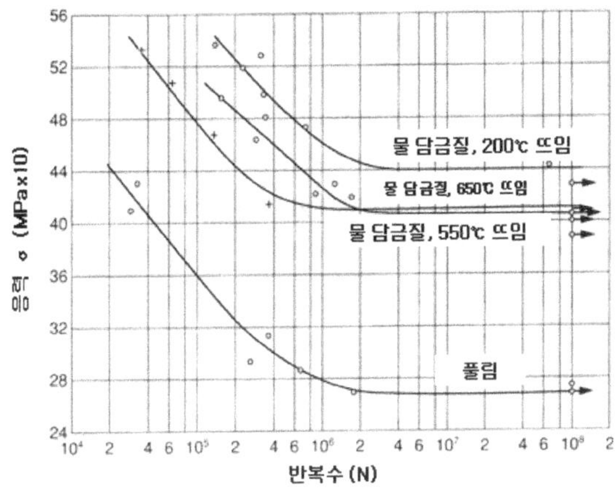

그림 4.27 각 온도에서 뜨임처리를 행한 S45C의 S-N 곡선[40)]

Cr, Mo, Ni 등이 첨가되면 전술한 소르바이트 조직강처럼 뜨임온도의 상승과 함께 피로한도는 저하한다.

4.13.14 비금속개재물이 존재하는 경우

철강재료 중에는 많든 적든 불순물로써 비금속개재물이 포함되어 있다. 이 비금속개재물은 제강 시에 탈산제로써 첨가한 페로망간, 알루미늄, 칼슘 등이 잔류한 것으로 A계 (MnS), B계 (Al_2O_3), C계 (CaO) 등이 있다. A계의 개재물은 압연방향이나 단조방향으로 늘어난 것으로 개재하고 있는 량에 따라서는 종방향과 횡방향의 피로강도의 차를 발생시키는 가장 중요한 인자이다.

전술한 「4.7 내부결함의 영향」의 항에서 기술한 것처럼 피로강도에 미치는 개재물의 영향에 대해서는 많은 검토보고가 있다. Ni-Cr-Mo강에 대해서 검토한 결과에 있어서는 인장강도 950~1970 MPa 정도로 조질한 경우는 비금속개재물의 영향은 적다고하는 보고도 있지만 인장강도가 비교적 높은 경우는 피로균열발생원으로 되기 때문에 개재물의 크기와 분포상태가 피로강도에는 크게 영향을 주고 있다.

그림 4.28은 피로과정에서 거의 변형하지 않는 규산계의 개재물 직경이 굽힘피로강도에 주는 영향에 대해서 구한 한 예이다[41)]. 여러 가지 인장강도로 열처리된

SCM435강을 이용하여 검토한 결과, 개재물의 크기에 비례해서 직선적으로 피로한도가 저하하고 게다가 그 저하의 비율은 인장강도가 클수록 현저하다. 그림에서 알 수 있듯이 인장강도가 980 MPa의 경우는 직경이 크게 되어도 피로강도의 감소는 적고, 인장강도가 1830 MPa라는 높은 값이 되면 현저한 저하경향을 나타낸다. 개재물이 표면에 존재하고 있는가, 내부에 존재하고 있는가 기록되어 있지 않기 때문에 Gokdshtein[42]은 파괴의 기점으로 된 구상의 규산염이외의 개재물의 크기에 대해서 표면에서의 깊이에 대해서도 검토한다.

그림 4.29는 그 결과이며 개재물이 표면에서 존재하는 깊이와 피로한도의 관계를 나타낸 것이다. 이와 같은 결과로부터 표면에서의 깊이도 동시에 고려할 필요가 있고 표면 가까이에 존재하는 개재물일수록 영향이 큰 것을 알 수 있다. 하지만 개재물의 영향은 간단하게 그 수나 크기, 분포상태만으로는 구할 수 없고 개재물에 있어서의 응력집중을 고려할 필요가 있다. Atkinson[43]은 1970 MPa급의 초강력강을 이용하여 피로강도에 미치는 비금속개재물의 영향을 검토하여 개재물의 영향은 단순히 그 수를 세는 것만으로는 구하는 것이 불가능하고 그 형상이 중요한 팩터일수도 있다고 하여 개재물의 형상도 고려한 Fairey법에 의해 조사한 결과, 개재물의 량과 피로한도비는 직선관계에 있다고 하고 있다. 또 1020~2150 MPa의 인장강도로 조질한 강을 사용하여 회전굽힘피로강도와 개재물의 관계를 구한 Cummings들[44]의 결과에 있어서는 피로강도는 개재물(구상개재물)의 크기와 직선관계에 있고 그 효과는 인장강도가 크게 될수록 현저하다고 한다.

피로균열발생에 미치는 개재물의 영향에 대해서는 크기, 형상, 분포상태, 개재량 등에 의해 크게 영향을 미친다. 굽힘이나 비틀림부하응력의 경우는 표면이 최대전단응력으로 되어 표면에 존재하는 개재물이 파괴의 기점이 되는 경우가 많다. Frappier들[45]의 관찰결과에서는 표면에 나타난 개재물보다도 직하에 존재하는 개재물 쪽이 오히려 균열발생기점의 원인이 되고 있는 것이 많다고 한다. 이와 같이 표면에서 깊은 곳에 존재하는 개재물이 피로파괴의 원인으로 되는 예는 잘 알려져 있는 것이며, 특히 후술할 표면경화재의 경우는 경화층 깊이와 밀접한 관계가 있고 부하응력의 크기에 따라서는 내부에서 균열이 발생한다. 이른바 피쉬아이(fish eye)형의 파괴기구를 나타낸다.

이상과 같은 모든 결과로부터 피로강도에 미치는 개재물의 영향에 대해서 분류하면,

① 실리카계의 구상개재물은 수 μm의 직경에서 균일하게 분포된 상태에서는

부분적인 응력집중원이나 방향성을 가지지 않고 피로강도에 대해서의 영향력은 작다.

② 알루미나계의 개재물의 경우, 규칙적인 형상으로 길이 수 십분의 1 mm로서 열로 되어 늘어선 경우는 영향을 미친다.

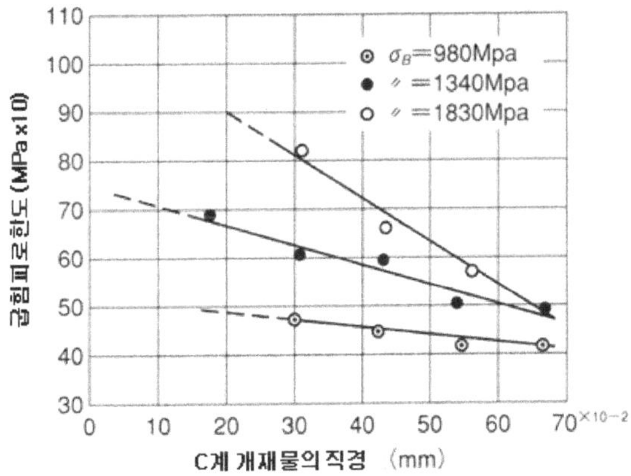

그림4.28 피로파괴의 기점으로 된 C계 개재물의 평균직경과 굽힘피로한도와의 관계(SCM435재)[41]

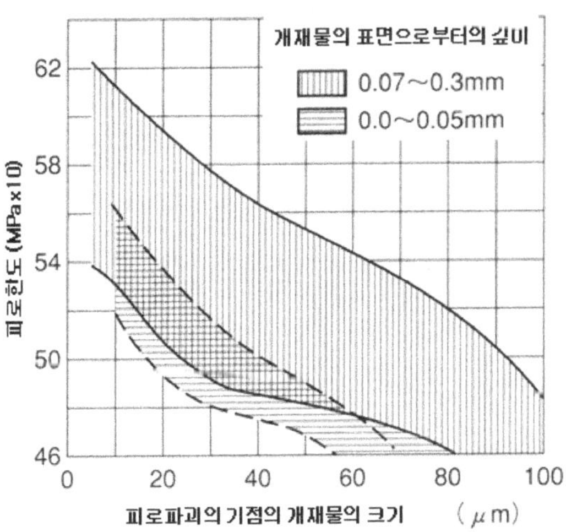

그림 4.29 피로파괴의 기점으로 된 개재물의 크기와 표면으로부터의 깊이에 의한 피로한도의 차이[42]

하지만 Fotiadi[46]의 실험에 의하면 구상의 개재물은 종방향의 피로강도에 가장 유해하고 길게 늘어난 개재물은 횡방향에 유해하다고 한다. 이와 같은 이유는 가늘고 긴 개재물의 경우는 부하응력에 대한 개재물의 방향이 문제로 되며 Stewart 들[47]의 실험결과가 있다. 이 결과에 의하면 종방향으로 긴 개재물은 부하응력이 인장 혹은 굽힘의 경우 그 방향이 부하응력의 방향과 평행하지 않고 피로강도는 그 정도 저하되지 않지만 비틀림 부하응력의 경우는 25%나 저하한고 하고 있다.

5 chapter

표면경화처리강의 기계적 특성

5.1 경화특성과 강도에 미치는 합금원소의 영향

강에서 강종의 표면경화법은 기계부품 등에 있어서의 내마모성이나 내피로성을 향상시키기 위해 넓게 이용되고 있는 기술이다. 특히 고주파담금질, 침탄담금질, 연질화 등은 그 대표적인 것이다. 이들 표면경화법에 적용되고 있는 강종은 특히 표면경화용으로서 JIS에서는 규정되어 있지 않지만 일반적으로는 기계구조용탄소강 및 합금강이다. 이들 강종에 대해서는 각 표면경화처리 특성에 대해 종래부터 많은 실험이 행하여져 보고되고 있다. 따라서 주요합금원소인 C, Mn, Ni, Cr, Mo등 표면경화처리에 주는 영향에 대해서도 많은 데이터가 집적되어 있다. 또 한편 최근의 기계구조용강에 있어서는 자원 절약, 에너지절약, 고강도화, 경량화 등으로부터 , ,

① JIS 규격강의 조성범위내에 있어서의 주요합금원소의 정밀제어
② S, P, O, N 등의 불순물 원소 저감에 의한 고청정화
③ B,V, Nb 등 마이크로 얼로이 원소의 첨가

등에 의한 재료의 개선이 검토되어 일부실용화 되고 있다.

5.1.1 고주파담금질강의 경우

고주파담금질에 있어서의 강도에 대해서는 많은 연구가 실시되고 있지만 경화층 깊이와 그것에 기초한 잔류응력분포가 피로강도에 크게 영향을 끼친다는 보고가 많다[1]. 따라서 경화층 깊이의 정밀한 제어가 매우 중요한 과제이지만, 이 기술은 주로 고주파담금질장치의 고정도화에 크게 의존한다[2].

그러나 재료의 측면에서도 검토할 필요가 있고 몇 가지의 보고가 있다. 그림 5.1은 磯川들의 연구이며[3] 경화층 깊이에 미치는 합금원소의 영향으로 Cr첨가에 대해서 표시한 것이다. 그림에서도 명확하게 알 수 있듯이 동일한 고주파담금질조건에서 비교하면 Cr량이 많을수록 경화층 깊이가 두껍게 되는 경향을 나타낸다.

이와 같은 경향은 다른 합금원소의 경우도 동일하며 합금원소가 많아서 담금질성이 크게 되면 경화층 깊이도 증가하는 경향을 나타낸다. 또 이동속도가 작고 주파수가 낮아 전력이 높은 경우 등에 있어서는 열영향부의 깊이가 크고 표면의 오스테나이트 결정립도 크게 되는 경향이 있다. 그림 5.2는 이 결과를 나타낸 것으로[4] 결정립은 표층이 조대화하여 내부로 이동함에 따라서 미세화 하는 경향이 있다. 이와 같은 현상은 고주파담금질재의 단면에는 담금질성 분포가 형성되는 것을 의미한다. 따라서 열영향부가 크고 깊은 곳까지 담금질성 분포가 존재하는 경우는 경화층 깊이도 두껍게 된다.

이와 같은 것으로부터 소재의 담금질성과 열영향부의 깊이로부터 고주파담금질재 내부의 담금질성분포를 추정할 수가 있다. 더욱이 냉각조건으로부터 냉각속도분포를 계산하여 담금질성 분포와 비교하면 경화층 깊이를 추정하는 것이 가능하다. 그림 5.3은 계산치와 실험치를 비교한 것으로[5] 양자는 상당히 일치하는 것을 알 수 있다. 따라서 경화층 깊이를 정밀하게 제어하기 위해서는 소재의 담금질성의 정밀제어와 가열시의 오스테나이트 결정립도의 관리가 중요한 것을 알 수 있다.

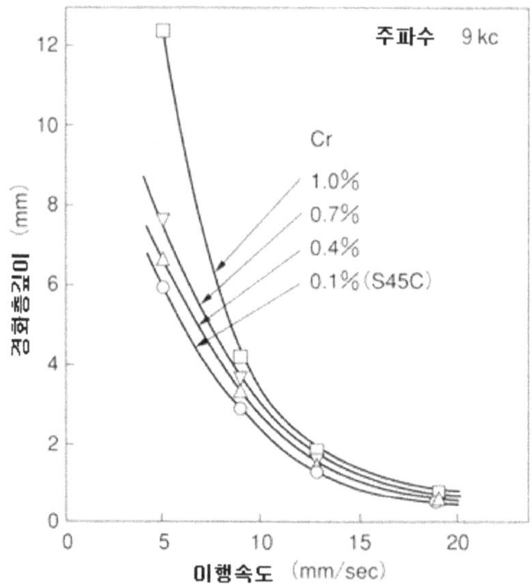

그림 5.1 경화층 깊이에 미치는 Cr함유량의 영향[3]

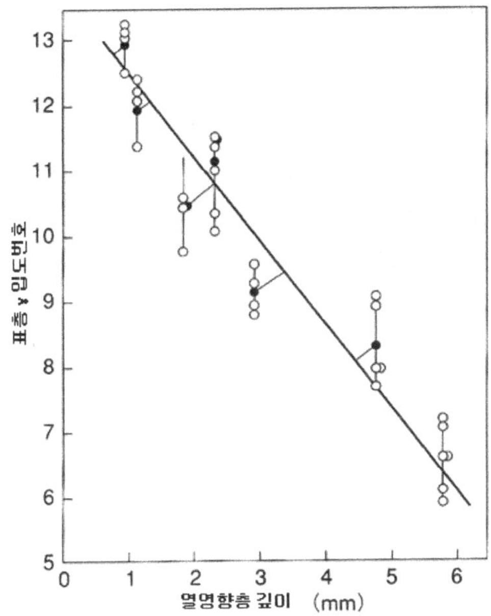

그림 5.2 표층의 오스테나이트 결정립에 미치는 열영향층깊이의 영향[4)]

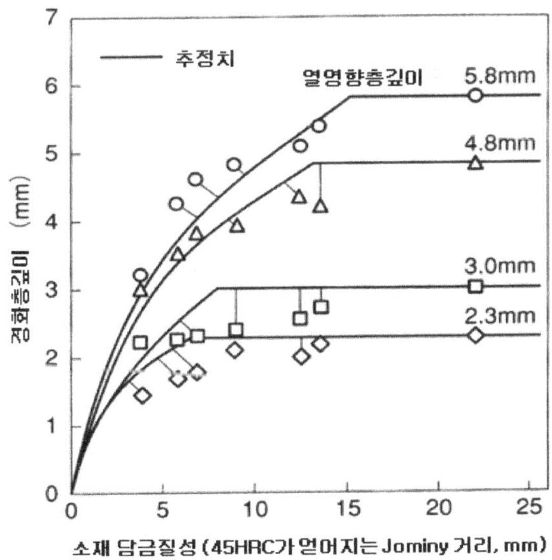

그림 5.3 경화층 깊이 추정치와 실측치의 비교[5)]

5.1.2 침탄담금질강의 경우

침탄담금질강의 강도에 대해서도 표면경도, 경화층 깊이, 잔류오스테나이트량, 비금속 개재물량, 잔류응력 등의 영향이 광범위하게 이어져서 검토되고 있다. 하지만 침탄처리강의 피로파단면이나 충격파단면 등 파단면관찰의 관점에서는 보고도 적다. 이것은 구 오스테나이트 결정립계가 파괴의 기점, 균열의 진전경로로 되고 있는 것 등에 기인하고 있는 것으로 생각된다. 따라서 침탄강의 경우는 결정립계의 성상에 주목해서 검토할 필요가 있다.

그림 5.4는 이와 같은 관점에서 피로강도에 대해 진공침탄과 보통의 가스침탄을 비교검토한 결과이다[6]. 그림에서도 확실하게 알 수 있듯이 입계산화층이 존재하지 않는 진공침탄이 시간강도는 약간 낮은 상태로, 피로한도는 가스침탄보다도 우수한 것을 알 수 있다. 이와 같은 현상은 진공침탄의 경우는 파괴의 초기과정에 있어서 균열이 결정립내를 진전하고 있는 것으로부터 입계산화층의 저감은 입계강도를 향상시키고 있는 것으로 생각되어진다. 또 입계산화층에 미치는 합금원소의 영향에 대해서 검토한 보고에서는[7] Si량을 0.1% 이하로 저감시키면 입계산화층의 두께는 현저하게 얇게 되는 경향을 나타낸다. 이와 같은 경향은 Mn, Cr도 마찬가지이지만 Si 등은 현저하지 않다. 입계산화의 영향은 입계에 있어서의 불순물원소의 편석도 무시할 수 없다.

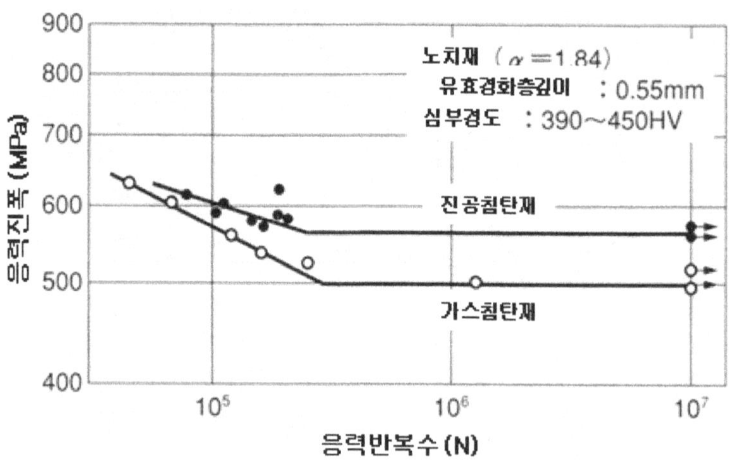

그림 5.4 피로강도에 미치는 입계산화의 영향[6]

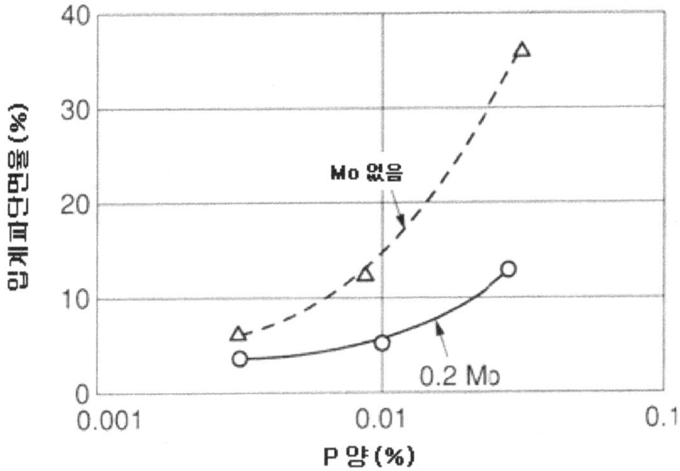

그림 5.5 입계파단면율에 미치는 P, Mo의 영향[8)]
(0.8%C-1%Cr강)

표 5.1 침탄층의 두께에 미치는 탄소량의 영향[9)]

강종	상당하는 JIS 혹은 주요조성	최고경도를 주는 탄소량 (%)	750 HV에 상당하는 탄소량범위 (%)	침탄제어 범위(%)
틴소강	S15CK	0.85	0.60~1.10	0.50
C-Mn강	SMn420	0.80	0.62~1.06	0.44
Ni강 Ni-Cr강	SNCM 220	0.90	0.68~1.08	0.40
	3% Ni침탄담금질표면경화강	0.80	0.65~0.95	0.30
	0.8% Ni 0.6% Cr	0.75	0.60~0.95	0.35
	1.2% Ni 1% Cr	0.70	0.60~0.90	0.30
	1.8% Ni 1% Cr-Mo	0.70	0.60~0.82	0.22
	2% Ni 1.5% Cr-Mo	0.65	0.56~0.75	0.19
	4.2% Ni 1.2% Cr	0.62	0.58~0.70	0.12

그림 5.5은 P와 Mo에 대해서 검토한 것이다[8)]. 침탄층을 상정해서 용제한 0.8%C-1% Cr강을 이용하여 샤르피 충격시험 종료후의 입계파단면률을 구한 결과 P량이 적을수록 입계파단면률은 작고 구 오스테나이트 결정립계로의 P의 편석량도 적다.

따라서 P량을 적게 하는 것이 입계강도 향상 개선에 기여하는 것으로 생각된다. 또 Mo 함유강에 대해서는 입계파단면률에 미치는 P량의 영향은 경미하고 Mo는 P의 입계편석을 경함시키는 역할을 행하는 효과가 있다. Ni는 일반적으로 침입탄소의 확산을 막는 원소이고 Ni가 함유되면 침탄이 방해받는다. 따라서 Ni 함유량이 많은 강은 저탄소측에 또, Cr을 함유한 강은 Ni에 비교해서 고탄소측에 최적탄소량이 존재한다. 표 5.1은 Ni 함유량이 다른 강에 대해서 최고 경도를 주는 탄소량을 나타낸 것이다[9)].

5.1.3 연질화처리강의 경우

고주파담금질이나 침탄담금질의 경화기구는 마르텐사이트 변태이며 경화특성에 미치는 합금원소의 영향은 함유되어 있는 C량과 합금원소의 담금질성향상 효과에 의존하고 있다. 하지만 연질화처리의 경우는 C와 N의 확산침입에 의한 단단한 질화물의 생성과 고용확산강화와 석출강화에 의해 지배된다. 따라서 경화특성에 미치는 합금원소의 영향은 매우 복잡하다. 종래 연구의 결과로부터 합금원소의 영향에 대해서는 질화물형성원소가 지배적이며, Cr, Mo, Al, Ti 등 질소와의 친화력이 강한 원소가 표면경도나 경화층 깊이 향상에 표과적이다[10)].

또 연질화처리에 있어서의 효과는 ① 침입확산한 질소에 의해 미세한 각종의 질화물의 생성과 ② 고용질소에 의해 Fe 격자에 큰 변형이 발생하는 것에 의한다. 따라서 강종의 화학조성은 질화특성에 크게 영향을 미친다.

그림 5.6은 각종 합금원소의 질화특성에 미치는 효과의 정도를 나타낸 것이다[11)]. 그림에서도 알 수 있듯이 표면경도에 기여하는 원소로써 Al, Cr, V, Mo 등이 중요한 역할을 하고 있다. 하지만 Ti, V 등 마이크로얼로이 원소는 연질화처리 전의 열처리이력에 의해 존재형태가 변화하기 때문에 경화특성에 크게 영향을 준다. 그림 5.7은 V 함유강의 경화특성에 미치는 전처리조건의 영향에 대해서 검토한 것이다[12)]. 그림에서 알 수 있듯이 고온에서 단조한채로 경화층 깊이는 같은 정도의 미세한 페라이트, 펄라이트 혼합조직을 가지는 풀림재와 비교해서 얇고 경도도 낮다. 이와 같은 현상은 주로 연질화처리 전의 V의 석출 형태의 차에 기인하고 있는 것으로 추측된다.

이상과 같은 결과는 V를 첨가한 Cr강인데 이와 같은 결과는 Cr 무첨가 V강, Cr-Al-V 강에서도 같은 결과가 얻어지고 있다.

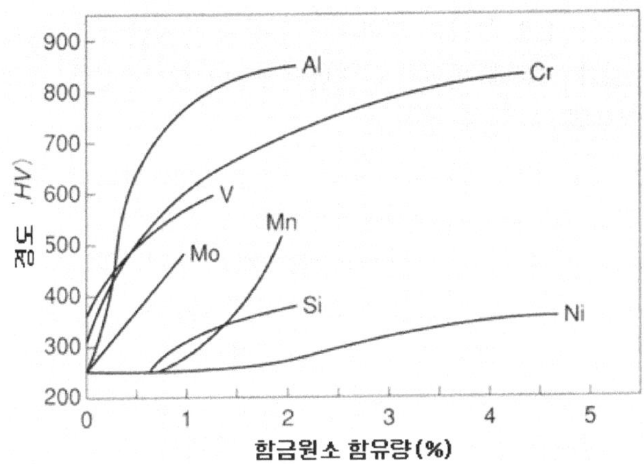

그림 5.6 질화층 깊이에 미치는 합금원소의 영향[11)]

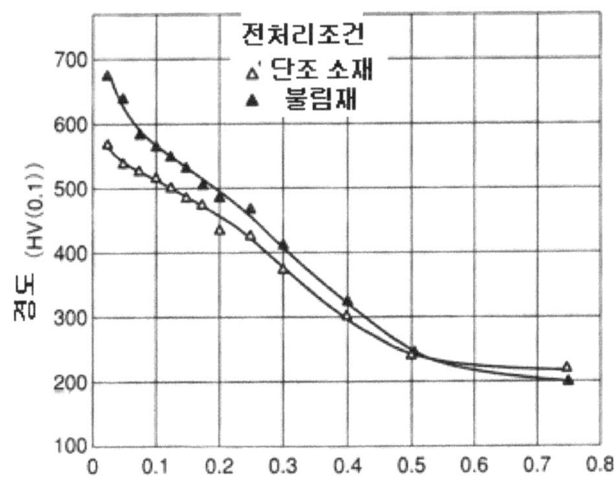

그림 5.7 경도분포에 미치는 전열처리의 영향[12)]
(0.33%C-0.5%Mn-1%Cr-0.1%V강)

5.2 표면경화재의 인장강도

5.2.1 침탄담금질재의 경우

침탄담금질재의 주요 목적은 내마모성 향상에 있지만 작은 피스나 나사류는 체결시의 강도 증가 때문에 빈번하게 침탄담금질이 행하여진다. 따라서 축력에 의한 인장강도를 검토해두는 것도 중요하다.

그림 5.8은 침탄경화층이 다른 시료의 하중-변형률선도를 나타낸 것이다[13]. 이 그림은 표면경도 700 HV, 심부경도 420 HV로 일정하게 한 SCM420강의 결과이다. 그림에서도 알 수 있듯이 고주파담금질재와 달리 경화층깊이가 두껍게 됨에 따라 직선적으로 극히 작은 strain변형영역에서 파괴하고 있다. 이와 같은 현상은 경화층깊이에 관계없이 어느 쪽의 경우도 강한 소성구속에 의해 변형을 발생하지 않고 최대하중이 부하된 표면의 평행부 중앙에 외주를 일주하는 미세한 균열이 많이 발생하여 취성적으로 파괴한다. 이 때 부하응력의 증가에 따라서 삐릿, 삐릿하는 금속음을 내면서 균열이 발생한다. 균열깊이는 경화층깊이에 의해 다르고 파단면에 가까와짐에 따라 깊게 되는 경향을 나타내고 경화층이 깊은 경우는 심부근처에까지 달한다. 더욱이 평행부에 발생한 균열깊이를 검토하기 위해 파단면근방의 축방향단면을 관찰한 결과 부하응력에 의해 최초균열은 half 마르텐사이트 영역까지 한번에 들어가고 그 후 일부 균열이 주 균열이 되어 파괴된다.

사진 5.1(a), (b)는 침탄담금질한 후 200℃에서 뜨임을 실시한 S22C의 인장파단 후의 SEM 상을 나타낸 것이다1[4]. (a)는 거시적인 파단면이며 표면의 축부에는 무수한 균열이 발생하고 또, 표면근방의 파단면에는 ratchet mark가 존재하여 균열의 발생, 진전이 빠른 것을 알 수 있다. (b)는 침탄경화층을 포함한 내부이며 침탄경화층 직하로부터 연성파괴 특유의 딤플모양이 관찰된다. (c)는 침탄경화층 내부의 SEM상이며 입계균열과 의벽개균열파단면이 혼재한 상태이다. 이 샘플은 침탄경화층깊이 0.3 mm이지만 경화층깊이가 두껍게 되면 침탄층은 취성적인 입계균열만으로 된다.

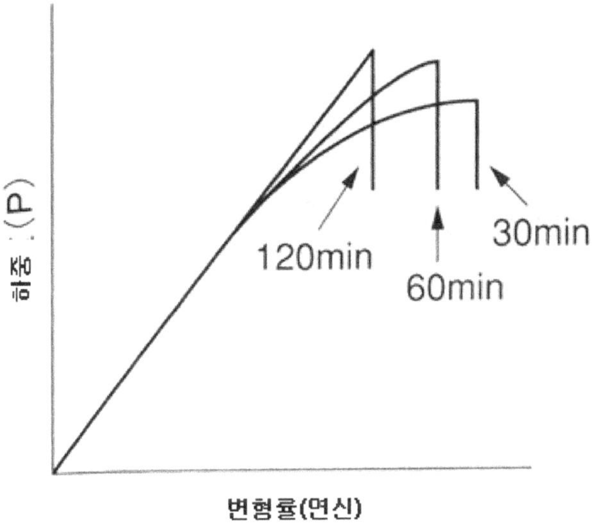

그림 5.8 침탄담금질재의 하중-변형률 곡선[13)]

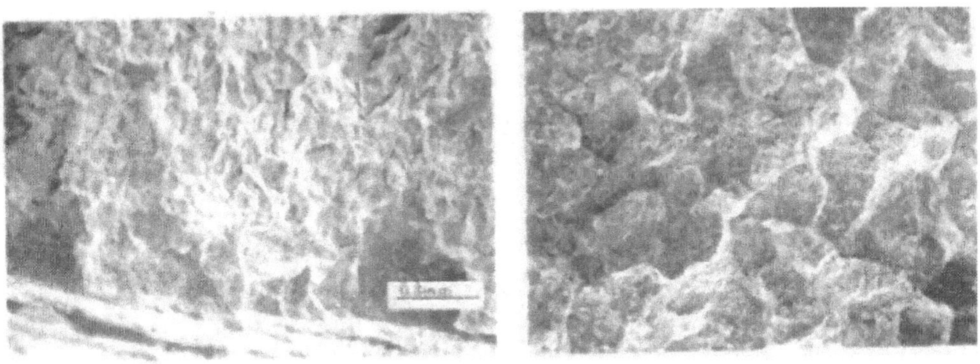

(a) (b)

사진 5.1 가스침탄담금질강의 인장파단면의 SEM 상[14)]
(S22C, 930℃가스침탄, 유효경화층깊이 0.4 mm)

5.2.2 연질화처리강의 경우

각종의 연질화처리는 α구역의 비교적 저온에서 처리가 행하여지기 때문에 변형이 적고 또 적절한 강종도 많은 것으로부터 내마모, 내피로성 향상부품으로서 범용되고 있다. 하지만 최근에는 인장을 받는 부품으로의 적용도 검토되고 있고 특히 연질화후의 재가열을 실시한 경우의 특성이 주목되고 있다. 즉, 가스연질화처리 등에 있어서는 가열온도부터 냉각 도중까지 질소화합물이 석출되고 이것이 노치가 되어 피로강도 등이 저하하는 현상을 발견할 수 있다.

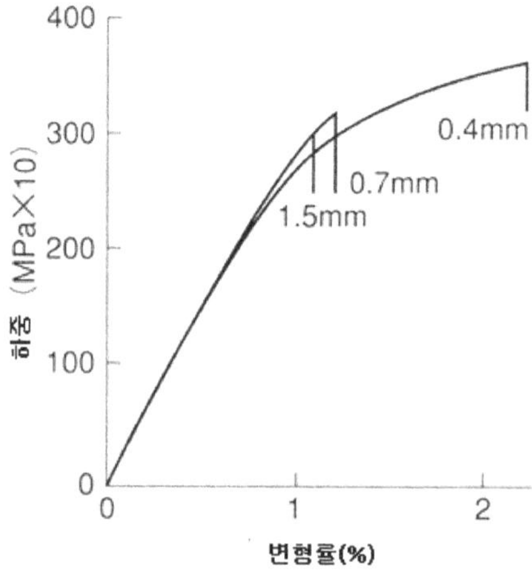

그림 5.9 가스연질화 처리시간의 차이에 의한 하중-변형률 곡선[15]
(S22C, 575℃ 가스연질화)

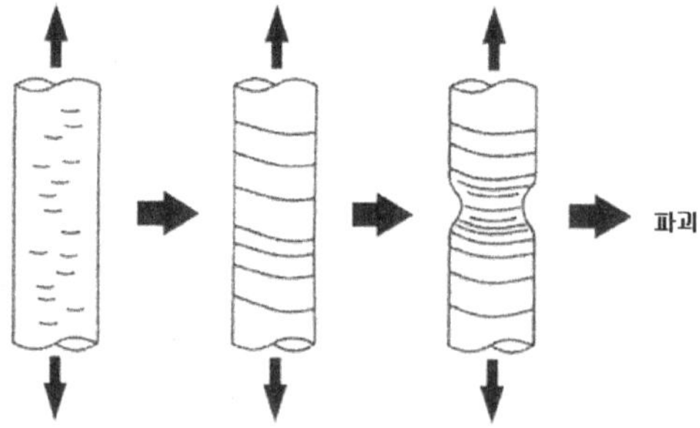

그림 5.10 가스연질화강의 인장파단거동[16]
(necking이 생기는 경우)

재가열처리는 석출된 질소화합물을 재고용시키는 처리로 기계적특성에도 영향을 미친다. 그림 5.9는 575℃에서 30~120 min간 가스연질화처리한 S45C의 하중-변형률선도를 나타낸 것이다[15]. 그림에서도 알 수 있듯이 침탄담금질재와 같이 단시간처리의 경우는 약간의 소성변형이 발생하지만 처리시간이 길어지면 소성구속에 의해 변형을 발생하지 않고 파괴된다. 그림 5.10은 necking을 발생시켜 파괴하는 경우의 인장파괴거동을 나타낸 것이다[16]. 이 경우도 침탄담금질재와 같이 날카로운 금속음을 발생하면서 최표면의 원주방향으로 균열이 발생한다. 사진 5.2는 S45C재에 있어서의 가스연질화강의 인장변형거동을 나타낸 것으로[17] 처리시간이 짧은 경우는 십자모양으로 균열이 발생하고 그 수도 적다. 하지만 처리시간이 길게 되면 necking을 발생하면서 원주방향으로 지렁이모양의 균열이 발생하고 그 수도 많아지는 경향을 나타낸다. 사진 5.3은 SCM435의 경우이다. S45C재와 매우 다르며 30 min의 단시간처리에서도 원주방향의 깊은 균열이 발생한다[18].

이와 같은 경향은 표면경도나 경화층깊이에 기인하는 것으로 처리강재의 특성의 의한 것으로 생각된다. 즉, 가스연질화처리에 있어서의 N과 친화력이 강한 원소를 많이 포함한 강일수록 표면경도나 경화층깊이가 두껍고 또, 소지의 강도와도 관계되어 상술한 것 같은 결과가 나타난다고 생각된다.

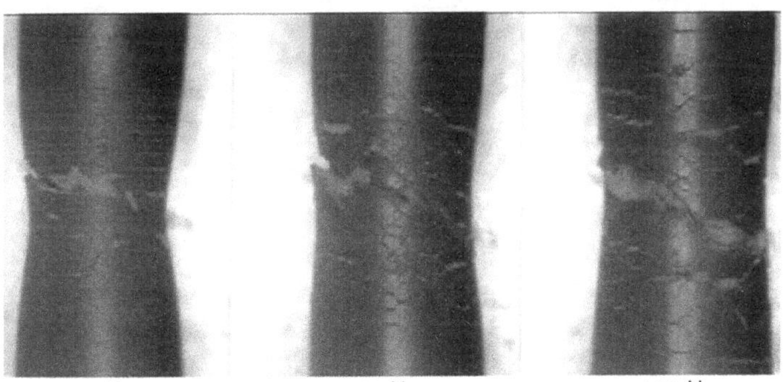

30분 60분 120분

사진 5.2 가스연질화 처리시간의 차이에 의한 인장변형거동[17]
(575℃, 가스연질화, SCM435)

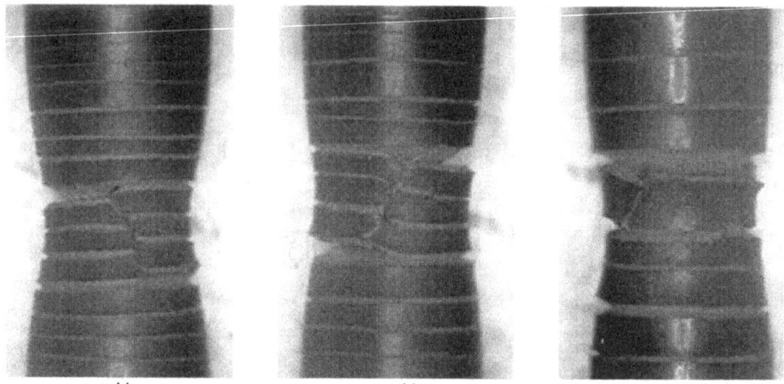

30분 60분 120분

사진 5.3 가스연질화 처리시간의 차이에 의한 인장파단거동[18]
(575℃, 가스연질화, S45C)

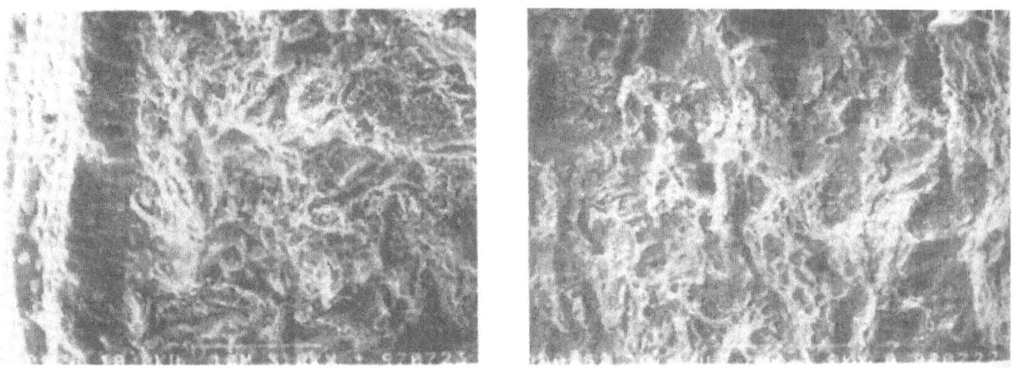

(a) (b)

사진 5.4 가스연질화처리한 S45C의 인장파단면의 SEM 상[19]
(575℃-60분, (a) 표면근방, (b) 확산층)

사진 5.4는 S45C의 인장파단면, 사진 5.5는 SCM435의 인장파단면의 SEM상이다[19]. S45C의 경우는 처리시간이 길어짐에 따라 표면의 화합물층이 수지상적인 파괴를 나타내고 표면보다 내부의 확산층은 딤플모양이 관찰된다. SCM435의 경우는 표면의 화합물층의 파괴는 S45C와 같지만 확산층은 단시간처리에서도 의벽개파괴 또는 입계파괴를 발생한다. 그림 5.11은 S45C재, 그림 5.12는 SCM435재의 경도분포의 차이를 비교한 것이다[20].

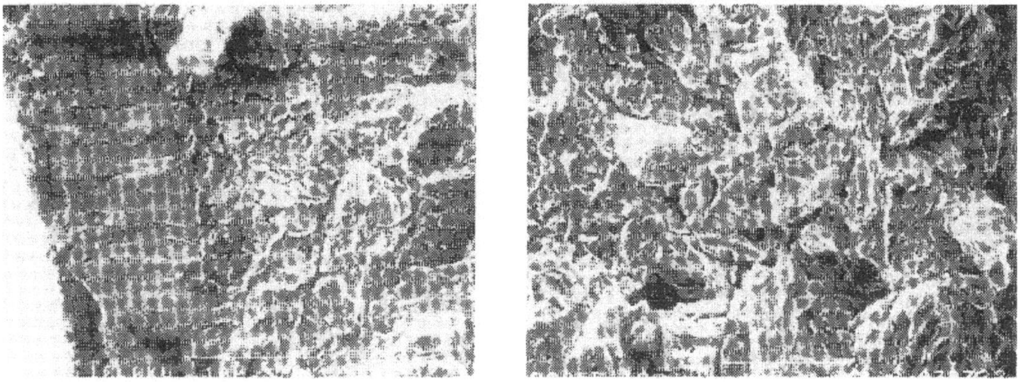
(a) (b)

사진 5.5 가스연질화처리한 SCM435의 인장파단면의 SEM상[19]
(575℃-120분, (a) 표면근방, (b) 확산층)

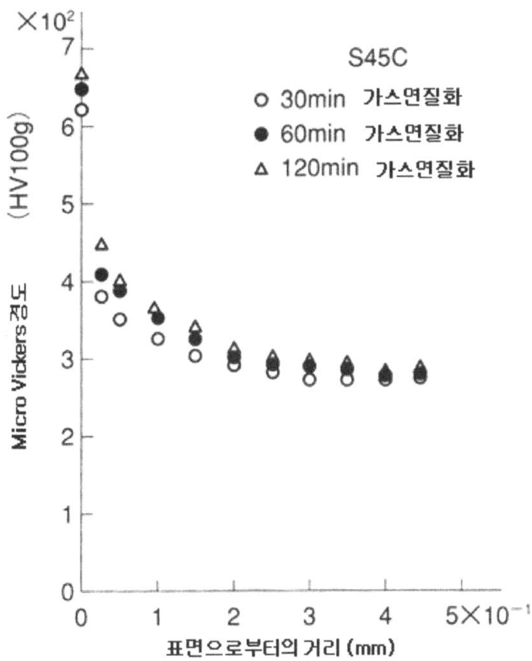

그림 5.11 가스연질화 처리시간의 차이에 의한 경도분포 곡선 (S45C의 경우)[20]

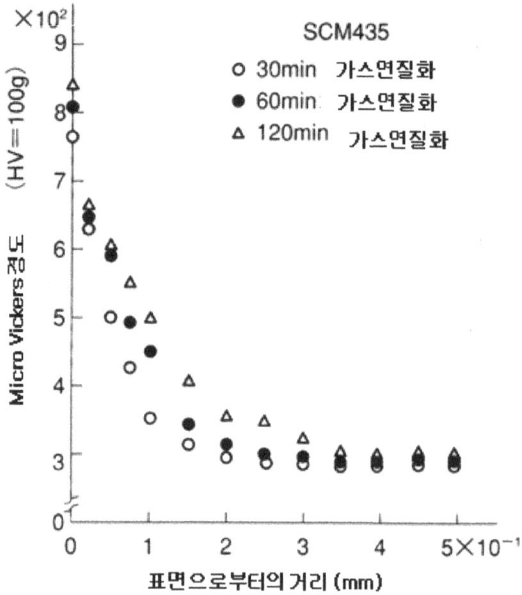

그림 5.12 가스연질화 처리시간의 차이에 의한 경도분포 곡선(SCM435의 경우)[20]

이와 같은 결과에서도 상술한 현상이 관찰된다. 또한 그림 5.13은 S45C재와 SCM435재에서 처리시간과 인장강도와의 관계를 나타낸 것이다[21]. 그림에서 알 수 있듯이 강종별로 인장강도에는 큰 차가 발견되지만 처리시간의 차리에 의한 현저한 차는 없고 SCM435의 인장강도 이외는 미처리재와 비교해 서 어느 것이나 가스연질화 처리를 행하는 것에 의해 인장강도, 항복점 모두 상승한다.

전술한 것처럼 가스연질화처리는 가열온도부터 가스냉각을 실시하는데, 유냉을 행하기 때문에 냉각과정에서 질소화합물이 석출된다. 이 석출질화물은 노치효과를 보이고 기계적성질을 저하시킨다. 따라서 재가열처리를 실시하여 고용시킬 필요가 있다. 그림 5.14는 질화층깊이가 다른 SCM435, SACM645재를 이용하여 재가열온도와 인장최대응력의 관계를 구한 것이다[22]. 그림에서도 알 수 있듯이 SCM435재의 경우는 연질화후의 재가열온도에 관계없이 같은 정도의 최대파단응력치를 나타내고 그 값은 경화층깊이가 얕은 편이 크다. 또 SACM645와 비교하면 경화층깊이에 관계없이 SCM435재 쪽이 높은 값을 나타낸다. SACM645의 경우도 재가열온도에 의해 현저한 차는 나타나지 않는다.

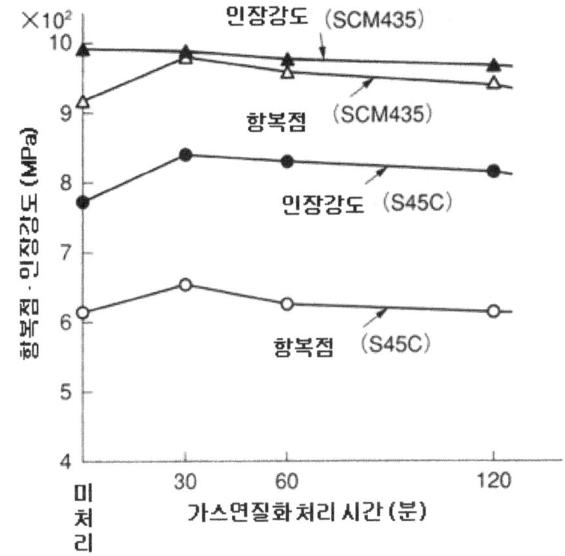

그림 5.13 각 강에 있어서의 가스연질화 처리시간과 인장강도, 항복점과의 관계[21)]

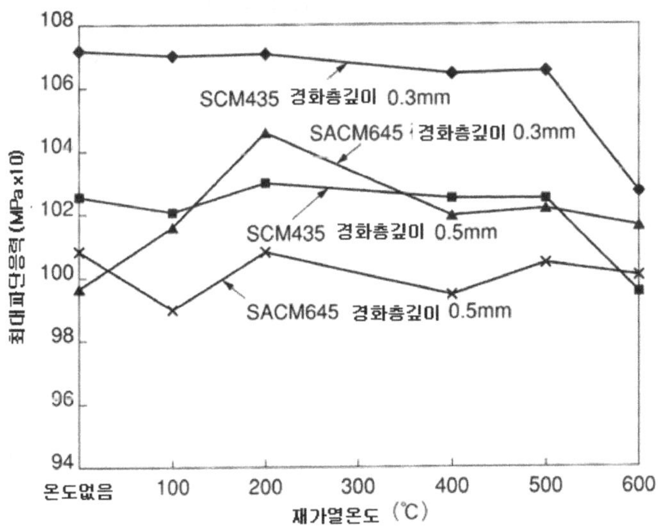

그림 5.14 가스연질화재의 최대파단응력과 재가열온도와의 관계[21)]

5.3 표면경화재의 정적굽힘강도

5.3.1 고주파담금질재의 경우

고주파담금질은 급속가열·냉각 때문에 강인한 경화층이 형성되고 내부는 소재의 성질을 유지한다. 따라서 경화율과 강도의 관계를 확실하게 하는 것이 중요하며 그림 5.15는 정적 4점굽힘최대하중(Pmax) 및 최대탄성하중(Pe) 와 고주파담금질경화깊이의 관계를 구한 결과이다[23]. 사용한 재료는 S48C, SCM435재이다. 그림에서도 알 수 있듯이 Pmax, Pe 모두 담금질깊이의 증가에 따라 현저하게 상승하는 경향을 나타낸다. 이와 같은 현상은 단면적에 나타난 경화층의 비율이 크게 영향을 미쳐 본 실험결과처럼 경화층깊이 1~2 mm의 범위에 있어서는 경화층의 깊이가 두껍게 됨에 따라 굽힘강도도 증가하는 것으로 생각된다. 또 S48C재는 그다지 크지 않은 변형율 영역에서 파괴하는 것에 대해 SCM435재는 최대하중에 도달하더라도 변형량이 크게 될 뿐으로 하중점근방에 있어서도 균열의 발생은 확인되지 않

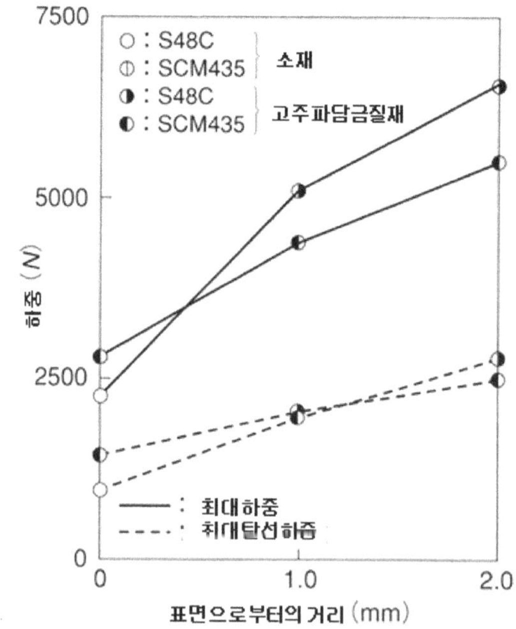

그림 5.15 고주파담금질재의 4점 굽힘강도와 담금질 깊이의 관계[23]

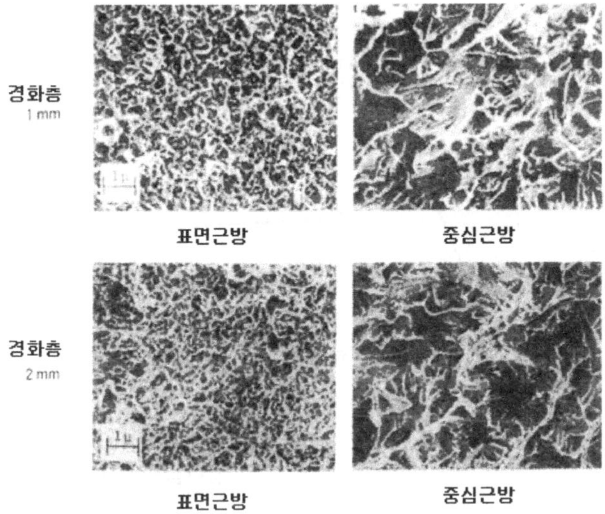

사진 5.6 고주파담금질한 S48C의 SEM상[24)]

는다. 이것은 S48C에 비교해서 SCM435재가 인성에 있어서는 상당히 우수하다고 말할 수 있다. 더욱이 사진 5.6은 S48C에 대해서 경화층깊이를 바꾼 경우의 파괴 파단면에 대해서 검토한 결과이다[24)]. 표면근방의 경화층은 의벽개파괴단면을 나타내고 내부는 연성파괴 특유의 딤플모양이지만 경화층깊이에 의한 현저한 차는 발견되지 않는다.

5.3.2 침탄담금질재의 경우

침탄담금질재에 있어서의 정적굽힘강도에 미치는 인자로써 Pmax, Pe와 침탄담금질 경하층깊이의 관계를 구했다. 그림 5.16은 그 결과이다[25)]. SCM420재를 이용해서 검토한 결과에 의하면 Pe는 침탄층깊이가 증가함에 따라 상승하는 경향을 니디내고 담금질경화층깊이가 1.5 mm일 때 무처리재의 약 6배의 강도를 나타낸다. 한편 Pmax는 경화층깊이가 0.4 mm에서 3660 MPa의 최대치로 되어(무열처리재와 비교해 약 27배) 보다 경화층이 두껍게 됨에 따라 저하하는 경향을 나타냈다.

이와 같은 결과는 고추파담금질재와 달리 표면경도 및 내부경도가 높고 강한 소

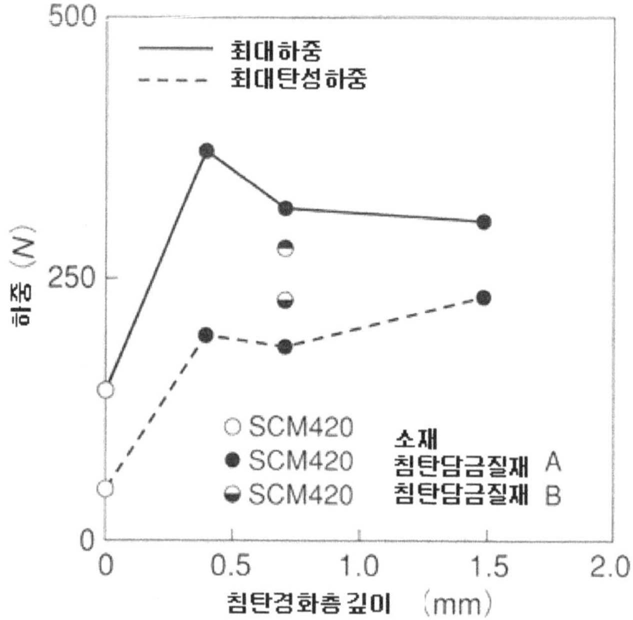

그림 5.16 침탄재의 정적 4점 굽힘강도와 담금질경화층과의 관계[25)]

성구속에 의해 변형량이 작고 표면에 균열이 발생하면 취성적으로 파괴하는 것으로 생각된다. 그러나 경화층깊이 0.4 mm의 경우는 내부경도에서 차지하는 표면경화층의 비율도 작은 것으로부터 다른 경화층깊이보다도 소성구속력이 약하고 하중도 최대치를 나타낸 것으로 생각된다.

또 다른 실험결과에 있어서는[26)] 경화층깊이 0.5 mm~1.5 mm의 범위내에서 경화층깊이가 두꺼워 짐에 따라 굽힘강도는 직선적으로 저하하는 현상도 발견되고 있다. 사진 5.7은 경화층 깊이가 다른 침탄담금질강에 대해 4점굽힘파단면에서의 SEM상을 나타낸 것이다[27)]. 표면경화층의 파단파면은 경화층깊이의 차이에 거의 무관계로 구 오스테나이트 입계 facet를 나타내고 있는 것으로부터 같은 파괴기구로 파단하고 있는 것으로 생각된다. 또한 내부는 어느 경화층에 있어서도 딤플모양을 나타내고 있다.

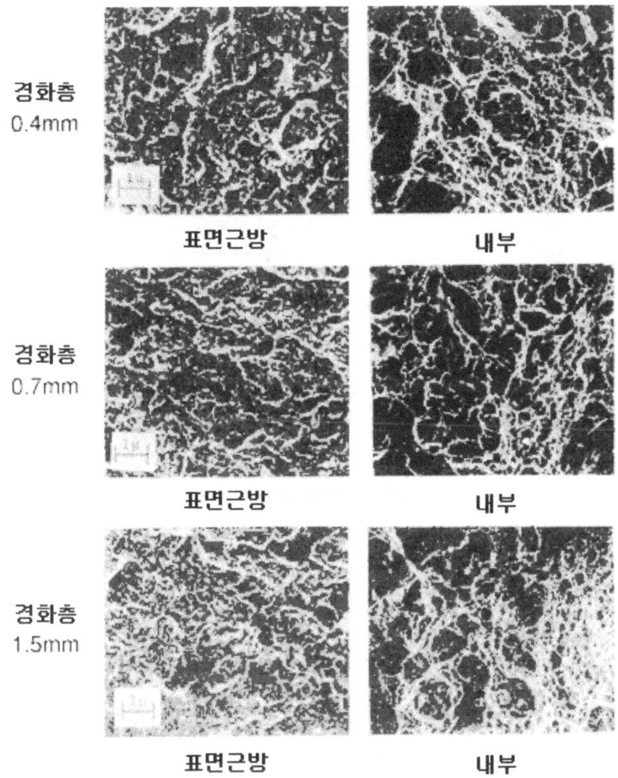

사진 5.7 침탄담금질한 SCM420강의 굽힘파단면의 SEM상[27]

5.3.3 연질화처리재의 경우

가스연질화재는 내피로성에 우수하고 80~150%정도의 강도향상이 보고되고 있다. 하지만 정적굽힘강도에 대해서는 그림 5.17에 나타낸 것처럼 무처리재와 동등한 값을 나타낸 결과가 얻어지고 있다[28]. 가스연질화에 있어서의 경화층은 고주파나 심탄재에 비교하면 아주 작은 깊이에 불과하다. 따라서 굽힘하중이 작용하는 경우 경화층에 의해 변형이 구속되는 정도도 작기 때문에 심부를 포함한 변형을 용이하게 한다고 생각된다. 또 부하과정에서 경화층에 많은 균열이 발생하는 것으로부터 일단 균열이 발생하면 그 이후의 부하는 비교적 변형이 용이한 확산층이나 심부에서 받아들이는 것으로 생각된다.

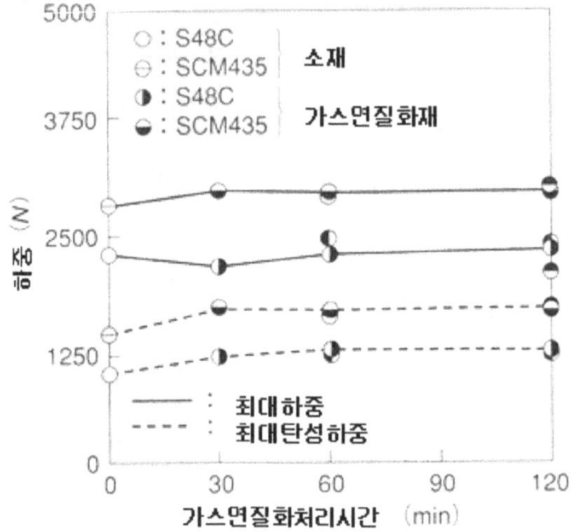

그림 5.17 가스연질화재의 정적 4점 굽힘강도와 처리시간의 관계[28)]

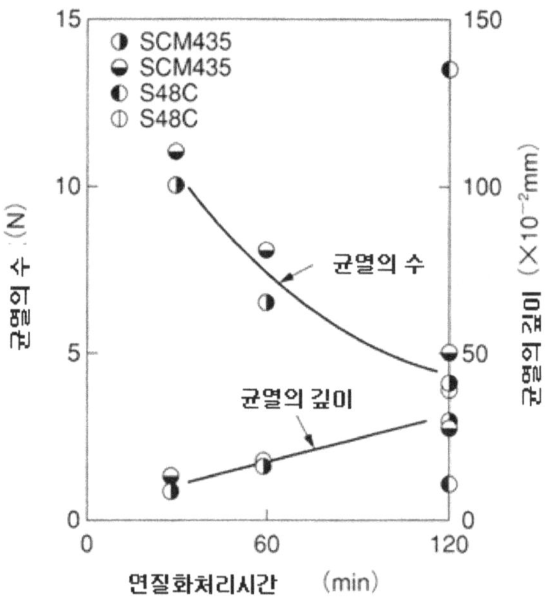

그림 5.18 연질화처리에 있어서의 균열발생수와 균열의 깊이 및 처리시간의 관계[29)]

그림 5.18은 부하과정에서 생긴 균열에 대해 검토한 것이다[29]. 발생한 균열의 최대깊이와 처리시간의 관계를 구한 결과 SCM435재에서는 모든 처리시간에서 발생하고, S45C재의 경우는 120 min에서만 발생하고 있다. 더욱이 SCM435재의 경우 발생한 균열의 수는 처리시간이 길어짐에 따라 감소하지만 균열의 깊이는 반대로 증가하는 경향을 나타낸다. 이와 같은 현상은 표면경도, 화합물층의 두께, 확산층깊이에 기인하고 있다.

5.4 표면경화처리재의 동적충격특성

침탄이나 질화처리등 철강재료의 표면경화는 내마모성이나 고사이클 피로강도를 높인다. 이 이유는 높은 표면경도의 생성에 의해 항복점이 상승하는 것에 기인하고 있다. 하지만 충격특성에 대해서는 표면경화처리에 의해 저하하는 경향을 나타내기 때문에 사용에 있어서는 그 특성을 잘 이해해 두는 것이 중요하다. 각종 표면경화처리에 의한 내충격특성의 저하는 연성-취성천이온도의 상승에 의해 상온이 천이온도 혹은 취성온도에 상당하기 때문이다.

이 연성-취성천이거동은 항복응력과 취성파괴응력의 대소관계에 지배되고 항복응력은 상승하고 취성파괴응력이 저하하기 때문에 천이온도가 상승한다. 항복응력이나 취성파괴응력은 표면경화처리의 종류에 의해 다르고 천이거동에 특징이 발견되는 것으로 예측된다.

5.4.1 고주파담금질재의 경우

구반경을 R1, R10의 샤르피 충격시험편을 이용하여 계장화 샤르피 충격시험기에 의해 충격특성을 검토했다. 그림 5.19는 조질을 실시한 S48C, SCM435재를 이용하여 경화층깊이 1 mm에 고주파담금질을 실시한 결과이다[30]. 후술하는 침탄담금질과 같은 경화기구는 마르텐사이트 변태에 의한 것이지만 천이거동은 오히려 연질화처리재에 유사하다. 또 하한의 천이온도(절대온도로 기술하고 있기 때문에 주

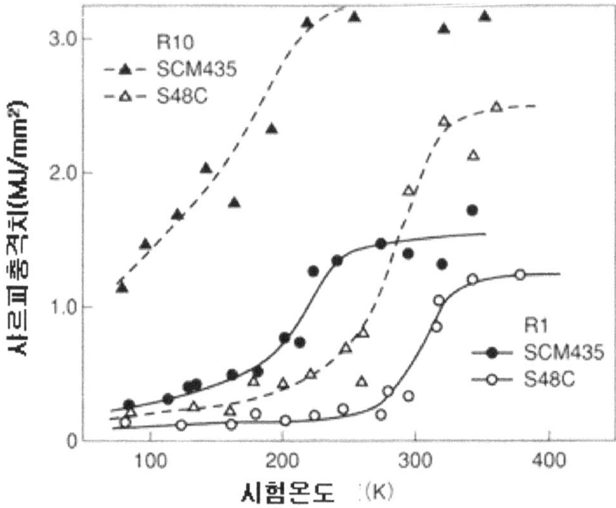

그림 5.19 고주파담금질재의 충격치[30)]

의: 273 K을 뺀다)는 낮고 이 경향은 다른 표면경화처리 중에서 가장 낮은 값이다.

그러나 충격치의 절대치는 침탄이나 연질화처리와 비교하면 큰 값을 나타내기 때문에 경화층의 인성에 크게 좌우되는 것으로 생각된다. 즉, 침탄의 경우는 같은 마르텐사이트 생성에 의해 경화하지만 고탄소화 되어 고주파담금질보다도 표면경도가 높을 것, 또 구 오스테나이트 결정립이 커서 이 두가지의 특성에 의해 고주파담금질의 경우는 높은 충격치를 나타낸다고 생각할 수 있다.

이와 같은 경향은 충격시험에 의한 파되파형에서도 추찰할 수가 있고 고주파담금질의 경우는 모든 천이파형이 발생한 연성, 취성의 구별이 불가능하다. 이것에 대해 침탄이나 연질화처리의 경우는 취성파형이나 천이 혹은 연성파형도 발생한다[31)].

5.4.2 침탄담금질재의 경우

침탄담금질처리는 고온에서 장시간 행하여지기 때문에 심부의 성질도 바뀌는 것이 용이하게 추찰된다. 그림 5.20은 경화층깊이를 바꾼 경우의 충격특성을 나타낸 것으로[32)], 다른 표면경화처리와 달리 낮은 값을 나타내고 그 저하비율도 다른 처

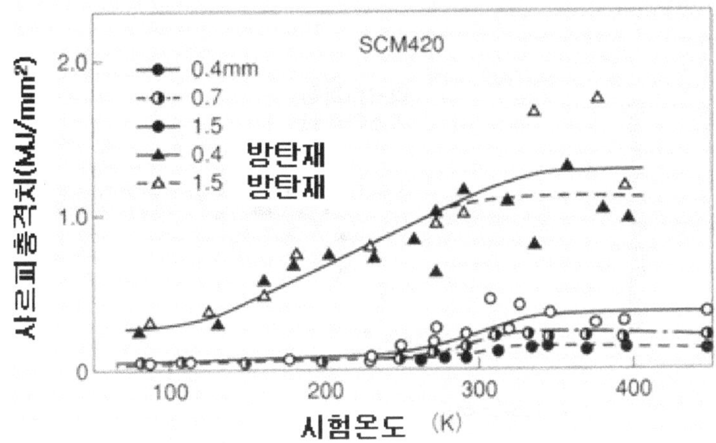

그림 5.20 침탄담금질재에 있어서의 경화층 깊이와 충격치의 관계[32)]

리에 비교해서 현저하다. 또 처리재에 있어서는 연성역으로 생각되는 값에 대해서 경화층깊이의 차이에 의한 영향은 약간 나타나고 천이온도에 대한 경화층깊이의 영향, 또 방탄재에 있어서의 경화층깊이의 영향도 거의 나타나지 않는다. 이와 같은 현상은 고탄소 마르텐사이트 (표면경도가 높다)에 의한 경도의 증가와 오스테나이트 결정립의 조대화에 의해 취성적으로 파괴한 것으로 생각된다.

5.4.3 연질화처리재의 경우

그림 5.21은 연질화법의 차이에 의한 충격치를 비교한 것이다[33)]. 재질 및 처리방법의 영향을 R1재에 대해서 조사한 결과, 처리방법의 차이에 관계없이 연성역의 충격치는 S48C보다도 SCM435재가 다소 높고 천이온도도 낮다. 이 와 같은 현상은 합금원소가 크게 영향을 미치고 있는 것으로 SCM435재에 있어서는 표면경도가 높은 것에도 관계없이 충격치가 높은 것은 매트릭스의 조직이 치밀하고 파괴에 대한 저항이 크기 때문으로 생각된다. 또 그림 5.22는 소지조직이 다른 S30C에 대해 염욕연질화 처리온도를 여러 가지로 바꿔 30분 및 120분 가열유지한 후 수냉 또는 공냉을 실시한 시험편에 대해 샤르피 충격치를 구한 결과이다[34)].

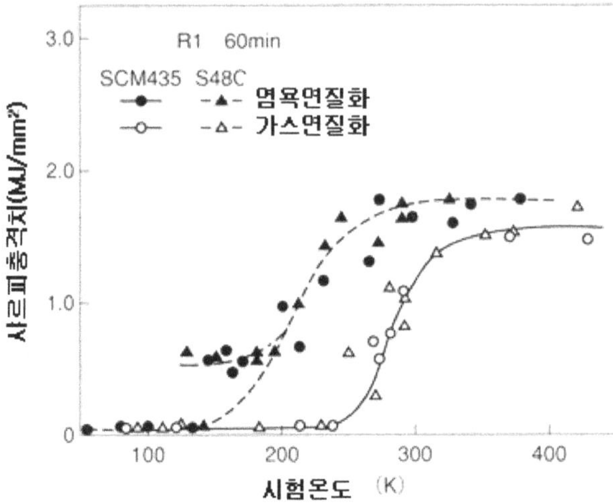

그림 5.21 연질화처리법의 차이와 충격치의 관계 [33)]

그림에서 알 수 있듯이 페라이트와 펄라이트 의 혼합조직의 경우는 30분 유지의 경우 처리온도의 차이에 관계없이 현저한 차는 발견되지 않고 미처리재와 같은 정도의 값을 나타내지만 수냉처리에서는 575℃부터 급격하게 저하하는 경향을 나타낸다. 또 120분 처리에 있어서는 공냉의 경우 처리온도의 상승과 함께 충격치는 직선적으로 저하하는 경향을 나타내고 수냉에서는 525℃의 저온처리에 있어서 미처리재와 비교하면 약 90%나 저하한다. 소르바이트조직의 경우는 유지시간, 냉각방법의 여하에 관계없이 575℃에서 최저의 값을 나타내는 경향이 나타나고 그 절대치는 유지시간이 길수록 또, 공냉에 비해 수냉처리가 낮은 값을 나타낸다.

이와 같은 현상으로부터 염욕연질화처리의 경우 S30C에 있어서는 페라이트, 펄라이트 혼합조직에서는 연질화에 의한 효과와 α-Fe 속으로의 N의 고용 및 석출(공냉의 경우는 질소화합물은 석출, 수냉의 경우는 고용하고 있다). 또 소르바이트조직의 경우는 연질화의 효과와 매트릭스 조직변화(조질에 있어서의 뜨임온도가 580℃이기 때문)에 크게 영향을 받고 있는 것으로 생각할 수가 있다.

사진 5.8은 가열유지시간 및 냉각방법이 다른 충격파괴파단면의 거시적인 파단면을 나타낸 것이다[35)]. 가열유지시간의 차이에 관계없이 공냉시킨 것은 소성변형을 발생하면서 파괴하는 것에 대해 수냉한 것은 단시간처리에서도 전혀 변형이 없이

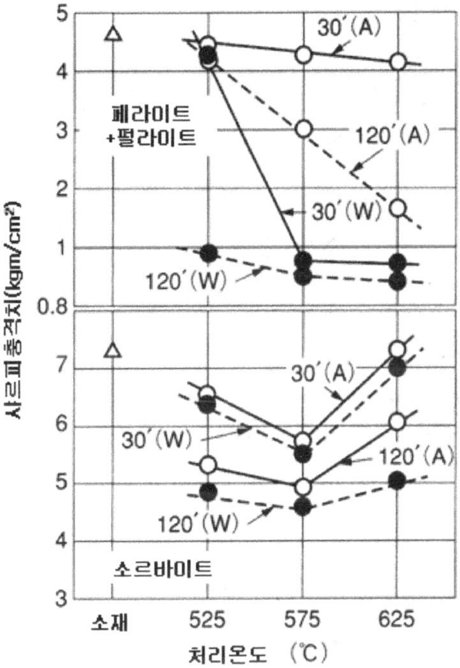

그림 5.22 염욕연질화온도의 차이에 의한 충격치의 변화 (S30C)[34)]

취성적으로 파괴하고 있다. 이와 같은 현상은 냉각과정에 있어서의 질소화합물의 고용, 석출이 크게 관여하고, 공냉에서는 석출, 수냉에서는 고용에 기인하고 있는 것으로 생각된다.

또 사진 5.9는 120분 가열유지후 공냉, 수냉시료의 충격파단면의 SEM상이다[36)]. 사진에서도 알 수 있듯이 공냉의 경우는 균열발생 근방은 딤플모양이 관찰되고 수냉에서는 의벽개파괴를 나타내고 있다. 그림 5.22의 결과에서 가장 낮은 값을 나타낸 조건, 즉 575℃-120분-연질화-수냉을 실시한 시료에 대해 60~300℃의 각온도에 있어서의 10분~100시간 재가열처리를 실시하여 충격특성을 구하였다[36)]. 그림 5.23은 페라이트·펄라이트 혼합조직강의 결과이다[34)]. 그림에서 알 수 있듯이 재가열온도가 비교적 낮은 경우는 연질화재에 비교해서 현저한 차가 발견되지 않지만, 150℃, 300℃로 고온이 되면 극소치를 나타내는 재가열유지시간이 존재한다.

사진 5.8 연질화 가열유지시간 및 냉각방법이 다른S30C강의 충격파단면[35]
(N: 질화, A:공냉, W:수냉 을 나타냄)

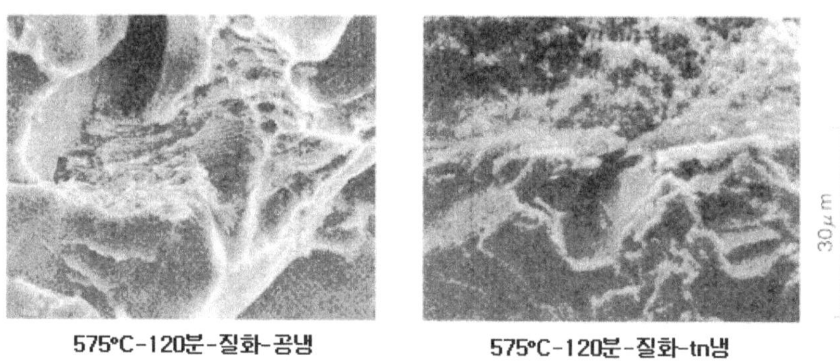

사진 5.9 균열발생 근방의 SEM 상[36]

이와 같은 결과는 수냉에 의해 고용한 질화물의 거동에 의한 것으로, 저온의 경우는 장시간 가열에서도 석출이 일어나지 않으면서 낮은 충격치를 나타내고 또, 150℃에 있어서는 단시간재가열의 경우는 저온가열의 경우와 같이 낮은 값을 나타내지만 보다 장시간측에서는 석출한 질화물이 재고용하기 때문에 연질화처리만 한 것에 비교해서 3배 높은 충격치를 나타낸다. 300℃에서의 재가열에서는 10분 정도의 단시간 유지에서도 3배정도, 장시간이 되면 약 4배의 회복이 보여진다. 더욱이 소바이트강에서는 연질화만 한 것과 비교해서도 충격치의 회복현상은 없고 같은 정도의 값이었다. 이와 같은 현상은 SCM435강에서도 같다. 사진 5.10은 각 온도에서 100시간 재가열처리한 경우의 충격파단면이다[37]. 60℃-100시간의 경우는 회복이 발생하지 않는 파단면이고 균열발생개시 근방은 화합물층으로 생각되는 입상모양이 발견되고 보다 내부에서 최종파단부에 이르기까지 딤플파괴파면이다.

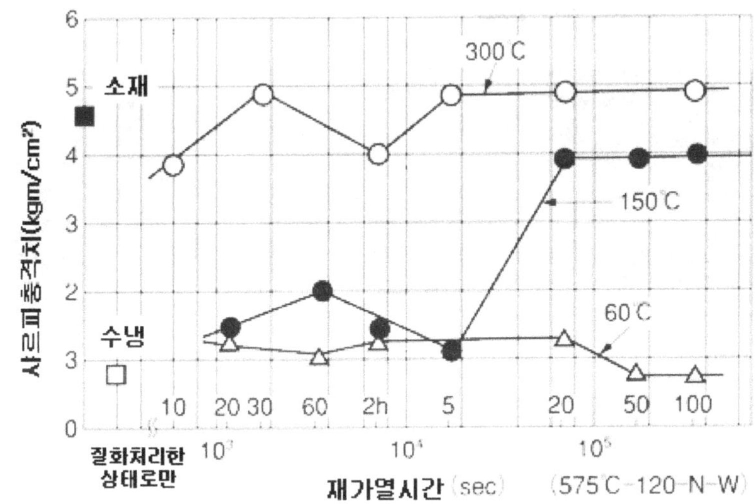

그림 5.23 각 재가열온도에 있어서의 유지시간과 충격치의 관계[34]
(S30C, 페라이트·펄라이트강)

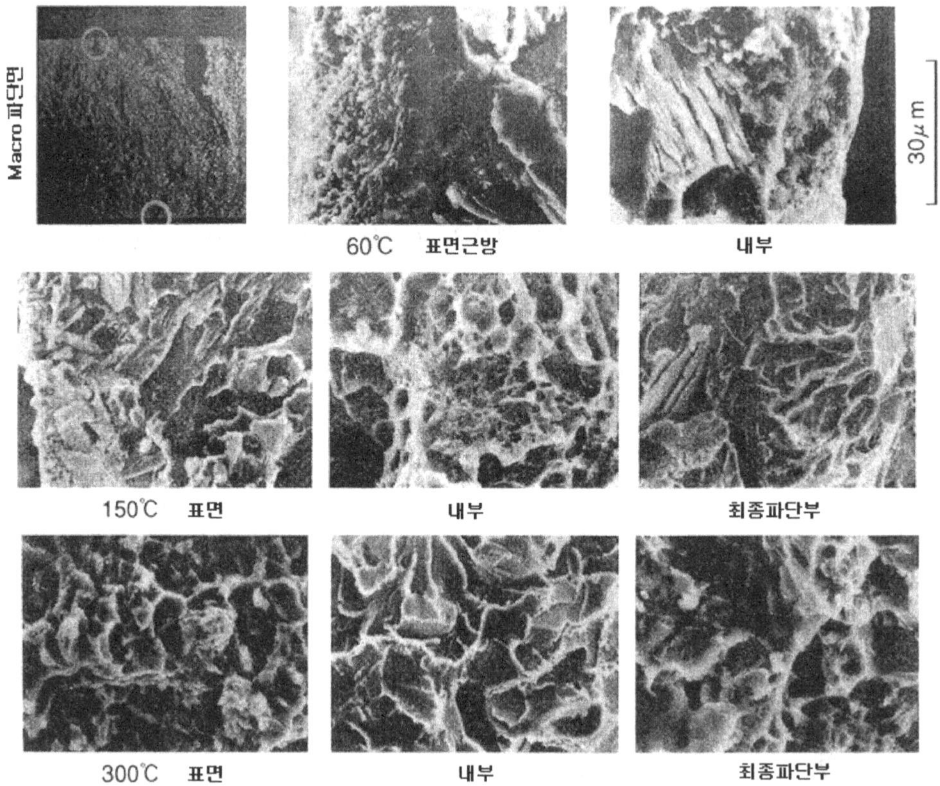

사진 5.10 각 온도에서 100℃ 시간재가열처리를 행한 충격파단면의 SEM상[37)]

6 chapter

표면경화처리강의 피로강도

사용 중인 부재에 굽힘, 비틀림 등의 응력이 반복 부하되면, 부재의 표면에 최대 전단응력이 작용하기 때문에 균열이 발생하고, 그 열이 진전해서 파괴에 이른다. 따라서 일반적으로는 표면이 균열발생기점이 되는 경우가 많다. 그 때문에 표면 거칠기 등도 포함해, 표면층의 성질을 얼마나 개선하는가가 균열의 발생을 지연시킨다. 즉 피로강도를 향상시키고, 장수명화 시키기 위해서는 표면의 특성을 바꾸는 것이 중요한 포인트가 된다. 표면경화처리방법도 표면층을 개질하는 하나의방법이다.

표면경화처리법에는 고주파담금질이나 레이저담금질 등의 물리적 표면경화법, 침탄담금질이나 질화 등의 화학적 표면경화법이 있고, 어느 경화법에 있어서도 표면이 경화되는 것에 의한 내마모성의 향상과 동시에 다음에 나타내는 것과 같은 특성개질에 의해 내피로성 향상에도 기여한다.

① 피로강도의 상승은, 표면에 생성하는 압축잔류응력과, 표면층의 제 특성의 개선에 의한다.
② 노치 그 외의 것에 의한 응력구배가 급할수록, 효과는 현저하다.
③ ①과 밀접한 관계가 있는데, 표면에 존재하는 압축잔류응력 때문에, 후술하는 σ_{w1}과σ_{w2}차가 일반적으로 크다.

6.1 표면경화재의 피로강도의 산출법(개략적 산술)

고주파담금질이나 질화와 같은 표면경화법은, 평활재보다도 오히려 노치재의 피로강도향상에 효과가 있는데, 기초적인 사고방법으로서, 먼저 평활재에 대해서, 피로강도의 개략적인 산출법에 대해서 해설한다.

그림 6.1은 표면경화처리의 하나로서, 고주파담금질재의 표면경도분포를 모델화(노치 저면에 피로균열이 발생할 최소응력진폭을 σ_{w1}로, 발생한 피로균열이 진전하지 않고, 피로파괴도 일어나지 않는 응력진폭의 최대치를 σ_{w2}로 한다.)해서 나타낸 것이다. 또, 그림 6.2는 경도와 피로한도의 관계를 나타낸 것이고, 이러한 모델은 침탄이나 질화처리 등의 표면경화재에 공통하는 것이다. 즉, 경도치를 측정할

수 있으면 다음 식에 의해 인장강도(σ_B)가 계산가능하고, σ_B를 알면 각각의 피로한도비를 산출가능하다.

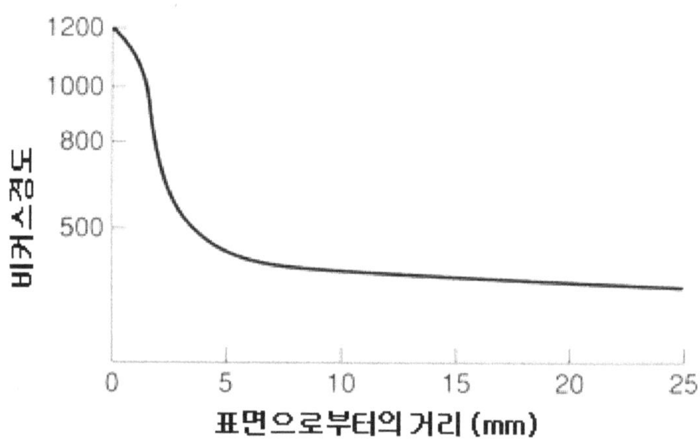

그림 6.1 고주파담금질한 대형 V형 시험편의 단면경도분포곡선[1)]

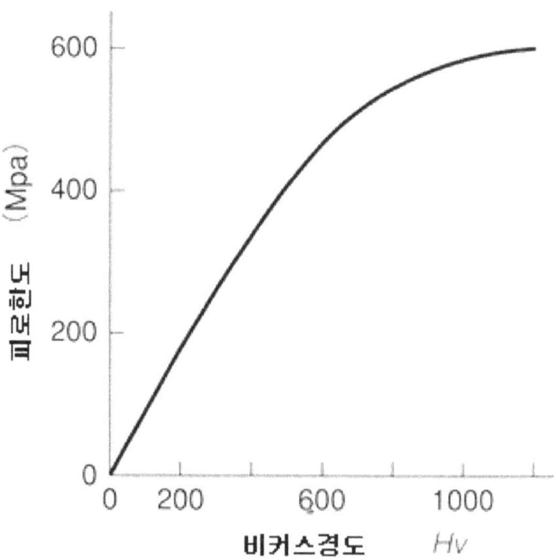

그림 6.2 경도와 피로한도의 관계[2)]

경도와 인장강도와의 관계는,

$\sigma_B = 0.33 \times HB$(브리넬경도)도

$\sigma_B = 2.10 \times HS$(쇼어경도)

$\sigma_B = 3.20 \times HRC$(로크웰경도)

이다. 또, 비커스 경도의 경우는 직접, $0.155 \times HV$를 계산하는 것에 의해, 회전굽힘피로한도를 구하는 것이 가능하다. 더욱이, 상술한 식에 의해,σ_B를 계산할 수 있으면, 각각의 부하응력의 종류에 의한 피로한도비를 구할 수 있다. 즉,

회전굽힘피로한도	(철강=0.35~0.64σ_B)
인장압축피로한도	(철강=0.33~0.59σ_B)
비틀림피로한도	(철강=0.22~0.37σ_B)
회전굽힘피로강도	(주강의 경우=0.28~0.46σ_B)
〃	(Al의 경우=0.33~0.60σ_B)
〃	(고력 Al의 경우=0.22~0.44σ_B)
〃	(볼트류의 경우=0.05~0.01σ_B)

이 식은 경도가 500 HV 이하인 경우의 경험clr이다.

또, 일반적으로 탄소강인 경우의 피로강도는, σ_B가 큰 것일수록 큰 값을 보이고, 근사적으로는 거의 직선적인 관계를 나타낸다. 이러한 경향은 σ_B가 100 N/mm^2이하인 값일 경우이며, 100 N/mm^2 이상이 되면 상술한 바와 같은 관계가 성립되지 않게 된다. 즉, 100 N/mm^2이하인 경우는, 다음과 같은 관계식이 성립한다.

$$\sigma_{wb} = k \cdot \sigma_b$$

$$\sigma_{wb} = 1/0.8\sigma_{WZ} : \sigma_{WZ} = 0.8\sigma_{Wb} = 0.8k \cdot \sigma_B$$

$$\sigma_{\tau W} = 1/0.6 : \tau_W = 0.6_{Wb} = 0.6k \cdot \sigma_B$$

여기서, σ_B: 인장강도(N/mm^2), σ_{Wb}: 회전굽힘피로한도(MPa), σ_{WZ}: 양진인장-압축피로한도(MPa), τ_W: 양진비틀림피로한도(MPa), k: 계수(0.3~0.5)이다.

상술한 관계식은 표면경화처리재 이외의 철강재료에 적용되지만, 표면경화재의 경우는, 전술의 그림 6.1과 그림 6.2를 둘 다 알고 있으면 그림 6.3과 같은 피로한도의 분포를 그릴 수 있다3). 이 그림은 원주시험편의 경우이고, 시험편의 반경 a, 경화층 깊이 h, 경화층의 피로한도 σ_{wh} , 비경화부의 피로한도 σ_{wi}로 하면, 인장-압축반복응력의 경우는, 그림 6.4(a)에 나타내듯이 단면적에 부하된 응력분포는 외층도 내층도 같은 균일한 응력(σ_0)인 것으로부터, 이 σ_0가 σ_{wi}와 일치 했을 때에, 내부에서 균열이 발생하는 것으로 된다.

따라서, 표면경화재에 있어서의 인장-압축반복응력의 경우는, σ_{w0}=σ_{wi}로 되고, 이 경우는 표면경화에 의해 피로강도의 향상은 기대할 수 없다. 또, 반복굽힘이나 반복 비틀림 응력이 작용한 경우는, 그림 6.4(b)와 같이 외부에서 부하응력이 작용하면, σ_0혹은 τ_0의 모멘트는, 최표면에서 최대가 되어 중심부는 0, 그 사이를 직선으로 연결한 응력분포로 된다. 따라서 전술한 (a)와 같이 인장-압축의 피로한도

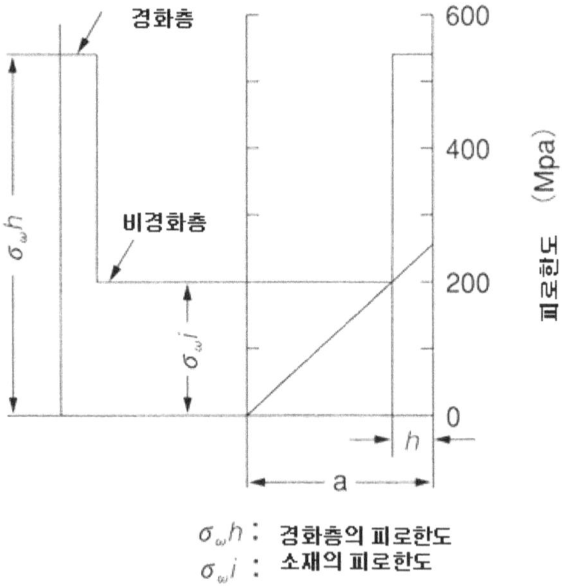

그림 6.3 경화층 깊이와 피로한도분포의 관계[3)]

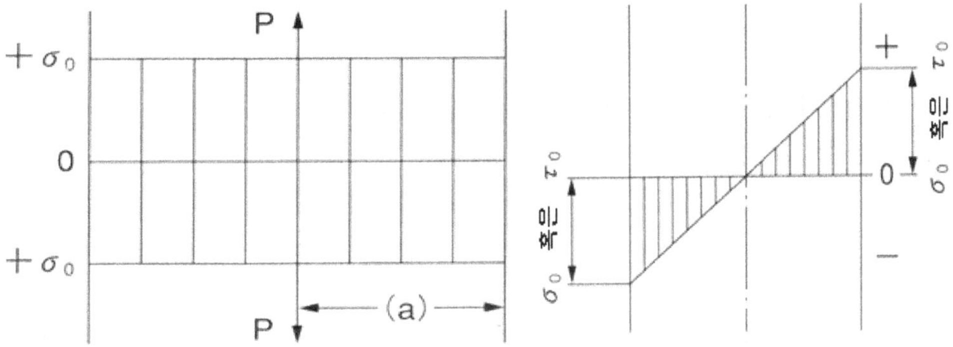

(a) 인장압축하중을 받을 때의 응력분포 (b) 굽힘 또는 비틀림 하중을 받을 때의 응력분포

그림 6.4 평활시험편에 인장 및 굽힘, 비틀림 응력이 부하된 경우의 응력분포[4)]

는, $\sigma_{w0}=\sigma_{wi}$이 되기 때문에, 표면경화에 의해서 피로강도는 상승하지 않는다.

그러나, (b)와 같이 굽힘 혹은 비틀림 응력이 부하된 경우는, 외부응력이 시험편 내부의 σ_{wh} 혹은 σ_{wi}인 피로한도분포곡선과 교차한 개소에서 균열이 발생하는 경우도 있다. 즉, 경화층 깊이 h가 반경 a 에 비해 클 때에는 외력에 의한 부하응력은, 시험편내부의 피로한도곡선과 표면에서 교차하고, 균열발생은 표면에서 발생하며, 이때의 피로한도는 σ_{wh}와 같아진다. 또, 경화층 깊이 h가 반경 a에 비교해서 작은 경우는, 외력에 의한 반복응력은 비경화부의 피로한도의 곡선과 먼저 교차하여, 경화층과 비경화층의 경계부에서부터 균열이 발생하게 된다. 이것이 후술할 피쉬아이형의 파괴이다.

고주파담금질이나 질화처리 등과 같은 표면경화재의 경우는, 피로한도가 상승하지만, 경화깊이를 상당히 두껍게하지 않으면(즉 h>hc), σ_{w0}는 σ_{wh}가 되지 않는다. 이와 같은 내용은 평활재의 경우인데, 노치재와 같이 응력집중이 있는 경우는 같은 정도의 피로한도의 값을 얻기 위해, 경화층깊이는 평활재에 비해 얇아도 좋다.

그림 6.5는 그 한 예를 나타낸 것으로[5)], α를 7.65로 하고, a를 10 mm(전체두께의 절반의 두께)로 했을 때의 그림이다. 이 경우 7.65의 값은 그림 6.6에 나타낸 것과 같은 노치 시험편 형상에 있어서의[6)] 축방향응력식

$$\sigma_1/\sigma_n = k/(1+a)^{0.5}/\rho(1-k^2)\times(\alpha_1-\gamma)$$

를 사용하여, α_1에 α/ρ=25/0.25=100, 1/m (포아송비=강에 대해서는 0.3~0.4)를 대입하면, α_1=7.65, α_2=2.38이 얻어진다.

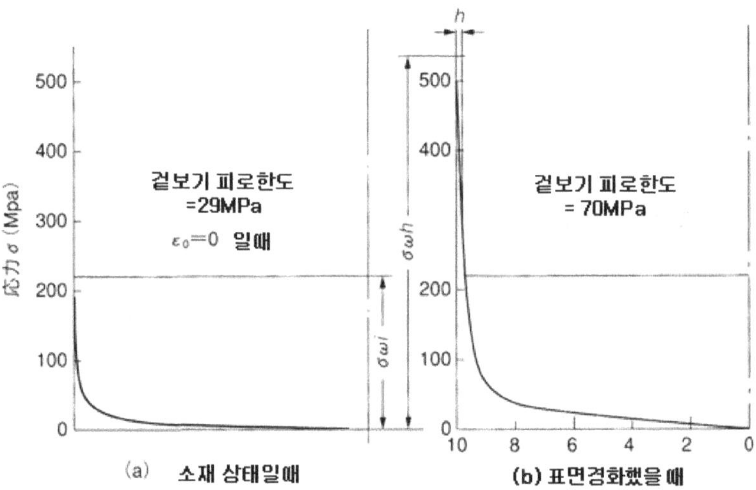

그림 6.5 노치시험편(α=7.65)인 경우의 피로한의 구하는 방법[5)]

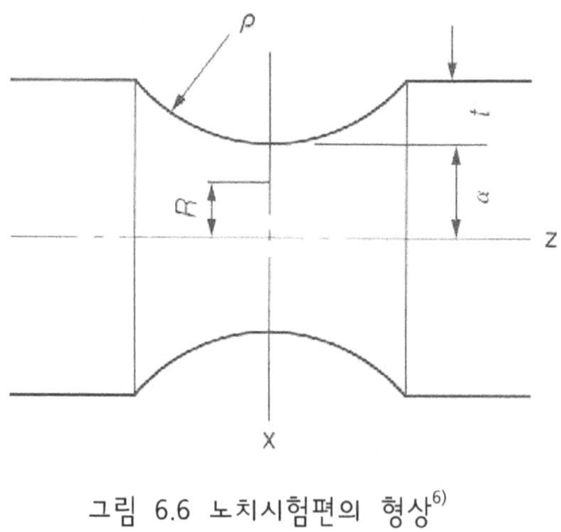

그림 6.6 노치시험편의 형상[6)]

따라서, 표면경화하지 않은 경우의 α_{w1}은, 평활재의 피로한도 220 MPa을 7.65로 나눈 29 MPa이 되고, 이 값은 ϵ_0=0의 경우이며, 소형시험편에 있어서는 ϵ_0〉0이기 때문에, 29 MPa보다 크게 된다. 예를 들어 h=0.3 mm의 경화층을 주고, 전술한 그림 6.3과 같이 생각하면, σ_{wh}=540 MPa, σ_{wi}=220 MPa이 된다. 이 경우 (b)에 나타낸 것처럼, 표면의 경화층과 내부의 비경화층이 동시에 파괴할 피로한도는 70 MPa이다. 즉, 미경화처리재의 2.41배(7/2.9=2.41)의 값이 된다. 이러한 경향은 실제로 설계 등을 행할 경우에는, 상당히 중요한 것이다. 예를 들어 $\alpha = 1$(평활재)의 경우에는, a=10 mm의 시험편에 h=0.3 mm의 경화층을 생성시킨 경우, hc보다 작은 경화층 깊이의 피로한도는,

$$\sigma_{w0} = \sigma_{wi} \times a/(a-h)$$

식에서, 각각의 숫자를 대입하면,

$$a/(a-h) = 10/10-0.3 = 10/9.7 = 1.03$$

이 된다.

즉, 노치재의 경우는 α가 1보다도 크게 되어, 평활재에 비해서 높은 피로한도를 나타내는 것이 된다. 이와 같이 표면경화재에 있어서는, 동일한 경화층 깊이의 경우, 평활재와 노치재의 피로한도가 다르고, 노치재의 경우가 높은 피로한도를 나타낸다. 즉, 상술한 피로한도계산식에서도 알 수 있듯이, α가 커지게 되면 될수록, 얕은 경화층 깊이에서도 높은 피로한도가 얻어진다. 실제로 표면경화처리를 적용하는 경우는 중요한 팩터의 하나이다. 이러한 경향은 소형시험편의 경우에 적용되는 것이고, 대형시험편의 경우에는, 재료의 종류, 부품의 형상, 잔류응력 등에 의해서도 값이 다르기 때문에, 더욱더 계산식은 복잡하다.

표면경화재에 있어서의 피로강도산출법에 대해서 개략적으로 해설했는데, 평활재, 노치재를 불문하고 높은 피로한도를 얻고 싶은 경우는,

① σ_{wh}가 σ_{wi}에 비교해서 큰 표면경화처리법을 선택한다.

② h가 a에 비교해서 가능한 한 커지도록 하는 표면경화법을 선택한다.

즉, σ_{wh}가 높은 표면경화법은 질화 → 고주파담금질 (화염담금질, 침탄) → 표면압연(쇼트피닝) 순이다. 또, h가 a에 비교해서 큰 순서는 고주파담금질 → 표면압연 → 화염담금질 → 침탄 → 쇼트피닝 → 질화처리이다.

6.2 표면경화재의 균열발생기구

여러 가지 방법에 의해 표면만을 경화한 각종의 부재는, 주로 내마모성의 향상이 목적인데,

① 표면의 경도상승에 의한 강도의 증가
② 반복부하응력에 의한 가공경화
③ 큰 압축잔류응력의 생성에 의한 균열발생의 지연

등의 이유에 의해, 내피로성의 향상에도 효과적이다.

또, 피로균열의 발생은 통상의 경우, 큰 전단응력을 받는 최표면에 생기는 경우가 많지만, 표면경화재의 경우는, 부하응력의 크기와 경화층깊이에 의해, 반드시 표면에서 균열이 발생하는 것이 아니라, 내부에서 발생하는 경우가 있다. 이하 표면경화재에 있어서의 균열발생기구에 대해서 개략적으로 해설한다.

사용부재에 반복부하응력이 작용하면, 미크로적으로는 전위의 운동에너지의 대소에 의해, 최표면에 슬립선이 발생하여, 그 밀도가 증가함과 동시에, 슬립폭이 넓어져, 균열로 발달한다. 또, 매크로적으로는, 최대전단응력을 받는 표면이, 돌출과 들어감에 의해 미시균열로 된다. 이와같이 표면에 미시균열이 일단 발생하면, 부하응력의 반복에 의해 미시균열이 성장하고, 거시적인 균열로 되어 결정립계나 입내를 진전한다. 따라서, 전술한 바와 같이, 피로에 의한 균열발생기점은, 최표면에 존재하는 것이 일반적이다.

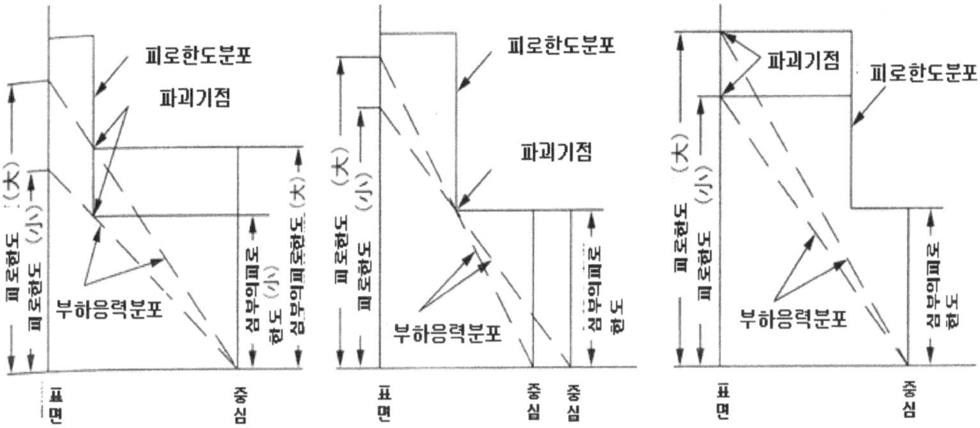

(a) 경화의 비율이 小 (b) 경화의 비율이 中 (c) 경화의 비율이 대

그림 6.7 표면경화재의 피로파괴모델 그림 (평활재의 경우)[7)]

그러나 전술한 것처럼 표면경화처리재의 경우는 부하응력의 크기, 경화층의 깊이 혹은 잔류응력분포, 가공경화의 정도 등의 차이에 의해 균열의 발생기점이 표면뿐만 아니라, 내부에서 발생하는 경우가 있다. 이것을 피쉬아이형(물고기의 눈) 파괴기구라고 부른다.

그림 6.7은 반복 굽힘응력을 부하한 경우의, 평활재에 있어서의 피로파괴모델을 표시한 것이다[7)]. 즉, 비교적 경화층 깊이가 (a), (b)와 같은 얕은 경우는, 균열발생기점이 내부에 존재하고, 경화층깊이와 가공에 의한 경화가 강도향상에 기여한다. 또, (c)와 같이 표면이 파괴 기점이 될 경우에는, 경화층 깊이나 압축잔류응력이 피로강도의 향상에 큰 영향을 미친다. 따라서, 파괴파면을 관찰하면, 균열발생기점의 위치가, 표면에 존재하고 있는가, 내부에 존재하고 있는가, 또 내부라도 표면으로부터의 위치에 의해서도, 부하응력에 대해 경화층깊이가 적절한가, 부적절한가, 응력집중원이 있는가 없는가를 판단하는 것이 가능하다.

6.3 고주파담금질재의 피로강도

6.3.1 피로강도에 미치는 원조직(열처리하기 이전의 조직)의 영향

고주파담금질의 경우는, 마르텐사이트변태에 의한 표면의 경도상승이기 때문에 표면은 완전담금질이 원칙이다. 따라서 고주파가열은, 급속가열·냉각이기 때문에 표면층을 완전히 오스테나이트화할 필요가 있고, 담금질에 있어서 가열전의 금속조직이 크게 영향을 준다. 그림 6.8은 원조직을 바꾼 S45C강의 파단경도분포를 나타낸 것이다[8]. 그림에서도 분명하듯이 표면근방의 경도는 현저한 원조직 의존성을 나타내지는 않지만, 유효경화층의 깊이에 있어서는 큰 차이를 보이고 있다. 즉, 전처리로서 담금질·뜨임을 행하고, 균일한 소르바이트조직으로 한 것이 가장 깊고 페라이트 32%, 45%로서 그 양이 증가함에 따라, 유효경화층이 얕아지는 경향을 보인다. 이러한 경향은 페라이트 매트릭스 속으로, 시멘타이트로부터의 탄소 고용량에 기인하는 것이다.

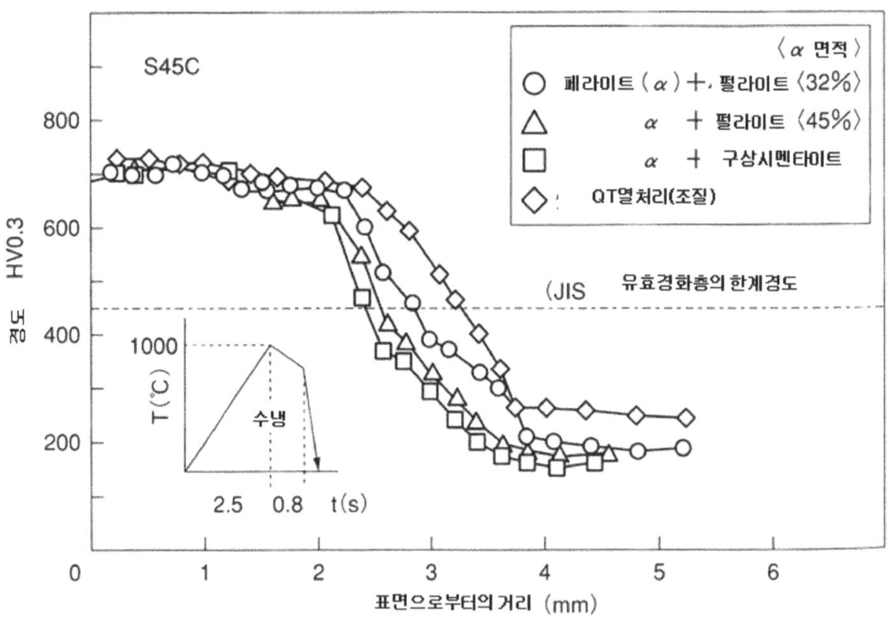

그림 6.8 고주파담금질한 S45C의 경도분포에 끼치는 원조직의 영향[8]

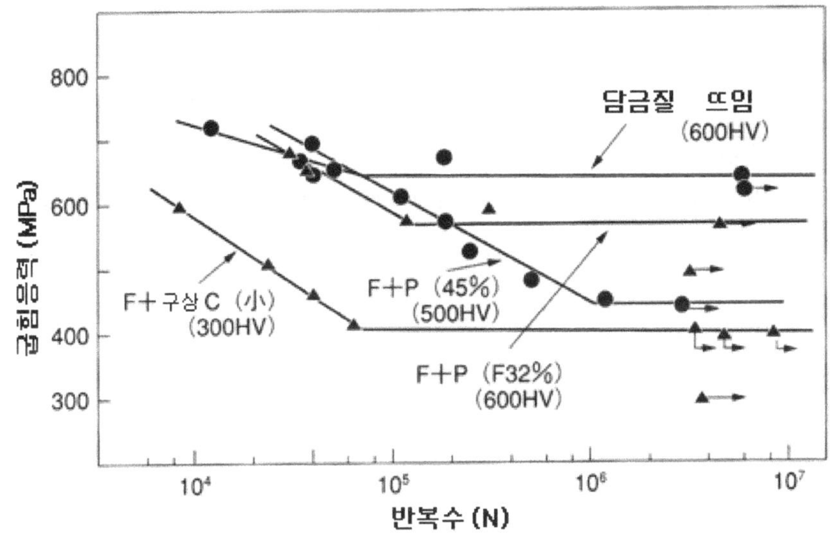

그림 6.9 원조직이 다른 S45C강의 고주파담금질 후의 회전굽힘 피로강도[9)]

또, 그림 6.9는 같은 시료에 대해서, 굽힘피로시험에서의 S-N곡선을 구한결과이다[9)]. 이 결과에 의하면, 담금질·뜨임을 행하여 균일한 마르텐사이트 조직으로 만든 것이 650 MPa으로 가장 높은 피로한도를 나타내고, 페라이트가 32% 존재한 것이 다음으로 높은 약 600 MPa이며, 페라이트양이 많은 45%가 되면 450 MPa까지 저하한다. 또, 페라이트와 미세한 구상시멘타이트가 존재하는 경우는, 더욱 피로한도가 저하하여 400 MPa정도로 된다.

이러한 현상은, 마르텐사이트 속으로 고용한 탄소량에 의해 큰 영향을 받는 것이며, 페라이트량이 많은 경우는, 급속히 오스테나이트화 되기 때문에 펄라이트 중의 시멘타이트가 페라이트에 고용하는 양이 적어, 불완전 담금질조직이 되고, 강도가 부족하기 때문에, 피로강도가 저하한 것으로 생각된다. 또, 미세한 구상시멘타이트의 경우는 표면장력에 의해 오스테나이트 속으로의 고용량이 적고, 탄화물이 미용해로 잔존해있기 때문에, 노치계수가 작아지는데도 불구하고, 피로한도가 저하하는 것으로 생각된다.

표 6.1은 노치선단의 곡률반경을 0.25 mm로 한 경우, 담금질전의 금속조직이 고주파담금질 후의 σ_{w2}에 어떠한 영향을 미치는가를 검토한 결과이다[10)]. 이 실험

표 6.1 고주파담금질 전의 조직이 σ_{w2}에 미치는 영향[10)]

시편형상	담금질 전의 열처리	σ_{w2}[MPa]
ρ=0.25 mm d=9.5 mm	불림 담금질 후 600℃ 뜨임	560 560
ρ=0.25 mm d=9.6 mm	850℃에서 30 min 풀림 900℃에서 30 min 풀림 1000℃에서 560 min 풀림 1100℃에서 560 min 풀림	약 490 약 450 약 450 약 350
ρ=0.25 mm d=10 mm	압연인 채로	최고 410
ρ=0.25 mm d=11 mm	불림	최고 600

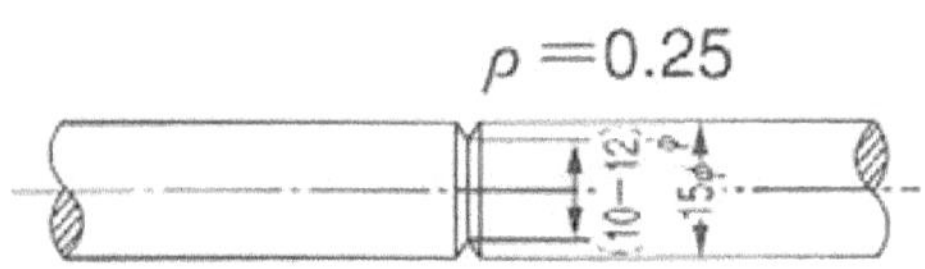

V형노치시험편(0.41% C 강)

결과는 고주파담금질 시의 원조직이 소둔에 있어서도, 또 담금질·뜨임을 행한 조질재라면 σ_{w2}에는 변화가 인정되지 않는 결과이다. 이러한 결과는 실험조건에 의해 다른 값을 나타내는 것이라고 생각되지만, 현상에 있어서는 차이가 생기고 있는 실험 데이더가 적다. 그러나 前조직으로서 결정립이 조대화할 것 같은 열처리방법은 σ_{w2}가 저하하는 경향을 나타내기 때문에 피하는 편이 좋다.

6.3.2 피로강도에 미치는 가열유지시간의 영향

후술하겠지만, 고주파담금질을 적절히 행하면, 평활재보다도 오히려 노치재의 피로강도를 향상시킬 수가 있다. 이 주요한 원인은 표면경화에 의해 미세한 마르텐사이트의 생성, 그에 따른 경도의 상승 및 결정립의 미세화 등의 재질적 개선, 특히 표면에 존재하는 압축잔류응력이다. 이 중 재질의 개선에 대해서는 급속가열·냉각의 특징을 충분히 발휘하도록 적절한 조건을 선택해 처리를 행하고, 또 잔류응력에 대해서도 변형계나 X선을 이용하면 용이하게 측정 가능하다.

그림 6.10은 고주파담금질에 있어서 가열유지시간과 평활재의 피로한도의 관계를 나타낸 것이다[11]. 그림에서 알 수 있듯이, 가열유지시간에는 적절한 시간이 존재하여, 보다 짧은 경우는 페라이트가 잔류하고, 또 장시간이 되면 마르텐사이트의 침상정이 성장해서 취성이 생긴다. 최적가열유지시간은 탄소량이 많을수록 짧고, 저탄소강일수록 길게 유지할 필요가 있다. 고탄소강, 저탄소강의 선택은 고주파담금질 기술의 습득도에도 의존하지만, 저탄소강의 경우가 용이하고, 또 큰 부하응력이 작용하는 것과 같은 전동운동, 충격피로의 경우 등은 저탄소강의 경우가 무난하다. 더욱이 그림에서 횡축을 유효가열시간으로 했는데, 고주파담금질의 경우 처음부터 일정온도로는 되지 않고, 가열시간과 함께 서서히 담금질온도까지 가열시키기 때문

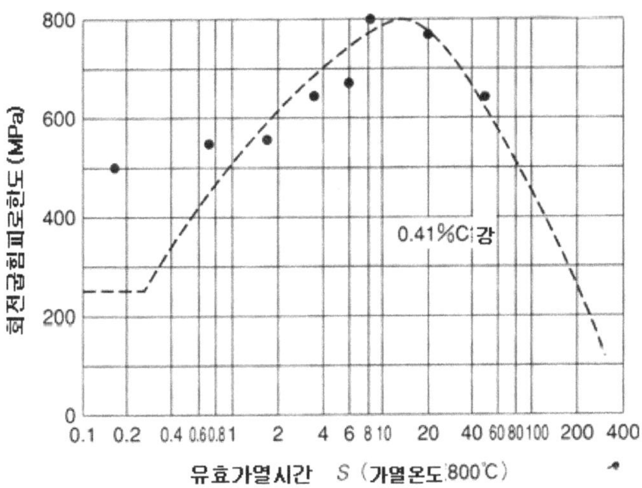

그림 6.10 유효가열시간과 평활재의 피로한도의 관계[11]

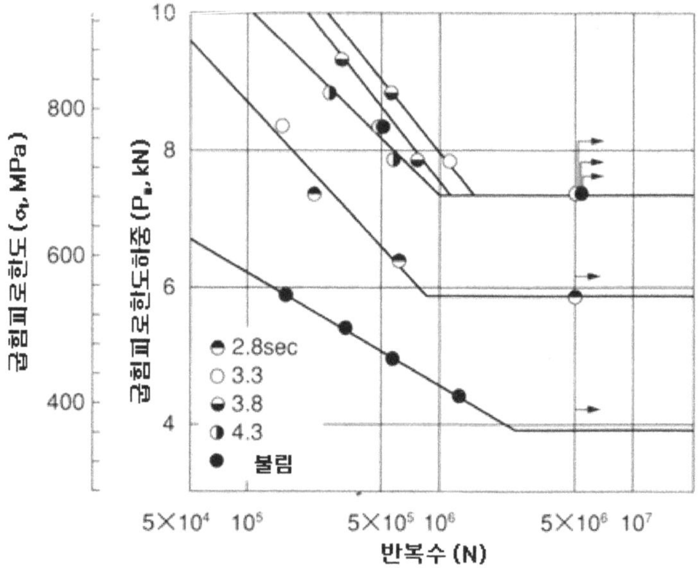

그림 6.11 기어의 굽힘피로에 있어서의 S-N곡선[12)]

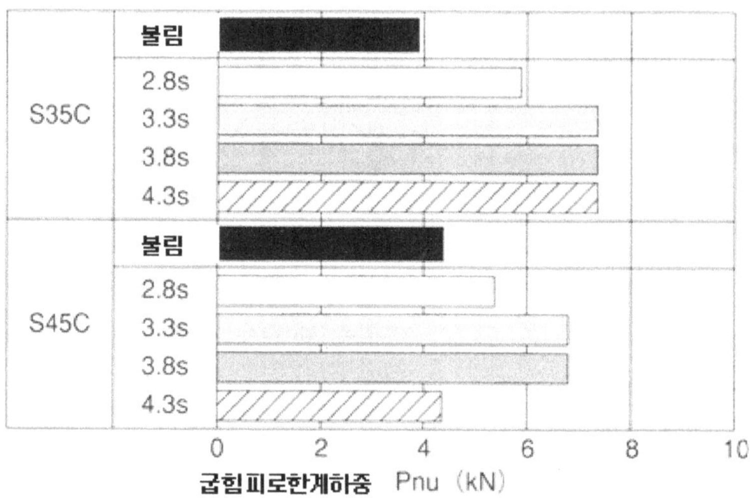

그림 6.12 고주파담금질에 있어서의 가열유지시간과
굽힘피로한계하중의 관계[13)]

에, 이것을 일정온도로 처음부터 유지했을 때의 효과적인 가열시간으로 가정한 것이다. 또 그림 6.11도 가열유지시간의 영향을 검토한 예이다[12]. S35C강을 이용해서 기어를 만들고, 굽힘피로시험을 한 결과를 나타낸 것이다. 이 결과에 의하면, 가열유지시간이 3.3~4.3 sec에 있어서 시간강도는 약간의 차가 나타나지만, 피로한도에 있어서는 같은 정도의 값을 나타내고, 보다 단시간의 경우는 피로한도가 낮다.

그림 6.12는, 그림 6.11과 같은 조건으로 고주파담금질을 행하고, 굽힘피로한계하중(Pnu)를 구한 결과이다[13]. 그림에서 알 수 있듯이, Pnu는 어떤 가열온도에 있어서 가장 크게 되어, Pnu에 대한 최적가열유지시간이 존재하는 것을 알 수 있다. 이와 같이 적절한 가열유지시간을 선택하면, S35C강에서 조질강기어의 약 1.9배, S45C강에서는 1.6배의 수명이 향상된다.

6.3.3 피로강도에 미치는 뜨임온도의 영향

고주파담금질 후, 뜨임온도를 바꾸면 경도의 저하와 함께 압축잔류응력도 약간 감소한다. 그림 6.13은 뜨임온도를 변화시킨 경우, 압축잔류응력이 σ_{w2}의 향상에 효과적이라는 것을 간접적으로 나타낸 실험 예이다[14]. 0.41%C강을 이용해 노치시험편을 만들고, 고주파담금질을 한 후, 각 온도에서 뜨임을 행했을 때의 피로시험결과를 나타낸 것이다.

이 결과에 의하면 전기로를 이용해 전체가열담금질을 행한 강은 뜨임온도가 상승하더라도 현저한 변화가 확인되지 않은 것에 반해, 고주파담금질에서는 뜨임온도의 상승에 수반하여, σ_{w2}가 저하하는 경향을 나타낸다. 즉, 전기로가열담금질의 경우는 일반적인 개념으로서, σ_{w0}(평활재의 피로한도비)는 σ_B(인장강도)에 대체로 비례하고, 또 노치재에 있어서도, 노치계수에 있어서의 β_K도 σ_B값이 높을수록 크게 되는 것이 알려져 있다. 따라서 σ_{w2}는 σ_{w0}/β_K이기 때문에 σ_B의 변화에 의해 그다지 변화하지 않는 것이 된다. 즉, 뜨임온도가 높아질수록, 인성은 증가하지만 σ_B, 경도, 그리고 σ_{w0}도 감소한다.

이러한 현상과 동시에 β_K도 감소하기 때문에, σ_{w0}/β_K로 나타내어지는 σ_{w2}는 그다지 변화하지 않는 것이 된다. 이것에 대해 고주파담금질의 경우는, 로가열전체

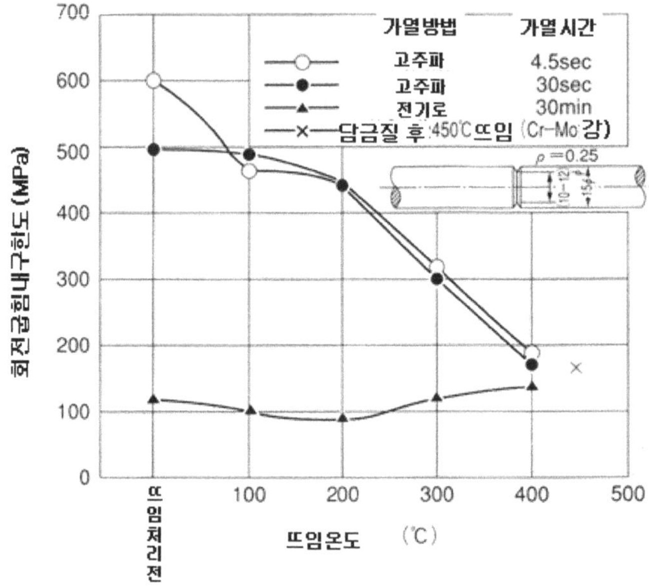

그림 6.13 V형 시험편의 σ_{w2}와 뜨임온도와의 관계[14)]

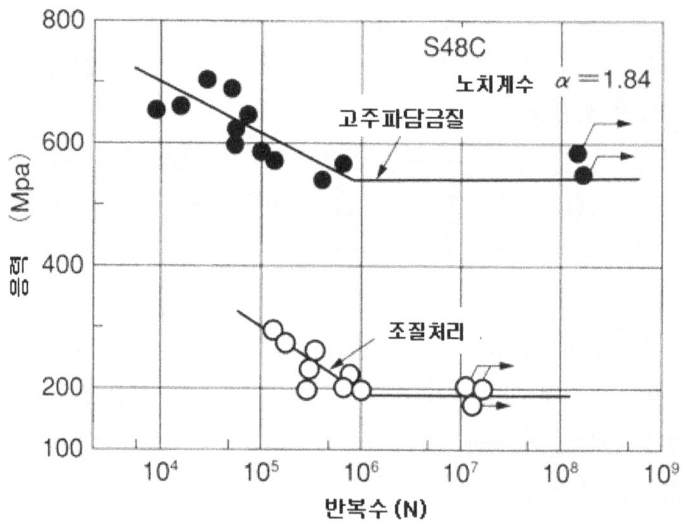

그림 6.14 고주파담금질한 S48C의 회전굽힘피로시험에 의한 S-N곡선 (유효경화층깊이: 1.5 mm)[17)]

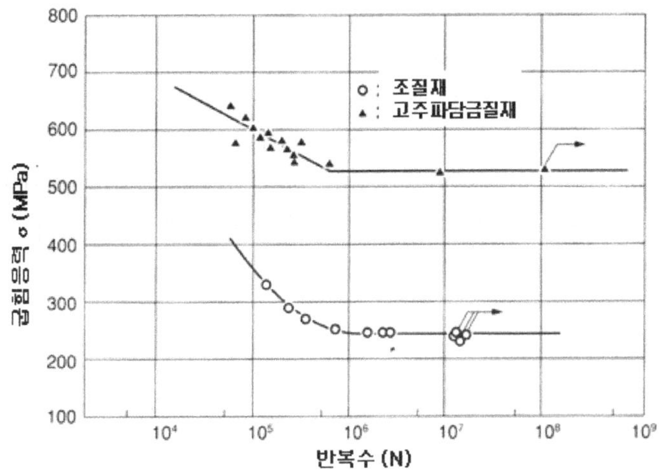

그림 6.15 고주파담금질한 SCM435의 S-N곡선 (노치시험편) 유효경화층깊이 1.5 mm[18)]

담금질과 전혀 다르고, 뜨임온도의 상승과 함께 σ_{w2}는 거의 직선적으로 감소하는 경향을 보이고, 450℃정도에서 로가열의 경우와 일치한다.

이러한 현상은, 그림 6.15에 나타낸 바와 같이, 표면의 압축잔류응력도 뜨임온도의 상승에 따라, 거의 직선적으로 감소해가서 450℃정도의 온도에서 완전히 소실된다. 이러한 현상을 생각하면 노치저면의 압축잔류응력은 σ_{w2}에 현저하게 관계하고 있는 것으로 이해할 수 있다. 또 그림 6.15에서도 알 수 있듯이, 고주파담금질에 있어서는 표면담금질(4.5 sec)에서도 quenching담금질(30 sec)이라 하더라도 σ_{w2}가 현저히 상승하고 있는 것으로부터, 최적조건을 얻으면 표면경화에 구애될 필요가 없다는 것을 시사하고 있다. 그러나 표면의 잔류응력이 압축이 되도록 주의하고, 급속가열·냉각에 의해서 표면의 성질을 살리도록 조건을 선택하면 경화층깊이는 큰 편이 좋다.

6.3.4 피로강도에 미치는 경화층깊이의 영향

피로강도에 미치는 고주파담금질의 영향에 대해서는 오래 전부터 많은 정보가 있다[15-16]. 고주파담금질은 급속가열·냉각에 의한 표면경화이기 때문에 담금질된 경화층은 로가열에 의한 경우보다도 담금질경도가 높다. 또 결정립이 미세하고, 큰 압축잔류응력이 생성되기 때문에 현저하게 피로특성이 개선된다. 그림 6.14는 S48C[17], 그림 6.15는 SCM435[18]를 이용하여 유효경화층깊이=1.5 mm로 한 경우의 노치재에 있어서의 S-N곡선을 나타낸 것이다. 조질에 의한 데이터도 함께 기술했는데, 양자를 비교하면 탄소함유량의 차이에 의해 표면경도가 약간 달라 피로한도 값에 차이를 알 수 있는데 어느 것의 경우도 모두 조질 후, 고주파담금질을 행한 것에 의해 현저한 피로강도의 향상이 인정된다.

고주파담금질재의 피로강도는 표면경도나 압축잔류응력의 생성과 함께, 경화층깊이도 현저하게 영향을 미친다. 그림 6.16은 SCM440H재를 이용하여, 경화층깊이를 변화시킨 경우의 비틀림피로시험에 있어서의 S-N곡선을 나타낸 것이다[19]. 그림에서도 알 수 있듯이, 유효경화층깊이 3.9~6.0 mm범위에 있어서는 경화층깊이가 두껍게 될수록 시간강도, 피로한도 모두 향상하는 경향을 나타낸다. 또 그림 6.17은 S40C에 있어서의 노치시험편에 대해서 각각 유효경화층깊이를 바꾼 경우의 회전굽힘피로강도곡선이다[20]. 어느 경우도 모두 고주파표면담금질에 의해서 피로한도가 증가하고, 경화층깊이가 두꺼워질수록 증가경향도 현저하다. 또 고주파담금질부가 노치부 전체에 미치는 경우에는, 피로한도의 개선은 평활재와 같은 경

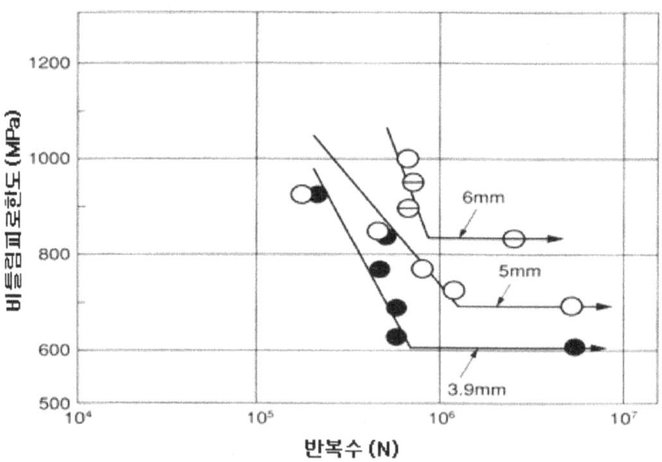

그림 6.16 고주파담금질에 있어서의 경화층깊이와 비틀림피로강도의 관계(SCM440H)[19]

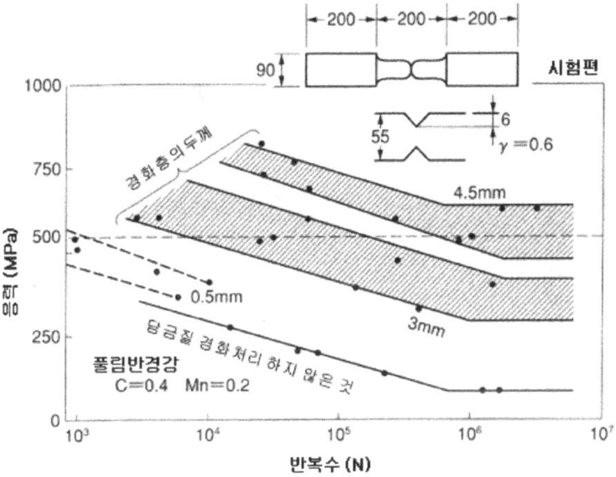

그림 6.17 경화층깊이가 다른 노치시험편의 회전굽힘피로강도[20)]

향을 알 수 있으나, 경화부가 노치 저면을 벗어나고 있는 경우에는 반대로 피로강도가 감소한다. 이러한 이유는, 경화영역근방에 발생한 인장응력이 노치 저면에 작용한 것으로 생각되어진다.

이와 같이 피로강도의 감소효과를 방지하기 위해서는, 구석 부분에서는 경화영역을 전체적으로 피복하듯이 하던지, 그렇지 않으면 구석부분에서 상당히 떨어진 부분에서, 고주파담금질을 멈출 필요가 있다.

또 그림6.18은 경회층 깊이비를 바꾼 시험편의 비틀림피로한도의 결과이다[21)].

유효경화층깊이 2.4 mm의 SCM440H강을 이용하여 경화층깊이와 내부의 비경화부와의 비의 관계를 비틀림피로한도로 플로트한 것이다. 그림에서 알 수 있듯이, 경화층깊이비가 커짐에 따라서 피로한도도 상승하고, 파괴기점이 내부에서 표면으로 이동한다. 이러한 경향은 표면에 생성한 압축잔류응력 (-900~-1200 MPa)에 기인하고, 반복에 의한 부하응력의 감쇠가 크게 영향을 미치고 있다. 따라서 고주파담금질의 경우는 피로한도의 향상인자로서 경화층의 깊이를 두껍게 하는 것을 들 수 있다.

이상과 같이 경화층깊이와 피로강도의 관계는 균열진전속도보다도 오히려 균열발생에 기인하고, 경화층깊이가 두꺼워 질수록 균열발생까지의 시간이 지연되는 것으로 생각되어진다. 이와 같이 경화층 깊이가 두꺼워질수록 피로강도가 상승하는 주요한 요인은 고주파담금질에 의해서 표면경도가 상승할 것, 또 표면근방에는

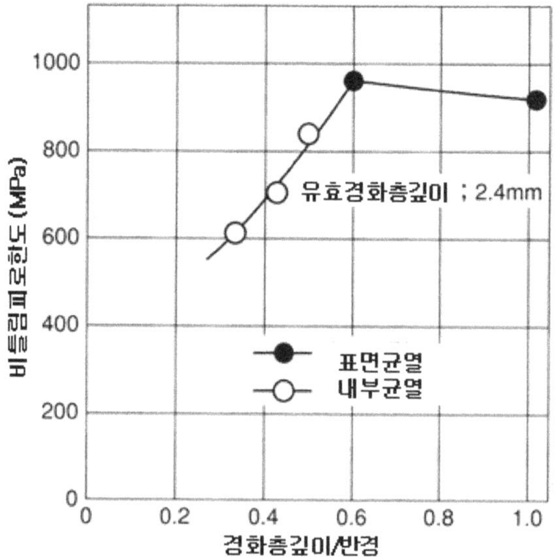

그림6.18 경화층깊이비와 비틀림피로한도의 관계(SCM440H)[21)]

마르텐사이트 변태에 의해 큰 압축잔류응력이 생성하여 균열발생을 지연시키고 있는 것, 더욱이 결정립의 미세화에 의해 균열진전속도가 느려지는 것에 의한 것으로 생각할 수 있다.

그림 6.19는 윤곽담금질한 S45C강의 기어에 대해서, 기어굽힘피로강도에 미치는 치원(이뿌리)경화층깊이의 영향을 검토한 것이다[22)]. 경도 300 HV으로 조질한 후, 주파수와 전압을 여러 가지로 바꾸어 경화층깊이를 변화시켰다. 또, SCM420강을 이용하여 침탄담금질 및 침탄담금질한 후 소트피닝을 행한 데이터도 함께 기술하였다. 고주파담금질재에 있어서는, 0.33~1.0 mm의 범위에서는 침탄담금질 기어보다도 전체적으로 높은 굽힘피로한도를 나타내어, 기어의 경도층이 깊어지면 피로강도는 높아지고 0.82 mm에서는 1450 MPa을 나타내고 있다. 이 값과 0.45 mm를 비교하면, 약 50%나 상승하고 있다. 이 값은 침탄담금질+쇼트피닝한 기어와 같은 값이다. 또, 1.0 mm의 피로한도는 0.45 mm보다도 높은 값이지만, 1150 MPa으로 저하하는 경향을 보인다. 이러한 현상은 표면의 잔류응력의 차이에 기인하는 것으로 그림 6.20에 나타내듯이 1.0 mm의 경우는 이뿌리의 압축잔류응력이 -585 MPa로 작아졌기 때문이라고 생각되어진다.

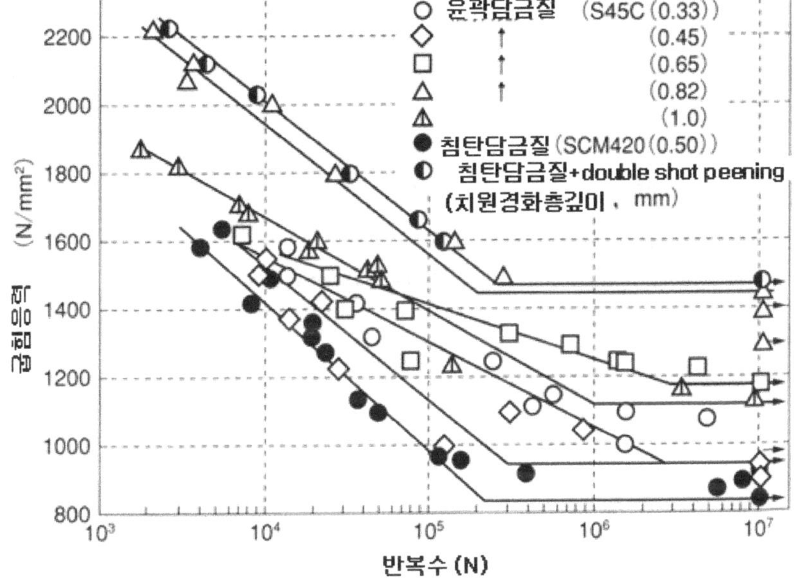

그림 6.19 치원(이뿌리) 굽힘피로시험결과 (S45C조질재)[22)]

이와 같이 고주파담금질에 의한 피로한도의 개선은 담금질경화층의 마르텐사이트 변태와 내부의 피경화부에 의해서 표면에 생긴 압축잔류응력에 기인하는 것으로 생각할 수 있다. 또, 기어의 굽힘피로강도에서는 주파수, 전력을 일정하게 하여 가열유지시간만을 바꾸어 고주파담금질한 피로한계하중을 구한 보고가 있다. 이 결과에 있어서는 적절한 가열시간으로 처리하면, S35C조질강의 약 1.9배, S45C강에서는 약 1.6배 향상한다고 한다. 따라서 고주파담금질의 경우는 피로한도의 향상인자로서 경화층의 깊이를 두껍게 하는 것을 들 수 있고, 이러한 경향은 노치재도 같은 양상이지만, 담금질에 의한 경화영역이 노치 저면을 벗어난 경우에는 반대로 피로한도는 저하한다. 이 이유는 경화영역과 피경화부의 경계 근처에 발생하는 인장응력이 노치저면에 작용하기 때문이다.

이러한 결과로부터 윤곽담금질기어의 이뿌리굽힘피로강도에 미치는 경화층 깊이의 영향에 대해서는 이뿌리경화층깊이를 1 mm정도까지 깊게 한 경우가 피로시험중의 잔류응력의 감쇠가 적고, 또 이뿌리경화층깊이 0.82 mm에서 50 MPa이나 높은 피로한도가 얻어지는 것이 명확히 되고 있다[23)].

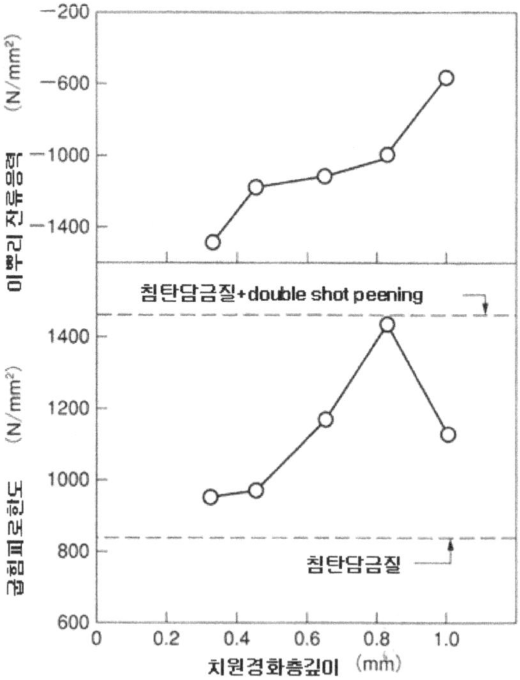

그림 6.20 치원(이뿌리) 경화층 깊이와 잔류응력 및 피로강도와의 관계[23)]

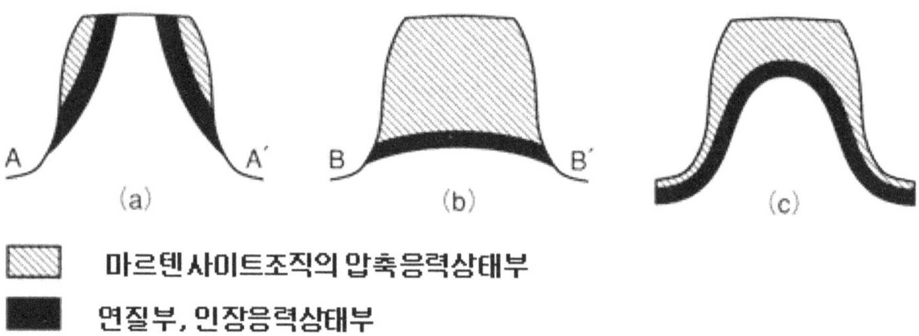

그림6.21 기어에 있어서의 톱니부의 고주파담금질 깊이에 따른 응력분포[24)]

그림 6.21은 기어에 있어서 톱니부의, 담금질 깊이에 따른 응력분포를 나타낸 것이다[24]. (a)와 같은 고주파담금질경화법은 톱니수나 모듈 등에 의해 행하여지는 경우도 있지만 일반적으로는 담금질이 불충분한 경우이고, AA′부분에 피로파괴의 위험성이 있다. 또, (b)는 담금질이 지나친 경우이다. 전체적으로 취성적으로 되기 쉽고, BB′부가 피로파괴의 기점으로 된다. (c)는 적절한 담금질경화방법이고, 내부의 피경화부가 표면에 도달하지 않는다.

6.3.5 피로강도에 미치는 잔류응력의 영향

최대전단응력을 받은 표면에 균열이 발생하여, 그 균열이 진전해서 파괴하는 현상은 일반적인 것이다. 따라서 피로강도를 향상시키기 위해서는 표면이 중요한 역할을 하고, 표면경화처리는 표면의 특성을 바꾸는 가장 좋은 방법의 하나이다. 표면경화처리의 공통적인 사항으로서는,

① 표면처리에 의한 피로강도의 상승은, 처리에 의해 생기는 압축잔류응력과 표면층의 재질 개선

② 노치, 표면거칠기 그 외의 이유에 의해 응력구배가 현저한 경우는 표면경화가 특히 현저하다.

③ ①과 밀접한 관계가 있는데, 표면에 존재하는 압축잔류응력 때문에 σ_{W1}과 σ_{W2}간의 차이가 일반적으로 크다.

등을 들 수 있다.

여기서 σ_{W1}는 노치저면에 피로균열이 발생하는 최소응력진폭, σ_{W2}는 발생한 피로균열이 진진하지 않고, 피로파괴가 생기지 않는 응력진폭의 최대치이다.

그림 6.22는 고주파담금질한 노치재의 잔류응력의 추정도이다[25]. 이 잔류응력분포와 경도의 추이곡선을 알면 노치재의 응력집중률 및 내부응력을 추정하는 것이 가능하고, σ_{W1}과 σ_{W2}도 구할 수 있다. 그림 6.23은 평활재에 있어서의 피로한도비와 경도의 관계를 나타낸 한 예이고[26], 여기서는 안전측을 잡아, 분포의 최소값으로 했다. 표면에서의 경도 분포와 전술한 그림 6.1로부터 잔류응력의 영향을 고

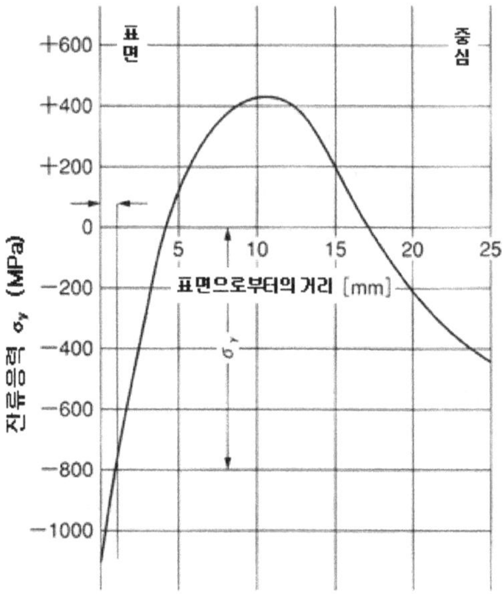

그림 6.22 고주파담금질한 노치시험편의
잔류응력추정도[25)]

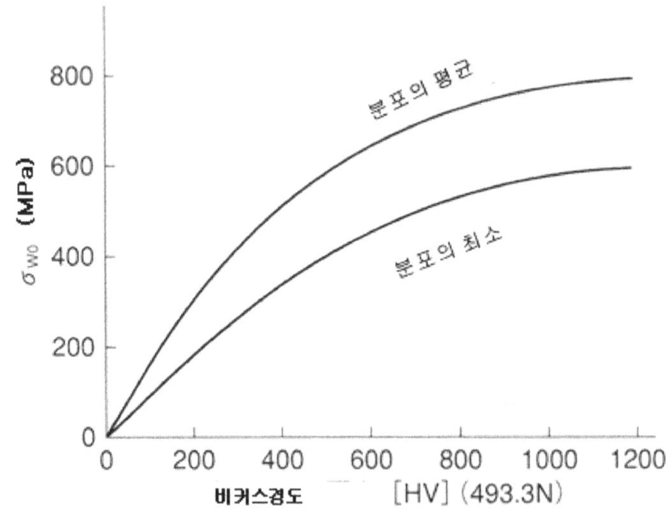

그림 6.23 경도와 평활시험편의 피로한도의 관계[26)]

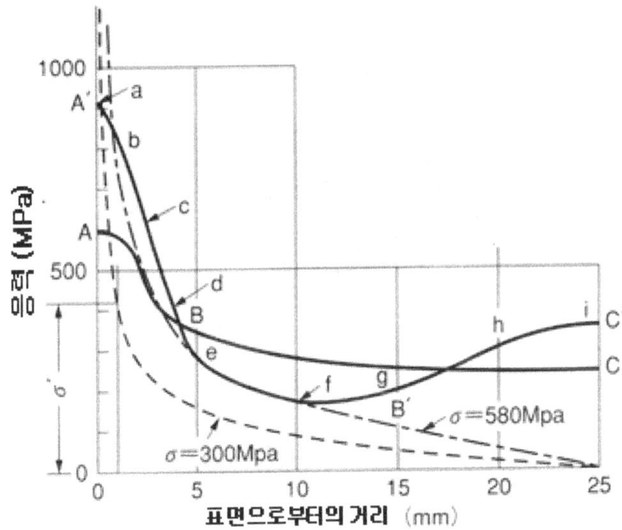

그림 6.24 고주파담금질 V형 시험편 내부의 피로한도의 분포와 외력에 의한 응력분포[27)]

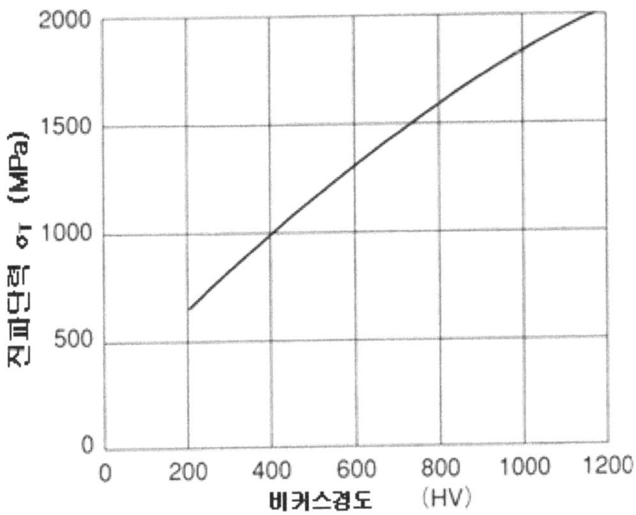

그림 6.25 경도와 진파단력의 관계추정도[28)]

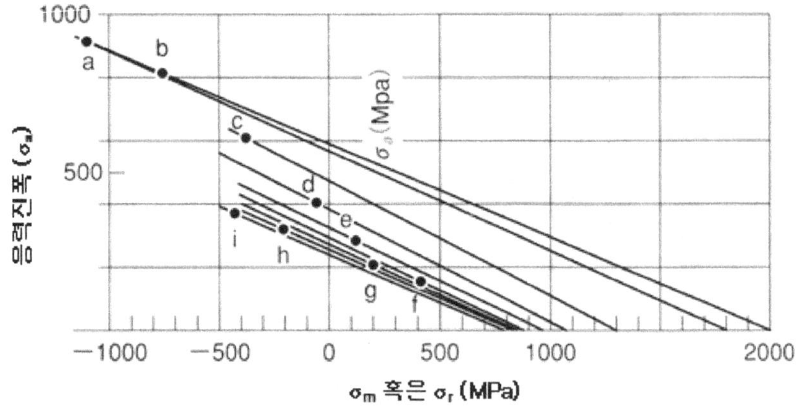

그림 6.26 평균응력(σ_m) 또는 잔류응력σ_r과 응력진폭(σ_a)의 관계[29)]

려하지 않을 때의 내부 피로한도는 그림 6.24의 곡선ABC와 같이 된다[27)]. 다음으로 잔류응력을 고려한 피로한도비를 구하면, 그림 6.22로부터 잔류응력이, 또 그림 6.1로부터 $\sigma_\gamma = 0$일 때의 피로한도비를 알 수 있다. 또 경도와 진파단력의 관계가 그림 6.25에서 알 수 있으면[28)] 그림 6.26과 같이 잔류응력을 고려한 경우의 피로한도분포를 구할 수 있다[29)].

고주파담금질은 전술한 것처럼, 평활재의 피로강도도 향상시키지만, 특히 노치재의 피로강도(특히 σ_{W2})를 현저히 상승시킨다. 이것은 표면에 생성한 압축잔류응력의 영향이 주요한 원인이다. 그림 6.27은 0.41%C강에서 작성한 직경 40 mm, 길이 70 mm의 원주시험편을 사용하여 중앙부 20 mm의 폭에 걸쳐 고주파담금질하고, 뜨임한 온도를 바꾼 경우의 잔류응력과 경도의 관계를 구한 결과이다[30)]. 이 결과에 의하면, 뜨임한 온도의 상승에 따라 경도, 잔류응력 이 함께 감소하는 경향을 보이고, 450℃정도의 온도에서 잔류응력은 소실하고 있다. 더욱이 강종에 따라서는, 더욱더 고온이 되지 않으면 잔류응력이 소멸하지 않는 것도 있지만, 어쨌든 철강재료의 경우는 응력제거풀림 온도가 580℃ 전후인 것으로부터, 이 온도까지 가열되면 잔류응력은 소멸한다. 또, 잔류응력의 소실은 온도의 영향뿐만 아니라, 반복응력에 의해서도 변화한다. 이 경우의 기준으로는

$$|\sigma_a| + |\sigma_\gamma| = k\sigma_s\,(k \le 1) \text{ 이다}$$

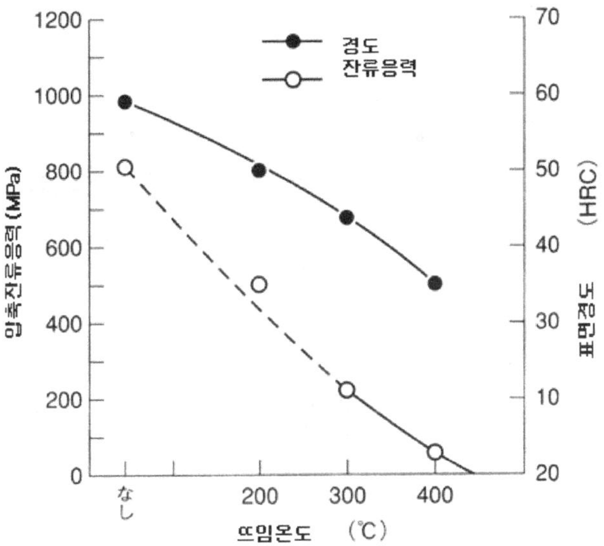

그림 6.27 고주파담금질 후 각 온도에서 뜨임했을 경우의 잔류응력과 표면경도의 변화[30]

이 경우 σ_a: 응력진폭, σ_γ: 잔류응력, σ_s: 항복점을 나타낸다.

고주파담금질에서는 표면이 경화되어 있기 때문에 항복점이 높고 또, 다른 표면경화처리법 (침탄, 질화, 쇼트 등)보다도 경화층을 깊게 할 수 있기 때문에 동일한 σ_a에 대해서는 반복수에 의한 잔류응력의 소실량이 적다. 그림 6.28은 그 한 예를 나타낸 것이다[31]. 직경 70 mm의 일부분에 고주파담금질을 하고 σ=280 MPa에서 3.174×10^5회 반복피로시험을 행한 후, 각 방향에 있어서의 잔류응력의 변화를 구한 결과이다. 표면에서는 $|\sigma_\gamma|+|\sigma_a|=|-445|+|280|=725$ MPa이며, 이 값은 경도에 대한 고주파담금질재의 항복점이, 대략 1110 MPa에 비하면 작고, 아직 이 정도는 응력이 잔류하고 있는 것이 된다. 노치재에 있어서의 잔류응력과 피로의 관계는 다소 복잡하다.

그림 6.29는 잔류응력분포와 응력집중을 고려한 평균응력을 가한 경우의 응력분포도이다[32]. 그림으로부터 알 수 있듯이 표면에 있어서 압축잔류응력이 감소하고 있는 것을 알 수 있다. 피로한도비에 미치는 잔류응력의 영향에 대해서는 전술한 그림 6.26을 이용하면, 시험편 내부의 피로한도분포곡선은 그림 6.30의 a, b, c,d

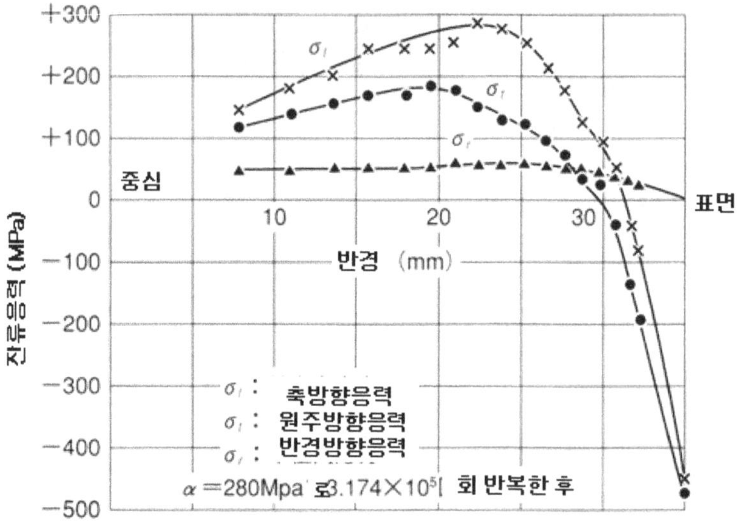

그림 6.28 피로시험 후의 잔류응력
(직경 70 mm의 시험편의 일부를 담금질)[31)]

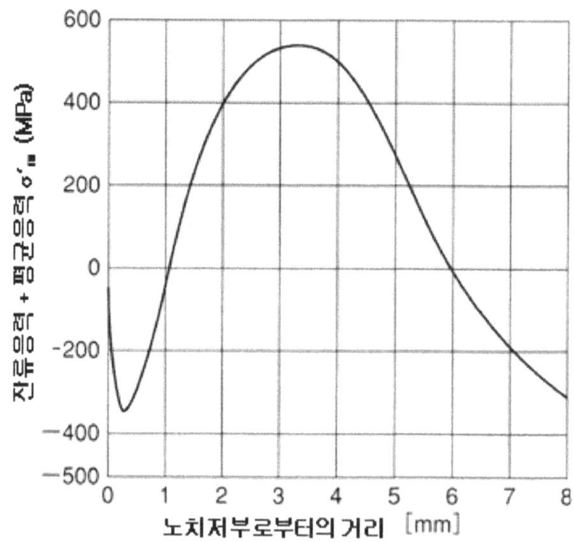

그림 6.29 응력집중을 고려한 평균응력+잔류응력의
내부에 있어서의 추정분 포도[32)]

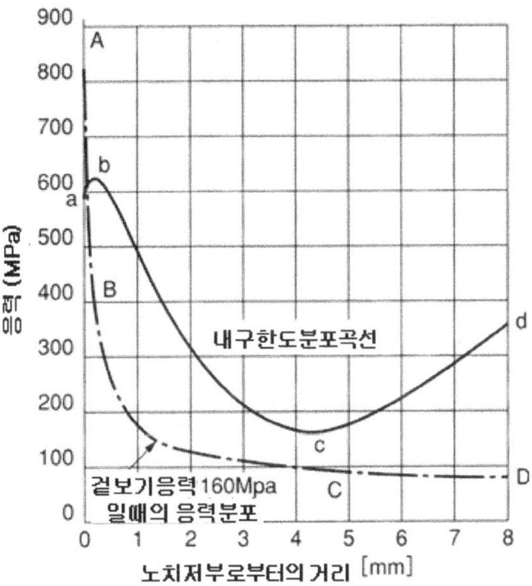

그림 6.30 편진인장피로시험의 피로한도곡선과 외력에 의한 응력분포곡선[33)]

와 같이 되고[33)], 응력진폭(겉보기응력±160 MPa)에 의한 응력분포는 같은 그림의 ABCD로 된다. 이때의 겉보기응력 σ_{W1}은 곡선 abcd와 곡선 ABCD가 교차하는 위치이다. 즉 이 위치가 노치저면에서 0.08 mm정도의 위치이다. 즉 ϵ_0=0.08 mm이다. 이 값은 많은 실험자에 의해 구해지고 있으나, 이 결과는 0.03~0.3 mm로 범위가 넓고 σ_{W2}를 구하는 경우, 어떤 값을 취할지가 문제가 되지만, 자세한 것이 불명한 경우는 0.05~0.06 mm정도의 값을 취해두면 무난하다.

6.3.6 피로강도에 미치는 표면연마의 영향

고주파담금질에 있어서의 피로강도의 향상은, 표면경도의 상승과 압축잔류응력의 생성에 의한다. 따라서 표면거칠기도 포함한 표면 상태는 피로강도를 향상시키는 중요한 인자의 하나이다. 표면연마나 절삭에 의해 표면거칠기가 미세해져서 균열의 발생이 지연되기 때문에 피로강도가 상승하는 예도 있지만, 고주파담금질

표 6.2 σ_{W2}에 대한 연마 및 절삭의 영향 (고주파담금질한 그대로)[34)]

강종	가공유무	σ_{W0}(MPa)	되돌림조건	가공방법	저하율%
C=04.1%	유 무	800 720	없음	연마	90.0
C=0.15	유 무	630 620	없음	절삭	98.5
C=0.34	유 무	620 580	300℃	절삭	93.5

표 6.3 σ_{W2}에 미치는 연마의 영향 (고주파담금질한 후)[35)]

강종	시편형상	연마혹은절삭의유무	σ_{W2} (MPa)	비고
C=0.41%강	ρ=0.25 mm d=10 mm	유 무	520 320	연마
	평활	유 무	800 715	
C=0.19%강	ρ=0.25 mm d=11 mm	유	약600	
	ρ=0.25 mm d=10 mm	무	300~400	
C=0.15%강	평활	유 무	630 620	절삭

의 경우와 같은 저온뜨임에 있어서는, 표면에는 압축잔류응력이 적당히 존재하고 있기 때문에 피로한도가 현저하게 향상하고 있다. 따라서 고주파담금질 후, 기계적 연마나 전해에 의한 연마를 행하면, 압축잔류응력이 감소하고, 최표면에 있어서는 인장응력이 발생, 피로강도가 저하하는 경우가 있다. 표 6.2는 고주파담금질한 후 기계가공을 행하여, σ_{W0}에 대한 영향을 검토한 것이다[34)]. 이 결과에 의하면, 연마나 연삭에 의해 σ_{W0}는 저하하는 경향을 보이고, 그 저하율은 탄소량이 많을수록 적다. 또, 표 6.3은 연마에 의해서 피로한도 σ_{W2}가 감소한 예이다. 탄소함유량의 차이에 의해, 피로한도의 절대치에는 차이가 있지만, 어떤 강종에 있어서도 연삭이나 연마를 행하는 것에 의해 저하하는 현상을 확인할 수 있다. 이러한 현상은 평활재보다도 노치재의 경우가 현저하다. 이것은 연삭 등에 의해, 표면에는 300~400 MPa의 인장잔류응력이 생기고, 또 연마열 등에 의해 표면의 재질이 변화하기 때문이다. 특히 노치재에 있어서는 연삭에 의해 발생한 인장잔류응력의 영향이 현저하

다. 따라서 이 인장잔류응력을 감소시키고 피로강도나 피로한도비를 향상시키기 위해서는 기계적 연삭 후 매트릭스의 경도가 저하하지 않는 범위에서 다시 뜨임을 행하고, 인장잔류응력을 압축 쪽으로 옮기는 것이 중요하다.

6.3.7 피로강도에 미치는 응력집중계수

일반적인 철강재료의 경우, 응력집중계수 α_k가 커질수록 β_k도 증가하는 경향을 나타내며, 일반적으로는 $\beta_k < \alpha_k$이다. 또, 전기로가열담금질만을 한 경우와 같이 신장, 수축, 충격치가 낮은 재료는, β_k는 α_k에 거의 동일하다. 그러나 이 경우는 경도가 높고 인성은 낮다. 이것에 대해 고주파담금질과 같은 경우에는 압축잔류응력이 표면에 존재하고 있기 때문에, α_k가 커지더라도 $\beta_k(\sigma_{W0}/\sigma_{W2})$는 그다지 증가하지 않는다. 그림 6.31은 α_k와 피로한도 (σ_{W2})와의 관계를 나타낸 것이다. 그림에 있어서 ●▲표시는 0.41%C강에 대해서의 실험이며, σ_{W2}만을 구한 것, 또 △표시는 0.38%C강의 σ_{W2}이다. 이 실험에서는 10^7번 반복해도 노치저면에 균열은 확인되지 않고 $\sigma_{W1} = \sigma_{W2}$이었다.

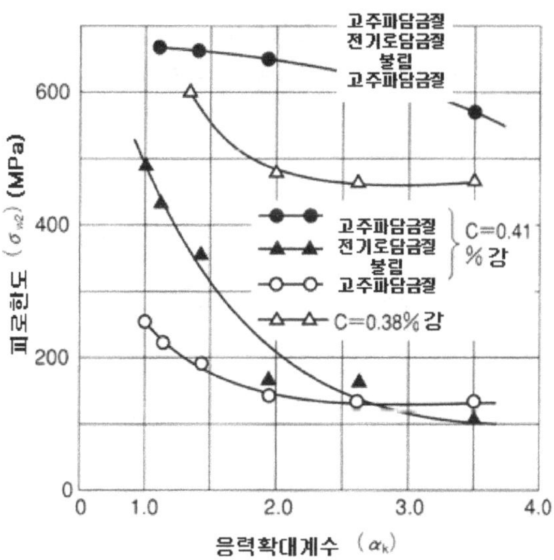

그림 6.31 피로한도에 미치는 응력확대계수의 영향[36)]

6.3.8 피로강도에 미치는 부식환경의 영향

부식피로강도는 일반적인 열처리방법에서는 향상하지 않지만, 고주파담금질 등을 적절히 행하여, 표면에 압축잔류응력을 생성시키면 상승한다. 이 원인은 표면압축잔류응력은 물론이고, 부식액과 응력의 경합에 의해 균열의 발생이 지연되는 것

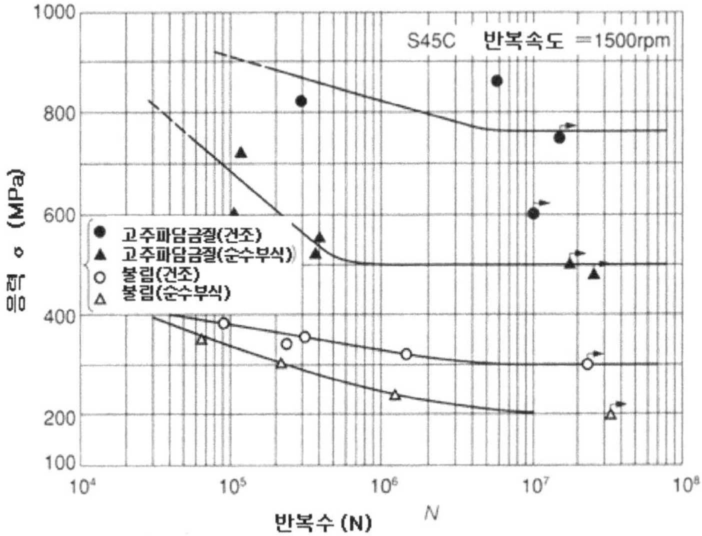

그림 6.32 고주파담금질 및 불림강의 부식피로시험결과[37)]

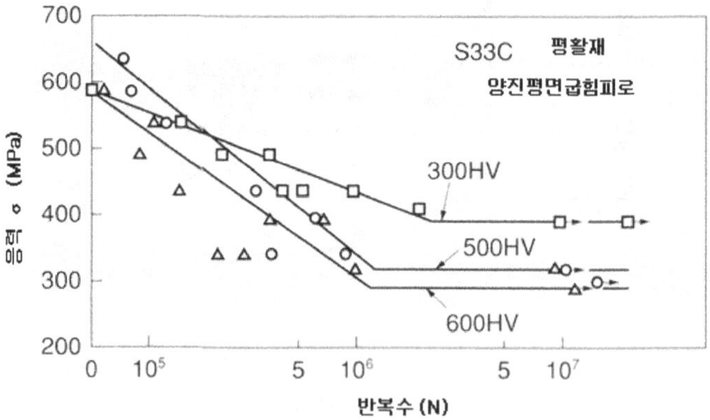

그림 6.33 화염담금질강을 뜨임한 후의 표면경도와 피로한도의 관계[38)]

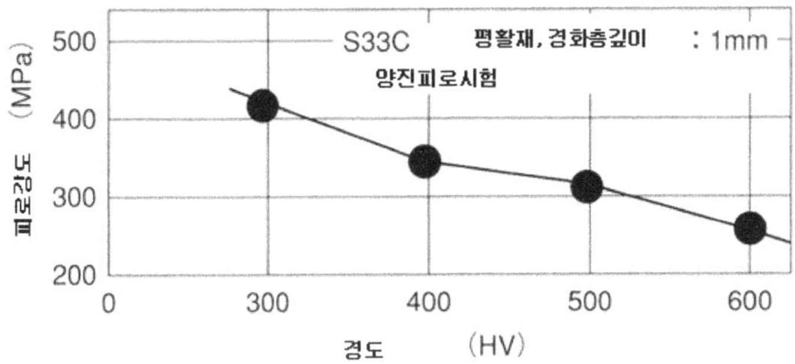

그림 6.34 화염담금질강의 표면경도와 피로강도의 관계[39)]

도 하나의 요인이다. 부식피로의 경우, 평활재보다도 노치재의 경우가 저하에 미치는 영향이 크지만, 고주파담금질한 것은 같은 정도의 값을 나타내며, 노치에 의한 악영향이 적다. 그림 6.32는 S45C강을 이용하여 고주파담금질재와 불림재에 대해 건조한 상태와 증류수 중에서의 S-N곡선을 비교 검토한 것이다[37)].

이 결과에 의하면, 고주파담금질재에 있어서 증류수 중에서의 시험에 있어서는 건조상태에서 시험한 것보다도 피로강도는 저하하지만, 불림재와 비교하면 현저한 상승경향을 확인할 수 있다.

6.4 화염담금질재의 피로강도

6.4.1 피로강도에 미치는 화염담금질의 영향

피로강도에 미치는 화염담금질의 영향에 대해서는, 기본적으로는 고주파담금질의 경우와 같다고 봐도 무방하다. 다시 말하면 경화층 깊이가 두꺼우면 피로강도도 상승하지만, 고주파담금질과 마찬가지로, 경화층 깊이와 코어와의 비율이며, 코어가 남지 않을 정도의 두꺼운 담금질, 또 표면경도가 높은 경우 등은 피로강도의 상승은 기대할 수 없다. 그림 6.33은 담금질경화층의 표면경도와 피로한도의 관계를 구한 것이다[38]. S33C강의 평활재를 이용하여 표면경도만을 변화시킨 경우의 굽힘피로강도곡선이다. 그림에서도 알 수 있듯이, 고주파담금질의 경우와 달리, 표면경도가 높아짐에 따라 굽힘피로강도가 저하하고 있는 것을 알 수 있다. 이러한 경향은 경화층의 경도가 높아, 균열 발생보다는 오히려 진전속도에 영향을 미치고, 경도가 높을수록 균열진전속도가 빠르다는 것을 의미하고 있다. 또, 그림 6.34는 경화층의 깊이에 대하여 코어의 면적이 적은 경우에 대한 표면경도와 굽힘피로한도의 관계를 구한 것이다[39]. 판두께 3 mm 평활재를 이용하여 양면에 1 mm 경화층을 얻을 수 있도록 담금질을 행하여, 양진굽힘피로시험을 행하였다. 이 결과에 있어서도 표면경도가 높을수록 균열발생은 지연되지만, 균열의 진전이 빠르고 피로한도가 저하하는 경향을 보인다. 또 표 6.4는 여러 가지의 강을 사용해 피로한도의 증가율을 화염담금질하지 않은 강과 비교 검토한 것이다[40]. 이 결과에 의하면, 어떤 강종에 있어서도 화염담금질하지 않은 것과 비교하면 피로한도가 크게

표 6.4 화염담금질에 의한 각 강종의 피로한도의 증가율[40]

공시재료	시험방법	화염담금질 없음 (MPa)	화염담금질에 의한 피로한도의 증가율(%)
탄소강	양진비틀림 양진굽힘	+215.8 ±392.3	+18 +60~+88
S45C	회전굽힘(예리한 단 가공)	±123.6	+80(단만 담금질) +190(전면담금질)
S45C	회전굽힘(직경43 mm 환상노치)	±103.0	~+400
0.33%C강	회전굽힘(직경305 mm 환상노치)	±88.3	~+300(완전파단을 기준)
0.62%C강	회전굽힘(직경305 mm 환상노치)	±147.1	+160(완전파단을 기준)
Ni-Mo강	회전굽힘(치차 치형의 시편)	±240.3	+40
S45C	회전굽힘(직경51 mm 압입시편)	±55.9 ±89.2	+210(균열발생을 기준) +240(완전파단을 기준)
S45C	회전굽힘(직경192 mm 압입시편)	±83.4	〉+83
탄소강	회전굽힘(직경241 mm 압입시편)	±75.5	+46~+64
Ni-Cr-Mo강	회전비틀림(반경방향으로 작은 구멍이 있는 것)	±156.9	+6

향상되었음을 확인할 수 있고, 특히 중탄소강의 환상노치재는 300~400%로 높은 증가율을 나타내는 것을 알 수 있다.

6.5 침탄담금질재의 피로강도

6.5.1 침탄담금질재의 잔류응력분포

침탄처리에 의해 표면의 탄소농도를 높이고, 이 층을 담금질·뜨임하면 마르텐사이트변태에 의해서 체적 팽창이 발생하고, 이 팽창은 내부를 향해 차츰 작아진다. 그 결과, 표면은 압축잔류응력, 내부는 인장잔류응력이 생성된다.

그림 6.35는 침탄경화층 깊이를 변화시킨 경우에, 잔류응력이 어떤 변화를 보이는가를 나타낸 것이다[41]. 직경 70 mm, 길이 80 mm 환봉을 이용하여 침탄담금질·뜨임을 행한 강의 잔류응력분포를 구한 결과이다. 이 결과에 의하면, 침탄경화층의 경계에 최대압축잔류응력이 생기고, 경화층깊이가 두껍게 될수록 그 절대치가 작아진다. 또, 최대치를 나타내는 위치가 표면에서 내부로 옮겨간다. 이러한 경향은 강종 및 처리방법에 무관하다.

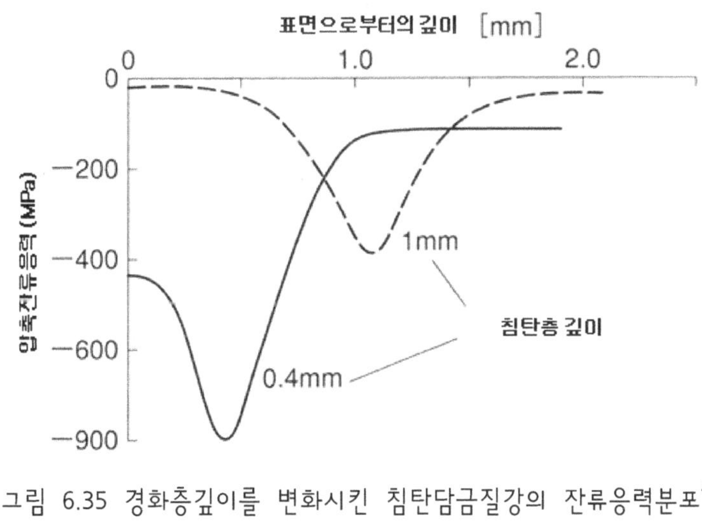

그림 6.35 경화층깊이를 변화시킨 침탄담금질강의 잔류응력분포[41]

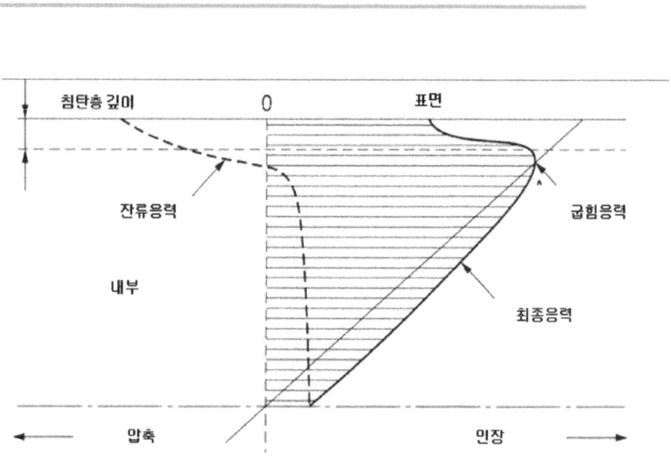

그림 6.36 굽힘응력에 의한 침탄담금질강의 잔류응력분포[42)]

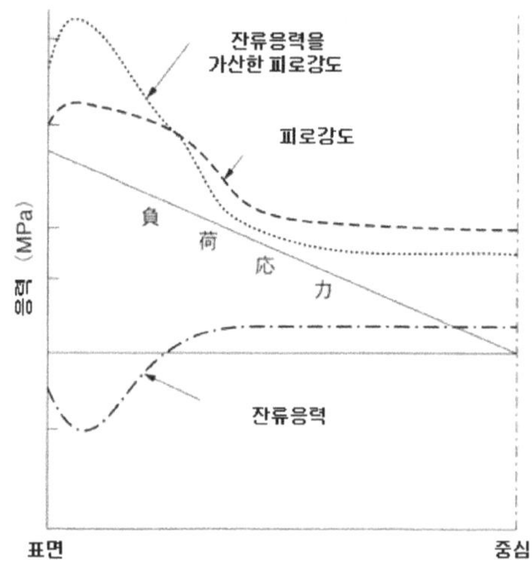

그림 6.37 피로강도에 미치는 잔류응력의 영향[43)]

그림 6.36은 굽힘응력을 가한 경우의 응력분포변화를 나타낸 것이다[42)]. 이 그림은 굽힘의 인장응력의 변화량을 중첩한 것이며, 중첩한 것에 의해 표면에서의 인장응력이 감소하고, 압축측으로 옮겨감과 동시에 내부에서는 약간 인장측이 된다. 이러한 현상은 전술한 것처럼, 부하응력의 크기에도 의존하는데, 파괴 기점이 경화층의 직하에 존재하는 것이 된다. 또 그림 6.37은 피로강도와 잔류응력의 관계를 검토한 결과이다[43)]. 경도분포로부터 구한 피로강도에 잔류응력을 가하고, 이것에 부하응력이 작용되면 그림과 같이 피로강도의 향상을 알 수 있다.

6.5.2 장수명구역에서의 피로강도

표면경화처리의 한 종류인 침탄담금질재의 피로강도는 표면경도, 경화층깊이, 잔류오스테나이트, 표면압축잔류응력의 생성 등에 의해 영향을 받지만, 일반적으로는 10^7회의 반복수를 갖는 것을 피로한도라 하고 있다. 그러나 10^8회에 있어서도 명확한 피로한도를 나타내지 않는 경우가 있다. 그림 6.38은 SCM420 노치재를 이용하여 회전굽힘피로시험을 행한 후 S-N곡선을 구한 결과를 나타낸 것이다[44]. 그림에 나타내었듯이 10^8회 이상의 반복수에 있어서도 명확한 피로한도가 얻어지지 않는다. 다시 말해서 10^5이하의 반복수에서 곡절점(구부러진 지점)을 가지고, 일단 수평이 보여지는데, 10^6~10^7회 부근에서 재차 피로강도가 직선적으로 저하하여, 그림처럼 두 개의 곡절점을 갖는다.

이러한 경향은 평활재, 노치재를 불문하고 발생하는 것이며, 장수명역에 있어서의 파괴기점이 주로 표면에 많은 것으로부터 이상층이 관여하고 있음을 쉽게 알 수 있다. 이러한 결과는 内藤[45]도 같은 실험을 행하여 실증하고 있다. 따라서 침탄경화재를 사용하여, 장수명을 고려한 경우는 10^7회의 반복수를 가진 경우를 피로한도로 하면, 문제를 발생시키는 경우가 있고, 이것은 장수명 영역에서 피로한도를 고찰할 경우 중요한 것이다.

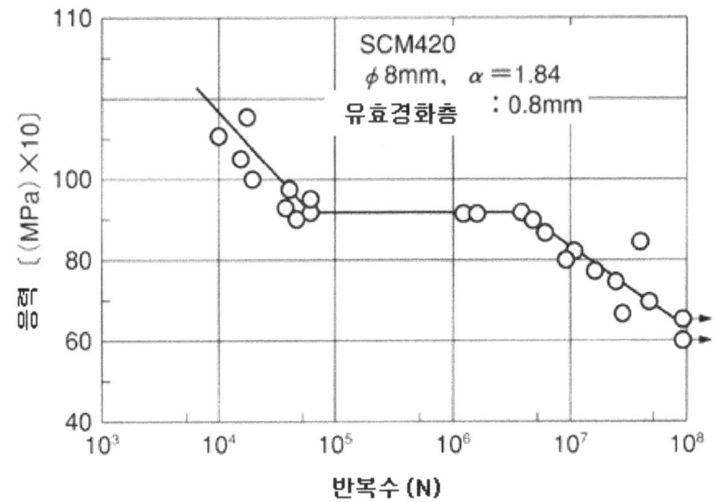

그림 6.38 노치시험편의 회전굽힘피로한도곡선[44]
(장수명역에서의 피로강도 저하의 예)

6.5.3 피로강도에 미치는 심부강도의 영향

침탄담금질처리를 행하면 표면이 경화함과 동시에 내부의 경도도 상승한다. 내부경도의 향상은 함유되어 있는 원소의 종류와 양에 의해 결정되고, 침탄담금질처리강의 기계적성질, 특히 충격치나 피로강도를 좌우하는 중요한 인자이다.

그림 6.39는 침탄처리시간을 변화시킨 경우의 내부에 있어서의 인장강도와 회전굽힘피로한도의 관계를 나타낸 것이다[46]. 그림에서도 알 수 있듯이, 적당한 심부강도가 존재함을 알 수 있다. 즉 5~8시간의 처리에 있어서는 굽힘피로강도는 심부인장강도에 의존하지 않고 비슷한 값을 나타낸다. 또 보다 단시간, 장시간이 되면 심부강도에 있어서의 의존성이 나타나고 심부에 있어서의 인장강도가 1500 MPa정도로 굽힘피로강도의 피크가 존재한다. 이러한 현상은 주로 결정립의 크기에 의존하는 것으로 생각된다. 또 그림 6.40은 미처리재와 침탄경화재의 굽힘피로강도를 검토한 결과이다[47]. 이 결과에 의하면 침탄처리를 한 것에 의해 굽힘피로한도가 약 30%정도 향상하는 것을 알 수 있다.

또 비틀림응력을 반복부하시킨 경우도 평활재에 있어서는 26%정도의 증가를 확인할 수 있다. 그러나 침탄경화처리한 후, 노치를 넣으면 미처리재에 비해 회전굽힘피로강도에서 38%, 비틀림피로한도에서 17%정도 저하한다는 보고도 있다. 따라서 침탄담금질한 후 기계가공, 특히 연삭에는 주의할 필요가 있다.

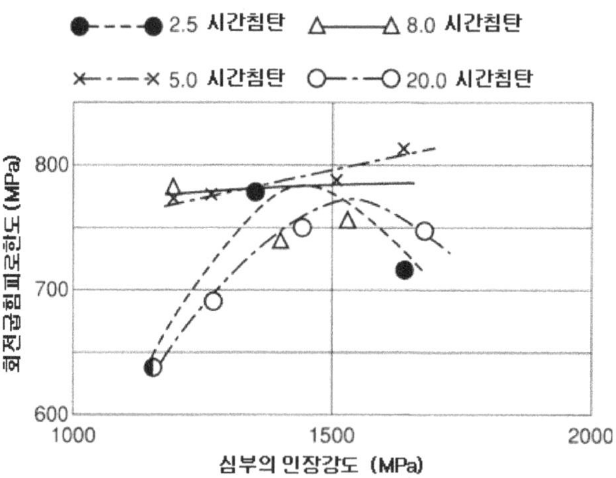

그림 6.39 회전굽힘피로강도에 미치는 심부인장강도의 영향[46]

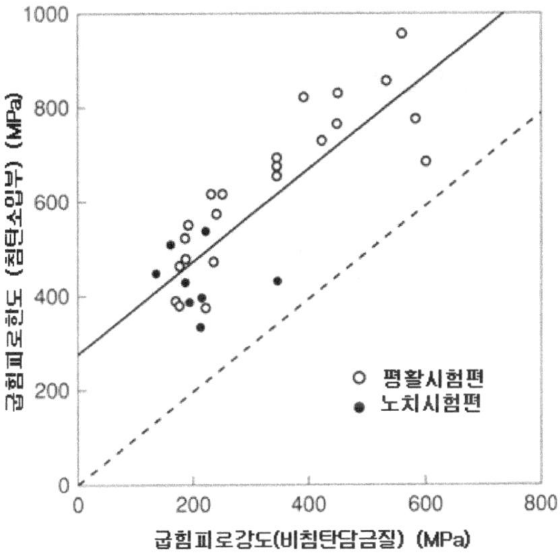

그림 6.40 굽힘피로강도에 미치는 미침탄담금질부의 영향[47)]

6.5.4 피로강도에 미치는 침탄처리방법의 영향

침탄담금질강의 피로특성은 침탄처리방법의 차이에 의해서도 다르다. 그림 6.41은 그 한 예를 나타낸 것이다[48)]. 그림은 가스침탄 및 적주식침탄에 있어서는 유효경화층깊이 0.53 mm, 진공침탄처리는 0.60 mm의 경화층깊이인 SCM420강을 이용하여, 평활재에 있어서의 오노식회전굽힘피로시험을 행한 결과이다. 그림으로부터 알 수 있듯이, 저사이클측에서는 침탄처리방법의 차이에 의한 현저한 차이가 나타나지 않지만, 고사이클측에서는 확연하게 다른 피로한도를 보이며, 진공침탄처리재가 가장 높은 피로한도를 나타낸 결과가 얻어졌다. 이러한 현상은 표면근방의 잔류응력과 입계산화층의 두께에 기인하고 있다. 즉 표면잔류응력은 변성로방식의 가스침탄의 경우 17 MPa, 적주식이 47 MPa, 진공침탄이 187 MPa이고, 또 입계산화층의 두께에 있어서도, 변성로의 경우가 8.7 μm, 적주식이 11.2 μm, 진공침탄의 경우는 전혀 없었다.

이러한 것으로부터 피로강도를 생각하면, 고부하에서 저사이클피로의 경우는, 표면층의 잔류응력, 입계산화층 등의 영향이 작고, 처리방법에 의해서도 차이가 생기

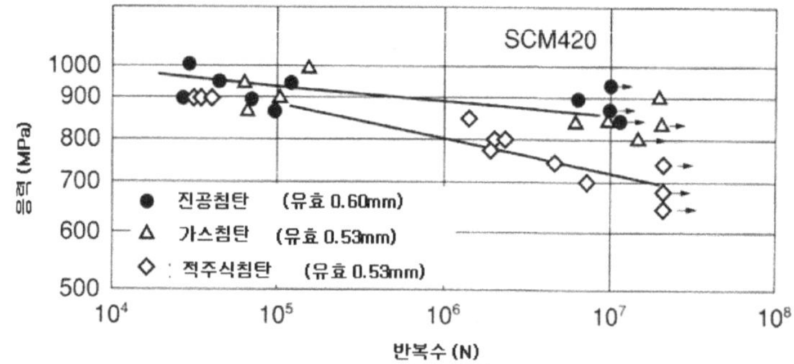

그림 6.41 피로강도에 미치는 침탄담금질법의 영향[48)]

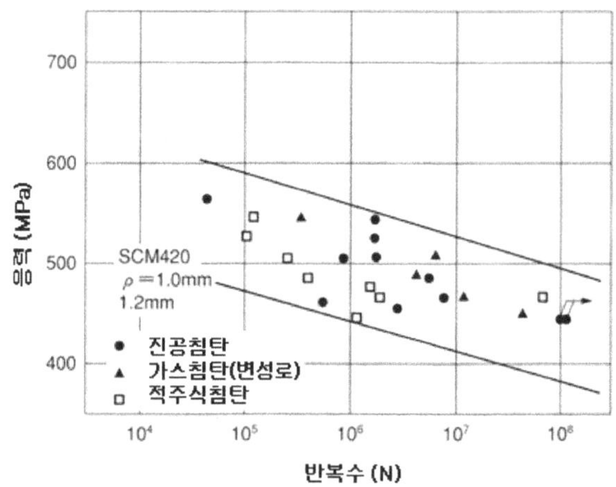

그림 6.42 회전굽힘피로강도에 미치는 침탄처리방법의 영향[49)]

지 않지만, 저응력고사이클의 경우는 피로강도가 표면층에 크게 좌우되어, 잔류응력이 압축측에 있고, 게다가 입계산화층의 두께가 얇은 진공침탄이 우수한 내피로성을 보이는 것으로 생각할 수 있다.

또 그림 6.42는 노치재에 대한 실험결과이다[49)]. $\rho = 1.0$ mm, 유효경화층깊이 1.2 mm로 한 SCM420강의 S-N곡선이다. 이 결과에 의하면 평활재의 경우와 달리, 침탄처리방법의 차이에 의한 현저한 차는 확인할 수 없다. 이러한 점에서도 노치재의 경우는 노치효과 쪽의 영향력이 크고, 표면의 잔류응력이나 입계산화층은 영향도가 작은 것으로 생각된다.

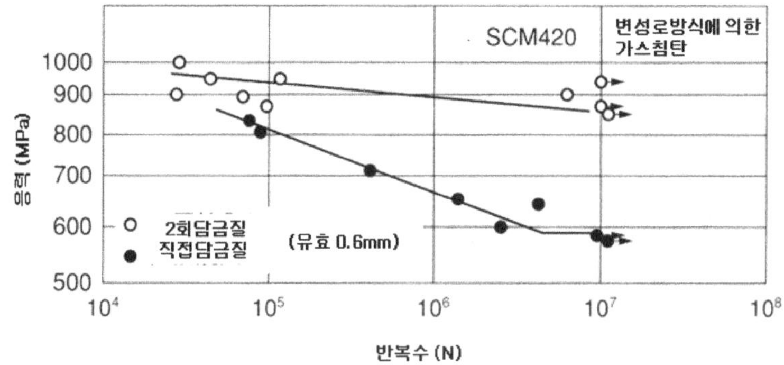

그림 6.43 회전굽힘피로강도에 미치는 담금질방법의 영향[50)]

진공침탄에 있어서는 고온에서 처리가 행해지기 때문에 결정립의 조대화가 문제가 된다. 따라서 미세화를 목적으로 두 번 담금질처리를 하게 된다. 그림 6.43은 침탄온도에서 직접담금질한 경우와 2번 반복해서 담금질한 경우의 피로한도곡선을 비교검토한 것이다[50)]. 유효효과층깊이를 0.6 mm로 한 SCM420강을 이용하여 오노식 회전굽힘피로시험을 행했다. 이 결과에 의하면 고부하 저사이클측의 시간강도에 있어서는 현저한 차이를 보이지 않지만, 피로한도는 2회담금질에 의해 현저히 상승하는 경향을 보인다. 즉 직접담금질에 있어서의 피로한도가 600 MPa미만의 값을 보이는 것에 비해, 2회 담금질에서는 900 MPa정도까지 상승하여, 결정립 미세화의 효과를 볼 수 있다.

6.5.5 피로강도에 미치는 유효경화층 깊이의 영향

침탄담금질처리강의 피로강도는 유효경화층깊이에 크게 영향을 받는다. 그림 6.44는 유효경화층깊이를 0.6~2.4 mm로 만든 SCM420강의 S-N곡선을 나타낸 것이다[51)]. 이 결과에 의하면 유효경화층의 깊이가 0.6 mm및 1.2 mm인 경우는 고부하 저사이클에 있어서의 시간강도에는 약간 분산도 나타나고 있지반, 저부하 고사이클측의 피로한도는 비슷한 값을 가지며, 거의 850 MPa이다. 이에 비해 2.4 mm로 유효경화층깊이가 두꺼워지면 피로한도가 저하하여, 약 700 MPa을 나타내고 있다.

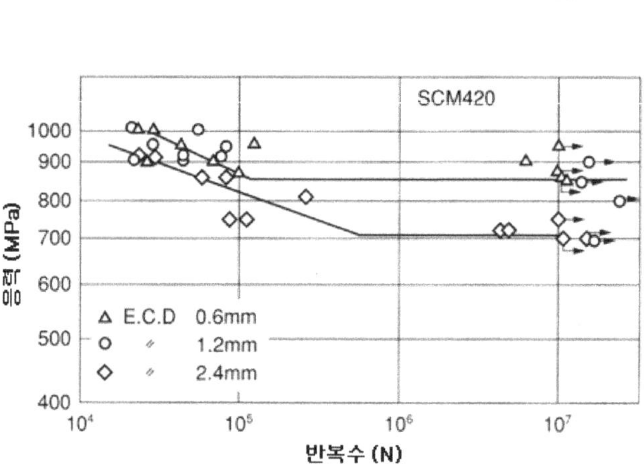

그림 6.44 유효경화층 깊이가 다른 SCM420강의 S-N곡선[51)]

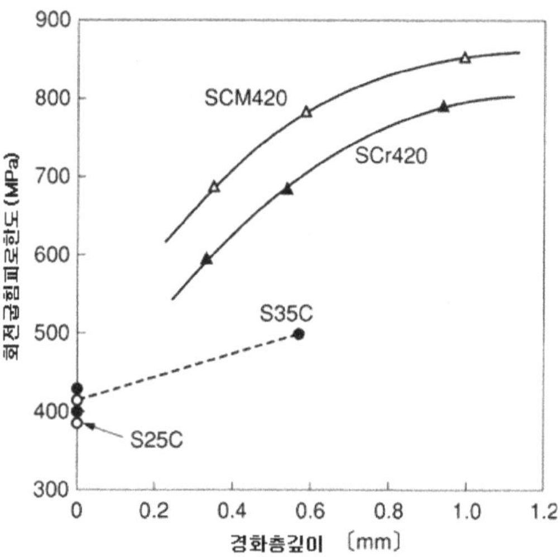

그림 6.45 피로강도에 미치는 침탄경화층깊이의 영향[52)]

이러한 현상은 입계산화층의 두께 등이 크게 영향을 미치고, 균열의 발생보다는 오히려 전파속도에 기인하여, 피로강도가 저하한 것으로 생각되어진다. 또 그림 6.45는 각각의 침탄처리강에 대해서, 유효경화층 깊이와 회전굽힘피로강도의 관계를 구한 결과이다[52)]. 이 결과에 의하면, 침탄처리강의 종류에 관계없이, 유효경화층 깊이가 두꺼워짐에 따라, 피로강도는 상승하는 경향을 보인다. 그러나 그 절대치는 SCr420강에 비교하여, SCM420강의 경우가 높은 피로한을 나타내는 결과가 얻어진다. 또 그림 6.46은 유효경화층 깊이에 미치는 $\sigma\omega_0, \sigma\omega_1, \sigma\omega_2$의 영향에 대해서 구한 결과이다[53]. $\sigma\omega_0, \sigma\omega_1, \sigma\omega_2$ 모두 유효경화층 깊이가 두꺼워짐에 따라 상승하는 경향을 나타내며, 0.9~1.2 mm에서 피크가 나타나고, 더 두꺼워지면 저하한다.

이러한 경향은 고주파담금질의 경우와 다르게, 균열생성보다도 균열진전속도에 크게 의존하고, 경화층 깊이가 두꺼워짐에 따라, 균열의 발생은 지연되지만, 균열의 진전속도가 빨라져, 피로강도가 저하하는 것으로 생각된다.

또 그림 6.47은 진공침탄에 있어서의 유효경화층 깊이와 회전굽힘피로강도와의 관계를 구한 결과이다[54]. 이 결과에 의하면, 1.2 mm정도까지는 피로한도가 약간 저하하는 경향을 나타내는데, 경화층이 보다 두꺼워지면 저하경향이 현저해진다.

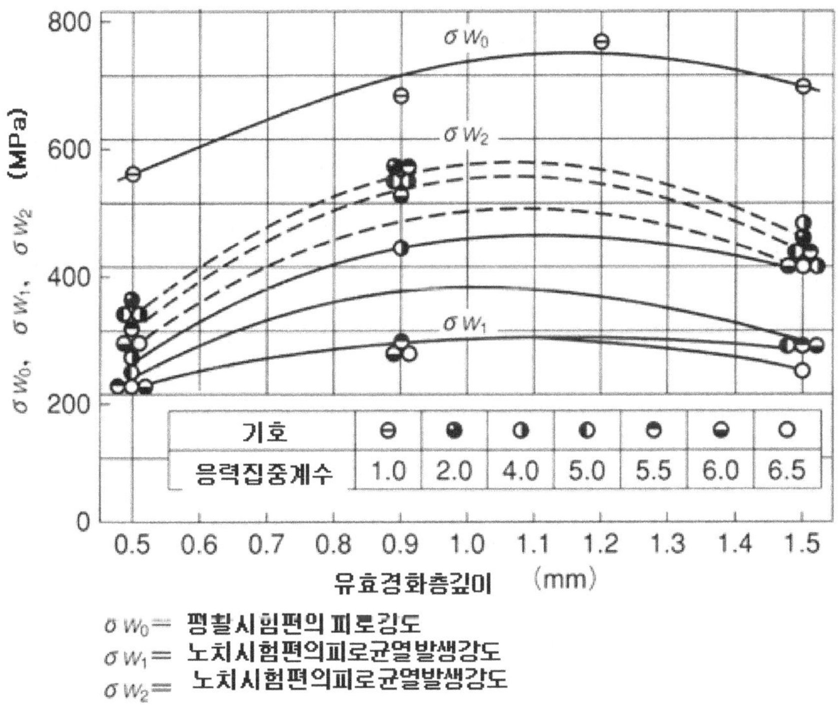

그림 6.46 회전굽힘피로강도에 미치는 유효경화층 깊이의 영향[53]

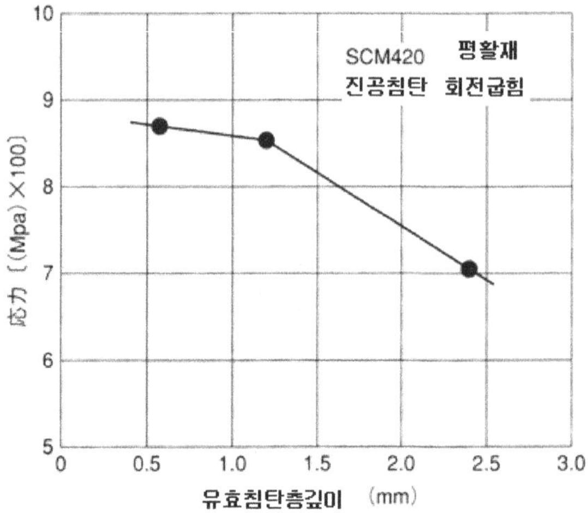

그림6.47 피로강도에 미치는 유효경화층 깊이의 영향[54)]

표 6.5 진공침탄에 있어서의 피로강도, 유효경화층 깊이, 심부경도의 비교[55)]

처리	피로한도(MPa)		유효경화층깊이,mm		심부경도, HV	
	평활재	노치재	평활재	노치재	평활재	노치재
침탄·확산시간23 min	590	460	0.96	0.82	439	434
침탄·확산시간23 min*	890	480	0.82	0.72	459	420
침탄·확산시간19 min*	920	570	0.70	0.54	411	390
침탄·확산시간85 min	520	410	1.55	1.39	454	434
가스침탄처리	900	500	0.58	0.56	459	454

어느 것이나 침탄온도는 1040℃, 가스침탄은 930℃ 침탄·확산시간 60 min
*세립화처리

이상과 같은 결과에서 피로한도에 미치는 유효경화층 깊이의 영향에 대해서는 고주파담금질의 경우와 달리, 침탄담금질강의 경우는 어떤 깊이까지의 경화층은 피로강도향상에 현저한 효과를 나타내는데, 1.5 mm이상 깊어지면 반대로 피로한도는 저하하는 경향을 보인다. 따라서 모듈이 크고 높은 면압이 부하되는 기어 등에 있어서도 침탄시간을 길게해 경화층깊이를 두겁게 하는 것은 피로강도향상에는 유리한 방법이 아니다.

또 표 6.5는 진공침탄조건을 바꾸는 것에 의해 유효경화층깊이, 심부경도를 변화시켜, 피로한도를 구한 결과이다[55]. 이 결과에 의하면, 가스침탄과 비교해 진공 침탄의 경우는 평활재, 노치재 모두 결정립 조대화에 의해 낮은 피로한도를 나타낸다 그러나 진공침탄처리에 있어서도 확산처리시간을 짧게하여 결정립 세립화를 유도하면 높은 피로한이 얻어진다.

6.5.6 피로강도에 미치는 입계산화의 영향

그림 6.48은 Cr강에 대해, 입계산화층 깊이와 피로한도의 관계를 나타낸 것이다[56]. 강종에 관계없이 입계산화층 깊이가 두꺼워짐에 따라 직선적으로 피로한도가 저하하는 경향을 보인다. 그러나 Cr뿐인 강과 비교해서 Ni이나 Mo가 첨가된 강은 입계산화가 억제되어, Cr만 함유한 강보다도 감소율이 낮아지고 있다. 따라서 입계산화를 억제하는 일을 하는 첨가원소로써는, 산소와의 친화력이 강한 Si, Mn, Cr의 함유량을 적게하는 것이 산화층 저감에 효과적이며, 특히 Si의 영향이 커서 강종의 선택에는 충분히 배려할 필요가 있다.

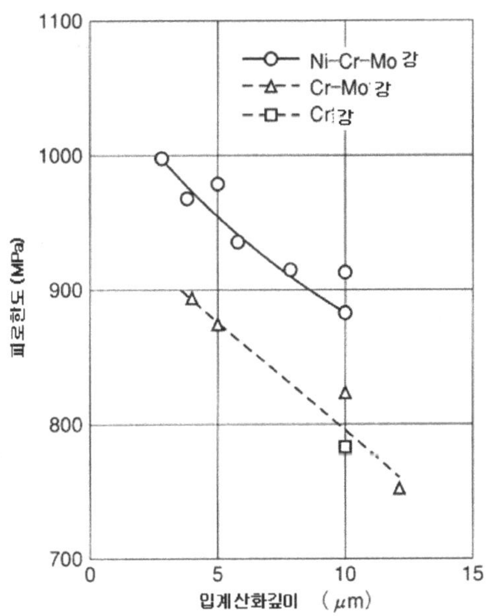

그림 6.48 입계산화층 깊이와 피로한도의 관계[56]

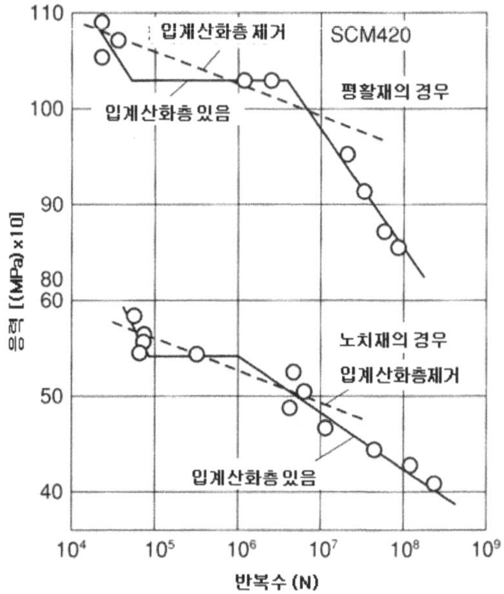

그림 6.49 침탄재에서의 입계산화층 유무의 S-N곡선[57)]

침탄담금질재의 S-N곡선은, 그림6.38에 나타냈었듯이 10^7회 이상의 장수명역에서도 파괴하고 있으며 그 기울기도 상당히 커지기 때문에 표면의 입계산화층이 관여하고 있는 것으로 생각된다. 그림 6.49는 전해연마에 의해 표면의 입계산화층을 제거한 경우도 함께 표시한 S-N곡선을 나타낸 것이다[57)]. 그림에서도 알 수 있듯이, 산화층을 제거하지 않은 경우는 두 개의 곡절점을 가지는 S-N곡선을 나타내지만, 제거를 하면 분포는 커지지만 10^7회 이상의 반복수에 있어서도 거의 직선적으로 강도가 저하하고, 산화층의 유무에 의해 S-N곡선이 다른 경향을 나타낸다. 이러한 경향은 평활재도 노치재도 동일하다. 또 그림 6.50은 전해연마에 의해서 표면의 입계산화층 및 불완전 담금질부를 제거한 경우의 결과이다[58)]. 이 결과에 의하면 경화층 깊이가 두껍고, 입계산화층 및 불완전 담금질부가 증가하고 있는 표면을 전해연마에 의해 제거하면, 피로한도가 상승하는 것을 알 수 있다.

그림 6.51은 쇼트피닝한 뒤 전해연마에 의해 표면에서의 연마량을 변화시킨 경우의 S-N곡선이다[59)]. 이 결과에 의하면, 미연마와 비교하면 연마하는 것에 의해 고응력 저사이클층에 있어서의 시간강도는 현저히 상승하여, 이 값은 40 μmm가 가장 크고, 보다 적은 연마에서도 많이 연마해도 감소하는 경향을 나타낸다.

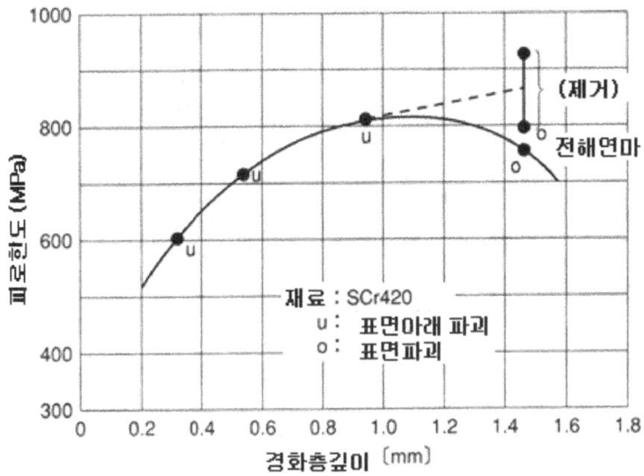

그림 6.50 피로강도에 미치는 경화층 깊이의 영향[58)]

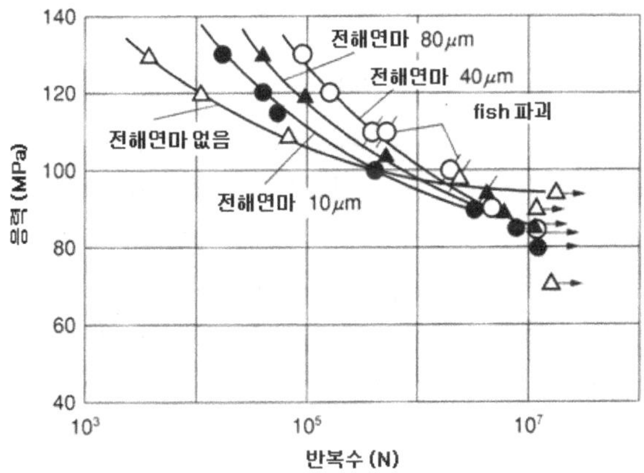

그림 6.51 피로강도에 미치는 입계산화층 제거의 영향(전해연마)[59)]

그러나 피로한도는 미연마 및 연마량의 차이에 의한 현저한 차이는 확인되지 않는다. 이러한 결과는 파괴기구에도 크게 의존하고, 표면으로부터의 균열발생인지 피쉬아이형에서 균열이 발생하는지에 따라서 다른 것으로 생각된다.

피로강도에 미치는 입계산화의 영향에 대해서는, SNCM420강을 이용해서 실험한 결과가 있다. 그림 6.52는 930℃에서 7.5시간 침탄한 후, 840℃기름담금질을 해 160℃에서 120 min 뜨임처리를 하고, 입계산화의 영향을 검토하기 위해 침탄담

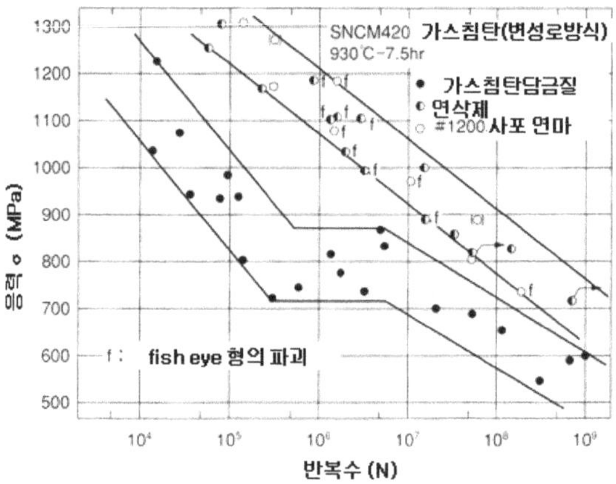

그림 6.52 회전굽힘피로강도에 미치는 표면가공의 영향[60)]

금질 · 뜨임재(입계산화층깊이 십수 μm, γ_s : 111.3 MPa, 표면거칠기 : 1.0 μm), #1200 의 연마지로 연마 (γ_s :− 598.8 MPa, 표면거칠기 : 0.8 μm) 및 기계적으로 0.1 mm 연삭(γ_s : 129.9 MPa, 표면거칠기 : 2.0 μm)을 한 시료를 작성하여, 오노식 회전굽힘피로시험을 행한 것이다[60)]. 이 결과에 의한 표면이상층을 제거한 연삭재, 연마재에서는 피로강도가 상당히 개선되었으나, 두가지 사이에서는 현저한 차이를 확인할 수 없다. 더욱이 같은 재료에 대해서 표면거칠기나 표면잔류응력에 대해서 검토한 결과, 연삭이나 연마의 방법에 의해 차이를 확인할 수 있음에도 불구하고, 피로한도의 차이를 확인할 수 없는 것은 파괴기구에 기인하는 것이며, 두 경우의 대부분이 피쉬아이형에서 파괴하기 때문으로 생각된다. 또 S-N곡선에 있어서는 연삭재나 연마재도 직선적으로 저하하는 경향을 보이고, 침탄담금질재와 현저하게 다른 시간강도곡선을 나타낸다. 이러한 현상은 전술한 것처럼 피쉬아이파괴가 지배적인 이유로 생각된다.

6.5.7 피로강도에 미치는 잔류오스테나이트의 영향

침탄에 의해 표면을 고탄소농도로 하고 이것을 담금질하면 많든 적든 오스테나이트가 잔류한다. 이것이 잔류오스테나이트(γ_R)인데, 피로강도에 미치는 γ_R의 영향에 대해서는 여러 종류의 유해·유익설이 있고 논의의 대상이 되고 있다. 즉 유익하다는 설은 단단한 침상마르텐사이트 속에 연질의 잔류오스테나이트가 존재하면 부하응력이 반복작용한 경우, 마르텐사이트의 선단에 응력집중이 생겨 균열이 발생하지만, 이 때 연한 잔류오스테나이트가 존재하면 이것이 완충(buffer)의 역할을 하여 균열의 진전을 지연시켜 피로강도가 상승한다고 하는 것이다. 또 유해하다는 설은 부하응력에 의한 응력유기마르텐사이트변태에 의해 변화한 γ_R은 담금질된 마르텐사이트와 같고, 인장잔류응력이 생기기 때문에 피로강도가 저하한다고 하는 설이다. 따라서 피로강도에 미치는 γ_R의 영향에 대해서는 현상에 있어서는 하나의 과제로 남아 있다.

침탄담금질에 의해 생기는 γ_R도 같은 양상이다.

그림 6.53은 회전굽힘피로강도에 미치는 γ_R의 영향에 대해서 검토한 것이다[61]. 이 결과에 의하면, γ_R량이 20~25%의 범위에 피로강도의 피크가 존재하고, 보다 적거나 많아도 저하한다. 이러한 현상은 침탄담금질층 깊이에 의한 재료의 강도부족(γ_R양이 적은 경우는 침탄층 깊이가 얕다), 또 γ_R양이 많은 경우는 침탄층 깊이가 두껍고, 결정립 조대화에 따른 균열의 진전속도가 빨라, 피로강도가 저하하는 것으로 생각된다.

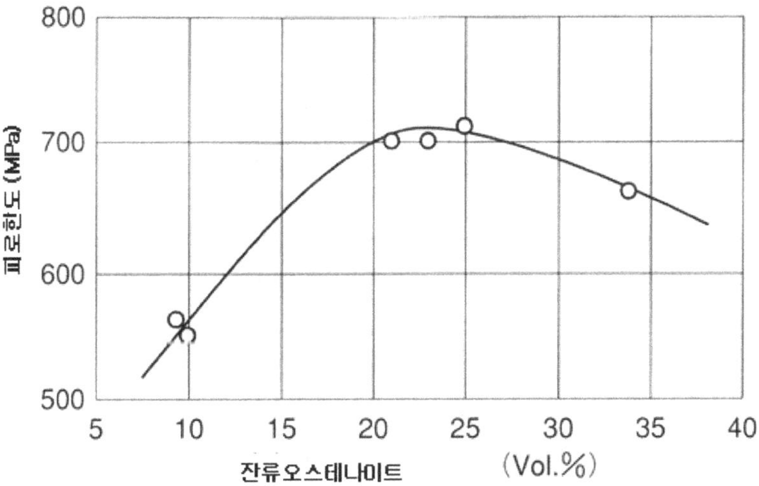

그림 6.53 회전굽힘피로강도에 미치는 잔류오스테나이트의 영향[61]

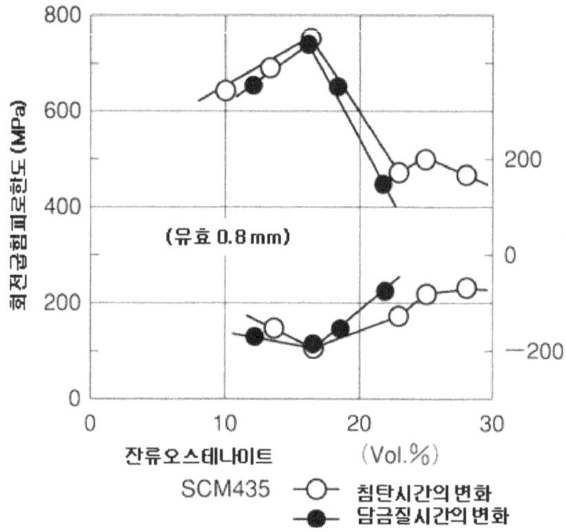

그림 6.54 회전굽힘피로강도에 미치는 잔류오스테나이트 및 잔류응력의 영향[62)]

그림 6.54도 피로강도에 미치는 γ_R의 영향에 대해서 검토한 보고이다[62)]. 침탄 담금질온도 및 침탄시간을 변화시키고, γ_R양을 변화시켜 회전굽힘피로시험을 행한 결과, 18%전후에서 압축잔류응력의 최고치를 나타내고, 또 γ_R양에 있어서도 같은 정도의 값에서 최고의 피로한도를 확인할 수 있다.

6.5.8 피로강도에 미치는 탄화물분산침탄의 영향

침탄부를 사진6.1과 같이 과잉침탄하여, 생성된 Fe_3C를 구상화시킨 탄화물분산침탄법은, 종래는 내마모성 향상을 목적으로 행하는 처리이며, 내피로성을 검토한 보고는 적다. 그림 6.55는 통상침탄과 비교한 것이고[63)], 탄화물분산침탄에 있어서도 통상의 경우와 비교하면 약 80 MPa정도 상승하는 것을 알 수 있다. 또 그림 6.56은 구상화탄화물의 입경을 변화시킨 경우, 피로한도에 미치는 영향을 검토한 것이다[64)]. 이 결과에 의하면, 탄화물을 미세입자로서 분산시킨 쪽이 높은 피로한도를 나타낸다. 또, 진공침탄의 데이터도 함께 기술하고 있는데, 이 값은 표면부에 생성되는 입계산화층의 유무에 따른 점이 크다.

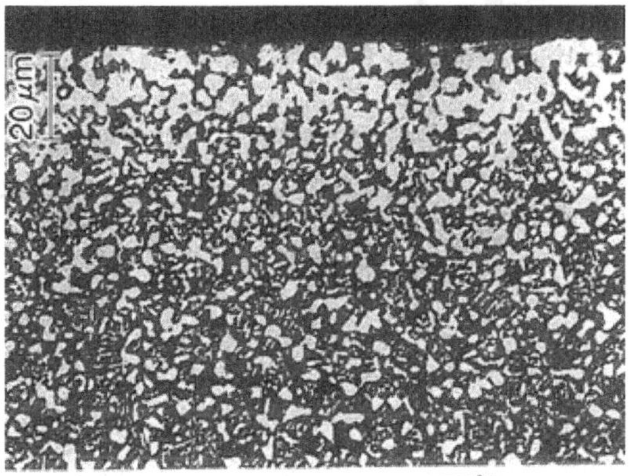

880℃・25h 고농도가스침탄 850℃ 오일담금질
160℃・3h 뜨임 (표면경도 : 1197HV,
유효경화층깊이 : 1.8mm)

사진 6.1 탄화물분산침탄조직(표면근방의 흰 입상은 탄화물)

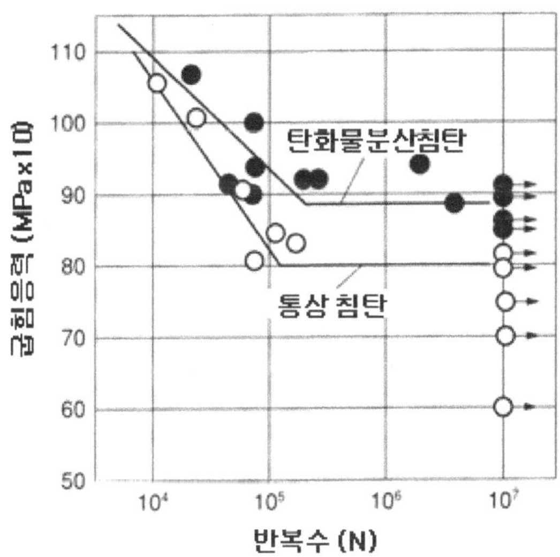

그림 6.55 피로강도에 미치는 탄화물분산침탄의 영향[63)]

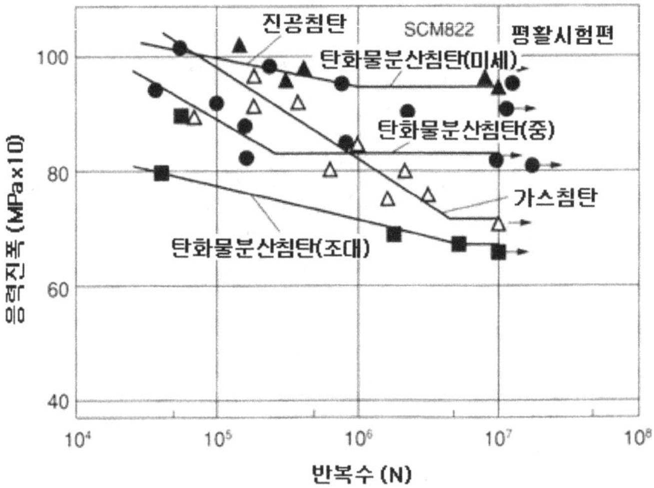

그림 6.56 피로강도에 미치는 탄화물분산침탄의 영향[64)]

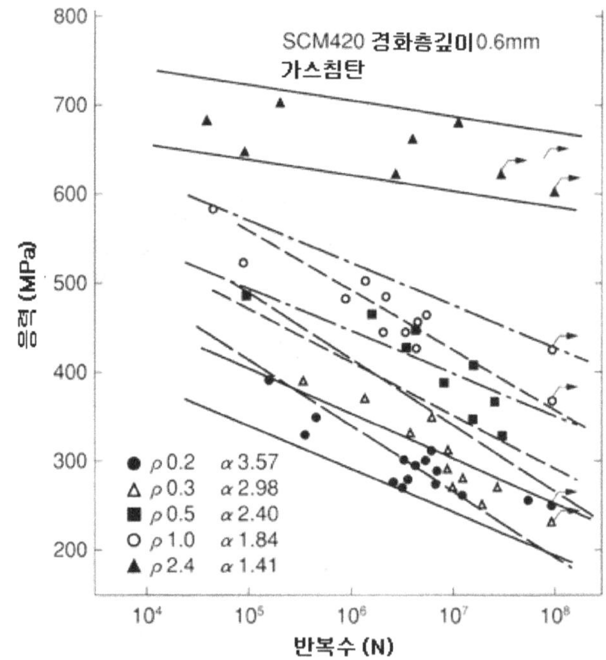

그림 6.57 회전굽힘피로강도에 미치는 노치의 영향[65)]

6.5.9 피로강도에 미치는 노치의 영향

고주파담금질이나 질화처리 등의 표면경화처리강의 피로강도는 일반적으로 평활재보다도 노치재의 경우가 낮은 피로한도를 나타내는 것으로 알려져 있다. 그림 6.57은 SCM420강을 이용하여 침탄층 깊이 0.6 mm로 일정하게 하고, 응력집중계수를 변화시킨 경우의 피로한도곡선을 나타낸 것이다[65].

이 결과에 의하면 ρ : 2.4, α : 1.41로 한 것이 가장 높은 피로한을 보이며, 응렵집중계수가 큰 처리강이 시간강도, 피로한도 모두 낮은 값을 나타내고 있다. 또 표 6.6도 노치효과의 영향을 검토한 결과이다[66]. 탄소강, Cr강, Ni-Cr-Mo강을 이용하여 회전굽힘피로시험을 행한 결과, 피로한도에 있어서는 탄소강, Cr강은 평활재와 큰 차이를 확인할 수 없으나, Ni-Cr-Mo강의 노치재는 219%나 상승하고 있다.

표 6.6 피로강도에 미치는 침탄유무의 영향[66]

강종	인장강도(MPa)	시험조건	침탄하지 않은 강의 피로한도(MPa)		침탄처리의피로한도의 향상률(%)	
			노치가 없는 경우	노치가 있는 경우	노치가 없는 경우	노치가 있는 경우
0.16%C	470	회전굽힘	256	220	+88	+82
1%Cr	940	회전굽힘	407	198	+105	+95
2%Cr, 0.2%Mo, 2%Ni	1240	회전굽힘	600	160	+32	+219
2%Cr, 2%Ni, 0.35%Mo	1240	회전굽힘, 시험편축에 직각방향으로 구멍을 뚫음	608	340	+13*	
		침탄처리 후 구멍뚫음				−38
		침탄처리 전 구멍뚫음				+29

* 침탄처리 후 연마가공

6.5.10 피로강도에 미치는 쇼트피닝의 영향

입계산화층이 표면에 생성되어 있으면, 두 가지의 다른 피로한도곡선을 나타내어 피로강도가 저하한다는 것을 서술하였다. 따라서 피로강도의 개선에는 쇼트피닝에 의해 표면의 입계산화층을 두드리거나, 전해연마 혹은 기계가공에 의해 제거하는 것이 행해지고 있다. 쇼트피닝의 경우는 응력집중원으로 되어, 균열의 발생을 유발하는 입계산화층을 없애는 것과 표면에 압축잔류응력을 생성시켜 피로강도의 향상을 도모하는 것이다. 그림 6.58은 쇼트지름 0.6 mm, 속도 46 m/sec, 쇼트시간 10 min에 있어서의 쇼트전후의 표면층의 경도, γ_R량, γ_s의 변화를 나타낸 것이다[67]. 이 결과에서 경도 및 압축잔류응력이 상승하고, γ_R양은 감소하고 있다.

그림 6.59는 쇼트입경을 변화시킨 경우의 회전굽힘피로특성이다[68]. 0.3~0.8 mm까지 쇼트지름을 변화시켜 회전굽힘피로시험을 행한 결과, S-N곡선은 두 개의 굴곡점을 가지고, 장수명측에서는 입경0.3 mm의 경우가 표면에서의 균열발생이며, 입경 0.6 및 0.8 mm의 것은 경화층 속의 피쉬아이형의 균열발생, 10^회를 피로한도로 하면 0.3 mm가 1050 MPa, 0.6 mm 및 0.8 mm가 1150 MPa로 되어 있다. 또 쇼트시간의 영향에 대해서 검토한 결과에 의하면 쇼트시간이 길어질수록 균열발생기점이 표면에서 피쉬아이형으로 이행하고 그에 따라 피로한도도 상승하는 경향을 확인할 수 있다.

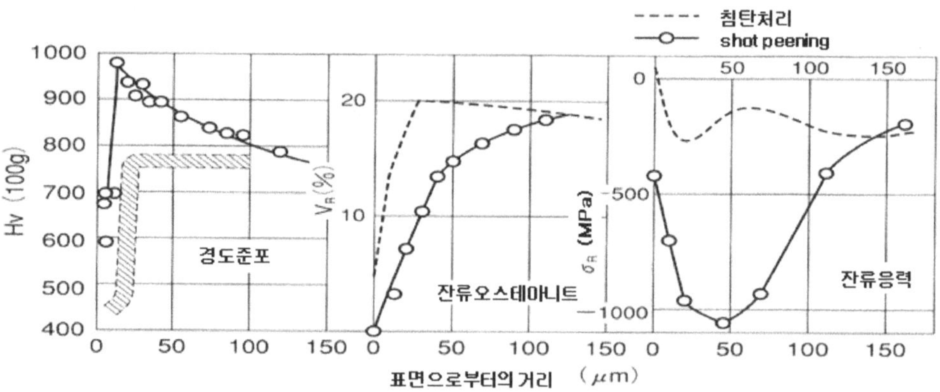

그림 6.58 쇼트피닝 전후에 있어서의 표면층의 변화[67]
(쇼트지름0.6 mm, 46 m/sec, 10 min 처리)

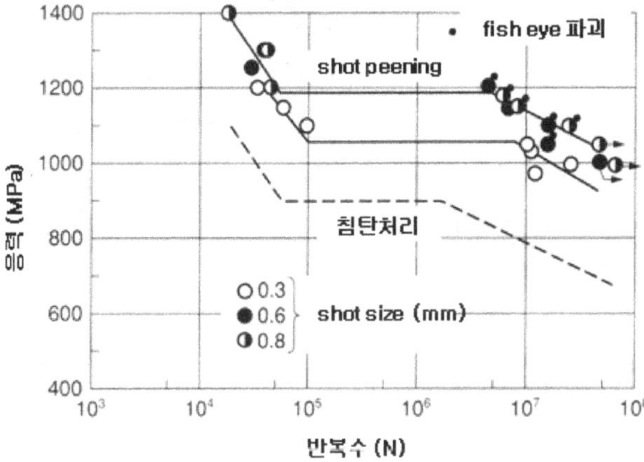

그림 6.59 쇼트피닝의 유무에 의한 침탄강의 피로한도곡선[68)]

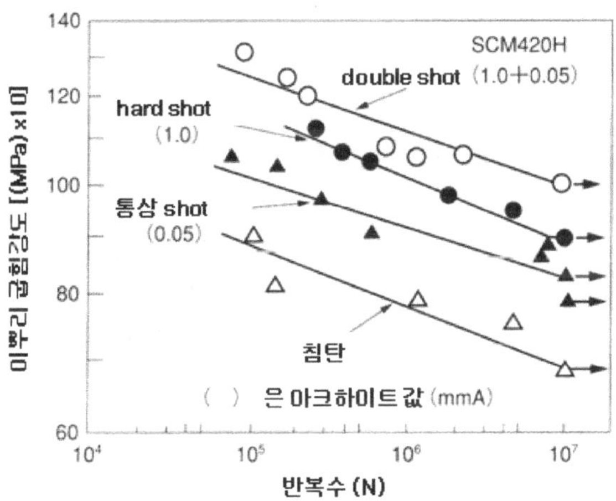

그림 6.60 쇼트피닝에 의한 이뿌리의 굽힘피로강도[69)]

그림 6.60도 SCM420H강을 침탄담금질한 후, 쇼트피닝가공을 행하고 피로강도를 구한 결과이다[69)]. 이 결과에 의하면 어떠한 쇼트피닝에 있어서도 침탄담금질만에 비교해 높은 피로한도를 나타내고 있다. 특히 최초에 1.0정도의 아크하이트 치에서 쇼트피닝을 행하고 연속해서 0.05 mmA의 아크하이트치로 통상의 쇼트를 행하는, 이른바 2단쇼트를 행하는 것에 의해 높은 피로강도를 나타낸다.

6.5.11 피로강도에 미치는 연삭, 구멍가공의 영향

침탄담금질을 행하면 전술한 것처럼 표면근방에는 입계산화층 및 미세 펄라이트가 생성된 불완전담금질층이 생성된다. 이 두 가지가 생성되어 있으면 피로강도는 저하한다. 따라서 피로강도의 향상을 목적으로 여러 방법이 행해지고 있다. 그 중 하나로써 기계적으로 연삭하는 방법이 행해지고 있다. 표 6.7은 그 결과를 나타낸 것이다[70]. 이 결과에 의하면 연삭은 피로한도를 향상시킨다. 그러나 연삭 시에 깨짐이 발생한 것은 미소하더라도 생성되지 않은 것과 비교하면 70%나 저하하는 결과도 보고되고 있다. 따라서 침탄담금질 후의 가공에는 충분히 주의하고, 연삭 대신에 호닝이나 러프공정이 추천되고 있다.

또 천공의 경우는 표 6.8에 나타내듯이 반대로 저하 시킨다[71]. 그러나 구멍을 뚫은 후에 침탄담금질을 행하면, 다시 상승시키는 것이 가능하다. 표 6.9는 그 한 예를 나타낸 것이다.

표 6.7 침탄담금질강의 피로강도에 미치는 표면연삭의 영향 (평활재)[70]

강종 및 함유원소 (%)	시험편 및 시험조건	무처리의 피로한도(MPa)	침탄에 의한 피로한도의 변화(MPa), +증가, -감소 (%)
0.15C, 2Cr, 2Ni, 0.25Mo	14φ 반복굽힘	620	650 (+4.8, t=0.4에서 침탄 후 t=0.3이 될 때까지 연삭) 700 (+13, t=0.4에서 침탄 후 t=0.2가 될 때까지 연삭) 660 (+6.5, t=0.4에서 침탄 후 t=0.1이 될 때까지 연삭) 660 (±0, t=0.4에서 침탄 후 0.5 mm연삭제거)
	14φ비틀림	250	423 (+26, t=0.3에서 침탄 후 t=0.2가 될 때까지 연삭)
S25C S35C SCr420 SCM420	9φ회전굽힘	-	(침탄은 했지만 t≒0) 530(t=0.57) 809(t=0.94) 863(t=1.01)
0.15C, 2Cr, 0.25Mo, 2Ni	외경38φ 내경25φ 피스톤 편진압축	370000	670000 (+81)

t: 침탄경화층의 깊이

이 결과에 의하면 구멍 뚫린 시험편의 피로한도는 담금질만을 한 것보다도 침탄 담금질을 행하면 피로한도는 상승하는 경향을 보인다. 즉 구멍 가공을 한 후 침탄 담금질을 행하면 잔류응력 부분에서 유리하게 되기 때문에 피로한도가 배로 증가 한다.

표 6.8 침탄담금질강의 피로강도에 미치는 표면연삭의 영향 (노치재)[71]

강종 및 함유원소(%)	시험편 및 시험조건	무처리의피로한도 (MPa)	침탄에 의한 피로한도의 변화(MPa), +증가, −감소 (%)
0.15C, 2Cr, 2Ni, 0.25Mo	14φ, 2φ의 횡구멍부착 반복굽힘	340 (천공 후 830℃ oil quenching, 200℃×2hr 연삭, β=1.8)	210 (−38, t=0.4에서 침탄 후 천공 이어서 t=0.3이 될 때까지 연삭) 440 (+29, 천공 후 t=0.4가 될 때까지 침탄 이어서 t=0.3이 될 때까지 연삭)
	14φ, 2φ의 횡구멍부착 비틀림	120 (천공 후 830℃ oil quenching, 200℃×2hr 연삭, β=2.1)	100 (−17, t=0.3에서 침탄 후 천공 이어서 t=0.2가 될 때까지 천공) 290 (+142, 천공 후 t=0.3이 될 때까지 침탄 이어서 t=0.2가 될 때까지 연삭)
0.15C, 2Cr, 0.25Mo, 2Ni	외경38φ 내경25φ에서 내면에 slag line이 있는 piston pin편진압축	300000 (β=1.2)	570000 (+90)

β; 노치계수, t; 침탄경화층의 깊이

표 6.9 침탄담금질에 의한 구멍의 영향의 개선예[72]

시험편 d=14 mmφ	처리조건	107에 있어서의 피로한도(MPa)	
		회전굽힘	양진비틀림
평활	담금질	620	252
2 mmφ관통공	침탄담금질	695	325
	담금질	340	121
	침탄담금질 후에 구멍뚫음	210	100
	구멍뚫은 후에 침탄담금질	440	290

0.13%C, 0.92%Cr, 2.15%Ni, 0.22%Mo강. 열처리 후에 있어서 침탄층 아래의 모재의 σ_B =1280 MPa

6.5.12 침탄담금질처리강의 전동피로

기어나 롤러 등에 생기는 피로손상에는 파괴면에 많이 생기는 초기 pitting(피팅), 파괴적 pitting, spalling(박리) 등이 있다. 초기 pitting은 기어를 사용한 경우, 비교적 빠른 시기에 부분적으로 치면의 높은 부분에 생기는 손상이다. 치면의 높은 곳이 사용과 함께 길들여지면 초기 pitting은 삭감하거나 그대로 진행하지 않고 종료한다. 이 종류의 pitting은 그다지 중요하지는 않으나 파괴적 pitting은 하중을 전달할 수가 없게 되는 손상이다.

spalling은 광범위한 치면의 피로이고, 치면의 넓은 범위의 면적에서 요철이 심하고, 경우에 따라서는 크고 작은 조각이 되어 박리되는 손상이다.

그림 6.61은 침탄담금질강에만 생기는 spalling이다[73]. 이 피로손상은 pitting과 같이 균열발생에서 시작하au, 반드시 침탄담금질층과 매트릭스의 경계선을 따라 진행한다고는 할 수는 없으나, 치선부근의 치면에 나타나는 것이 특징이다. 따라서 치면강도를 증대시키기 위해서는 치면의 경도를 크게하는 것이 가장 효과적이고, 허용치면하중은 치면경도의 2승에 비례한다. 침탄담금질이나 고주파담금질과 같은 표면경화재의 경우는 치면강도가 현저하게 높기 때문에 주의할 점은 경화층 깊이이다. 즉 최대 Hz응력이 생기는 깊이의 2~4배 정도는 필요하다. 예를 들어 깊이 t를 4배하면, 압력각 20° 의 경우

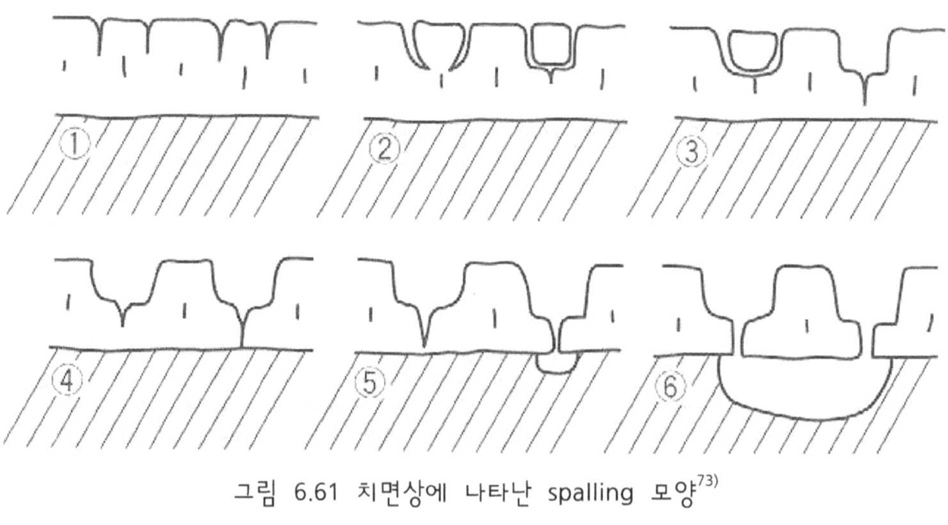

그림 6.61 치면상에 나타난 spalling 모양[73]

$$t \geq 9.25 \times 10^{-10} di\sigma l/(l+1)\ (mm)$$

$$di = 피치원직경\ (mm),\ \sigma = Hz응력,\ l = 톱니수비$$

로 나타내어진다.

또, 기어의 경우 여러 종류가 있고, 재질도 여러 특수한 열처리를 하고 있기 때문에 코너부의 응력상태는 복잡하며, 일반적으로는 기어의 노치계수를 추정하는 것은 어렵다. 표면경화처리를 실시한 기어에 일반적으로 사용되고 있는 응력집중계수σ_K와 노치계수β_K의 사이에는

$$\beta_K = 1 + 0.4(\alpha - 1) = 0.6 + 0.4\sigma_K \qquad (200\ HB \neq 경도의\ 강)$$
$$\beta_K = 1 + 0.5(\alpha_K - 1) = 0.4 + 0.6\sigma_K \qquad (400\ HB \neq 경도의\ 강)$$

의 식이 있는데, 표면경화처리강에 대해서, 이 관계식을 적용하는 것은 어렵다. 즉 표면경화처리한 기어에 있어서는, 노치계수는 코너부의 치수 비율에 따라 다르기 때문이다.

그림 6.62는 기어의 피로강도에 미치는 코너부 곡률의 영향에 대해서, 검토한 결과이다[74]. 이 결과에 의하면 0.2 mm이하의 작은 모듈의 경우에는 미처리기어, 침탄담금질기어, 담금질·뜨임기어의 순으로 노치계수가 응력집중계수에 가까운 값을 갖는 것을 알 수 있다. 또 침탄담금질한 기어의 피로강도에 있어서는 톱니부의 경화층 속의 탄소 증가에 의해 높은 압축잔류응력이 발생하고, 내부에서는 작은 인장응력에 의해 유지되고 있다.

그림 6.63은 침탄담금질기어의 위험단면에 있어서의 응력분포이다[75]. (a)는 표면의 압축잔류응력과 내부의 인장잔류응력이 균형을 이루고 있는 경우이고, (b)는 부하응력이 작용한 경우, 위험단면에 있어서의 잔류응력과 하중이 걸린 경우의 응력분포이다. 이 두 가지의 합성에 의해 (c)와 같이, 부하측의 코너부에 비교적 작은 인장응력과, 부하와 반대측의 코너부에 큰 압축응력이 생기는 것이 된다. 따라서 기어의 사용 시에 있어서는 톱니면에 반복작용하는 압축의 내구응력은 인장의 내구응력보다도 큰 것을 감안하면, 침탄담금질기어의 피로강도 향상을 설명할 수 있다. 이 점은 침탄담금질기어를 연삭하는 경우 톱니저부를 연삭하면 압축잔류응력에 의한 효과를 잃어버려 바람직하지 않고, 일반적으로는 톱니 저부의 코너부는 연삭을 하지 않도록 하는 것이 보통이다.

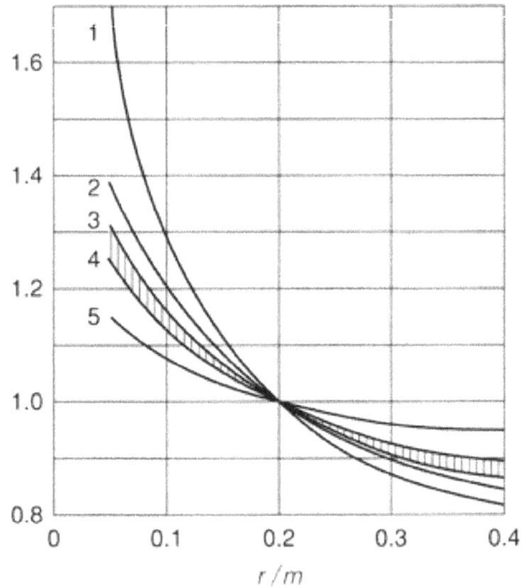

f_k는 r=0.2m 일때의 피로강도)를 1로 한 노치계수비

1. 광탄성시험결과
2. QT를 실시한 치차
3.~4. 침탄치차
5. QT를 실시하지 않은 치차

그림 6.62 각종기어의 피로강도에 미치는 코너부 곡률의 영향[74)]

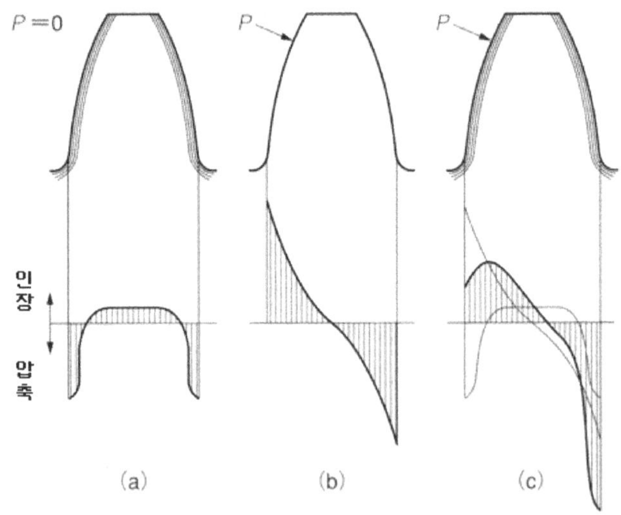

그림 6.63 침탄담금질기어의 위험단면상의 응력분포[75)]

6.6 피로강도에 미치는 침탄질화처리의 영향

피로강도에 미치는 영향에 대해서는 침탄담금질의 경우와 같다고 생각해도 좋다. SMN420강을 이용하여 주성분으로 H_2를 40%, CO를 20%, 나머지를 N_2로 하고, 이것에 CH_4, NH_3, CO_2, H_2O, 를 소량 첨가하여 850℃에서 침탄질화처리를 행하였다. 그림 6.64는 침탄질화처리에 미치는 입계산화의 영향에 대해서 회전굽힘피로강도를 구한 결과이다[76]. 이 결과에 의하면, CO의 첨가에 의해 입계산화층이 생긴 것이 가장 낮은 피로한도를 나타내고, 반대로 침탄질화처리 전에 산화시킨 것이 양호한 결과를 나타내고 있다.

또, SNCM220H 강을 이용하여 침탄질화처리 조건을 일정하게 하고, 오스템퍼처리조건을 변화시켜 회전굽힘피로강도에 미치는 영향을 검토하였다. 그림 6.65는 그 결과이다. 이 결과에 의하면 통상의 침탄과 비교해, 오트템퍼처리 조건의 차이에 관계없이, 피로강도가 약간 향상된 것을 알 수 있고, 침탄질화→오스템퍼 처리재의 피로한도가 약 900 MPa인 것에 비해, 침탄처리한 것은 850 MPa정도로 낮은 값을 보이고, 침탄처리강 특유의 두 개의 굴곡점을 나타낸다. 이러한 이유는 침탄질화처리조건이 850℃×1h으로 짧기 때문에 입계산화현상이 극히 경미하여, 표면이상층이 생기지 않은 것으로 짐작할 수 있다.

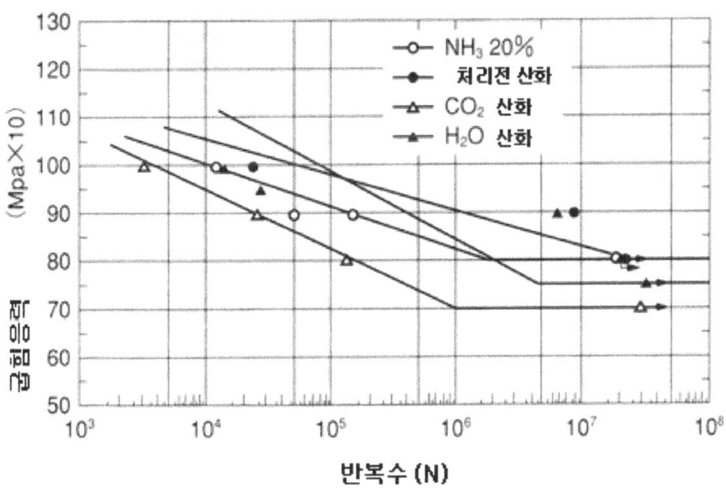

그림 6.64 각종 분위기 중에서 침탄질화처리한 강의 S-N곡선[76]

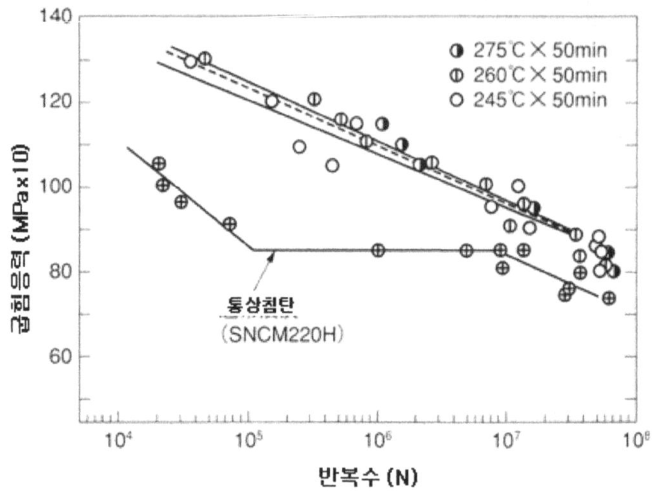

그림 6.65 회전굽힘피로강도에 미치는 오스템퍼온도의 영향[77]

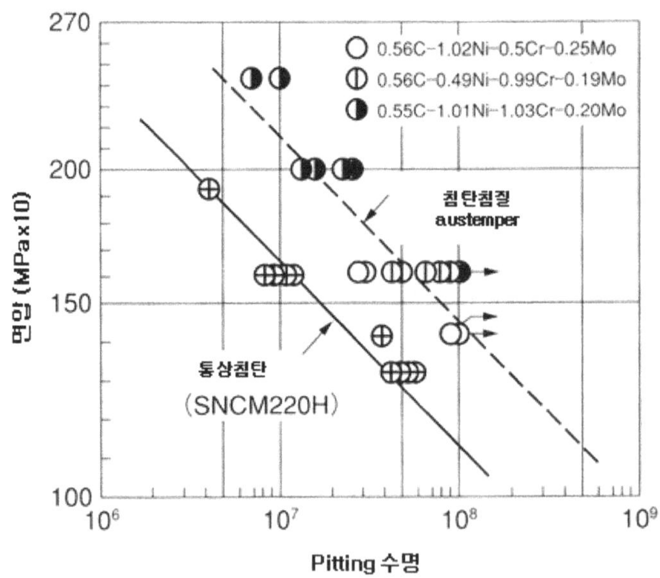

그림 6.66 침탄질화 오스템퍼강과 침탄강의 pitting수명에 미치는 면압의 영향[78]

또, 그림 6.66은 기어에 침탄질화처리를 실시하여, 면압과 pitting수명의 관계를 구한 결과이다[78]. 0.36% CO_2, 1.5% NH_3가스 분위기 중에서 60b min 침탄질화 처리하고, 235~275℃의 온도에서 각각 0.5~120 min 오스템퍼 처리를 했다. 어느 강종에서도 오스템퍼를 행한 것에 의해 pitting수명이 현저히 향상되어, 통상의 침탄강의 5배를 나타내고 있다.

6.7 질화 및 연질화처리재의 피로강도

6.7.1 가스질화처리에 의한 경도, 질화층깊이와 잔류응력

가스질화법은 NH_3가스를 사용하여 1923년 Dr, A. Fry에 의해 실용화된 이래 약 1세기를 거친 오래된 질화기술이다. NH_3가스는 로 내에 유입되면, $2NH_3 \rightarrow 2N + 3H_2$과 같이 열분해하고, 수소와 발생기의 질소로 된다. 이 질소는 원자상의 질소이고, 질화는 이 질소에 의해 진행된다. 그러나 NH_3가스의 해리도가 20~30% 일 때가 적절하며, 이 상태에서는 질화처리에 관여하는 발생기의 질소가 적고, 처리가 100~150 시간으로 긴 것이 결점으로 되어 있다. 그 때문에 여러 가지 질화법이 개발되어 왔는데, NH_3만을 이용하는 질화법으로 2단질화법이 있다. 이 방법은 제1단계에서 표면경도를 높이기 위해 500~525℃에서 행하고, 더욱 확신침입한 질소를 내부로 확산시키기 위해 550~575℃에서 행한다. 이 처리에 의하면 표면에 있어서의 질화층의 경도는 약간 저하하지만, 확산층의 두께는 증대한다.

그림 6.67은 처리온도와 질화층의 두께, 표면경도의 관계를 나타낸 것이다[79]. 그림에서도 알 수 있듯이, 처리온도가 높아짐에 따라 질화층의 두께는 증가하는 경향을 보이고 경도는 반대로 저하하는 것을 알 수 있다. NH_3가스에 의한 질화처리는 전술한 것처럼 발생기의 질소가 가열된 강의 표면에 있어서 촉매반응을 생성하고 내부로 확산 침투하여 질화반응을 진행한다. NH_3가스만에 의한 질화법은 통상의 질화처리 외에 전술한 2단질화법, 고주파진동이나 초음파진동에 의해서 Fe 격자에 변형을 주는 질화법, 또 NH_3가스의 소비량을 90%나 절약할 수 있는 감압질화법 등도 개발되고 있으나 실용적으로는 다소 거리가 있다.

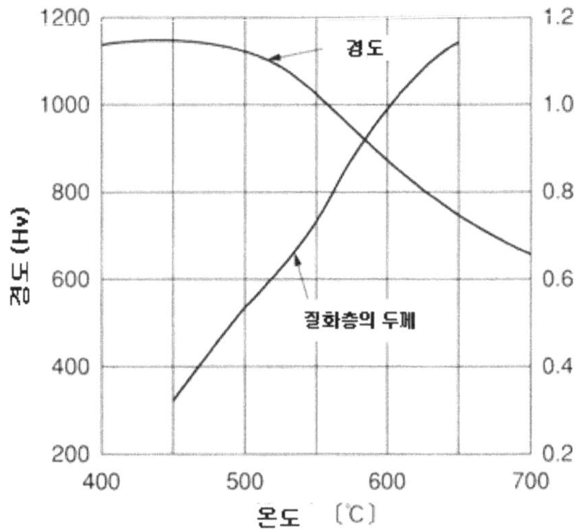

그림 6.67 각 질화처리온도에 있어서의 경도와 질화층 깊이의 관계[79)]

6.7.2 피로강도에 미치는 가스질화의 영향

(1) 인장강도와 피로강도의 관계

질화, 연질화처리를 한 강을 인장시험을 행하면 5장의 5.2에서 서술한 것처럼 부하응력의 증가에 따라 표면의 원주상으로 지렁이 모양의 균열이 발생한다. 이 지렁이 모양의 균열은 부하응력의 크기에 의해 폭이 다르며, 부하응력이 클수록 넓고, 또 깊이도 증가한다. 이러한 경향은 표면경도와 경화층 깊이에 관계하고, 탄소강보다도 Al, Cr, Mo 등을 함유한 합금강 쪽이 폭의 간격이 좁고 균열의 수가 많고 깊어진다. 즉 균열이 발생하기 시작하면, 상당히 높은 금속음을 내면서 파단한다.

따라서, 질화층의 σ_B와 피로강도의 관계를 논의하는 것은 매우 어렵고, 심부의 σ_B와 피로한도의 관계를 구하는 편이 낫다. 그림 6.68은 평활한 환봉의 회전굽힘피로강도에 미치는 심부의 σ_B의 영향에 대해서 검토한 것이다[80)]. 이 결과에 의하면 미질화처리재, 질화처리재를 불문하고σ_B의 값이 커짐에 따라서, 직선적

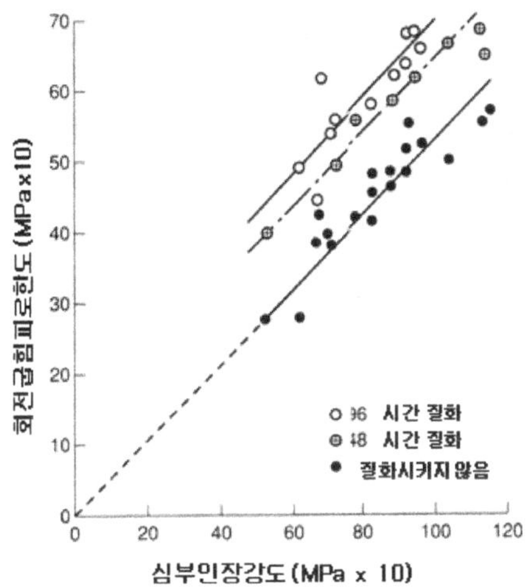

그림 6.68 질화강의 심부인장강도와 내구한도와의 관계[80)]

으로 피로강도가 향상하는 경향을 보인다. 또 질화처리를 실시한 것에 의해 미질화재와 평행적으로 피로한도가 상승하고, 그 절대치는 처리시간이 긴 쪽이 현저하다.

이러한 현상은 질화층 깊이, 즉 확산층의 깊이와 표면에 생성한 압축잔류응력에 기인하고 있는 것으로 생각된다. 즉 이 그림에서는 파괴에 있어서의 균열발생기점이 표기되어 있지 않기 때문에 명확히 할 수는 없으나 표면에서의 균열발생인지 피쉬아이 형의 균열발생인지에 따라서 균열진전속도도 다른 것으로 생각된다.

(2) 피로강도에 미치는 가스질화강의 영향

가스질화처리의 큰 목적은 표면경도의 증대에 의한 내마모성의 향상, 또 질화물의 생성에 의해 경도가 증가함과 동시에 체적팽장에 의해 표면에는 압축잔류응력이 생기고, 피로강도가 향상한다. 그림 6.69는 500℃에서 처리한 질화강의 잔류응력분포이다[81)]. 질화처리에 의한 잔류응력은 처리온도에서의 냉각속도에 의해서도 다르지만, -300~-1050 MPa정도가 된다. 즉 잔류응력을 계산할 경우 질화층의 영률, 포아송비 등이 측정되어 있지 않기 때문에 철강재료의 값을 일반적으로 사용하고 있다.

표 6.10 질화처리강의 각 부하응력에 의한 피로한도의 변화[82)]

재료	피로한도 10^7 (MPa)		
	인장압축	반복굽힘	반복비틀림
C=0.29%, Cr=2.55%, Ni=0.27%, V=0.25% 860℃ oil quenching, 600℃ 뜨임 $\sigma_S = 745\mathrm{MPa}$ $\sigma_B = 1150\mathrm{MPa}$	±530	575	315
위와 동일하게 질화	±530	±760	±410

표 6.11 질화처리의 유무에 있어서의 피로한도의 비교 (β: 노치계수)[83)]

강종 및 함유원소 (%)	시험편 및 시험조건		무처리재피로한도 (MPa)	질화에 의한 피로한도의변화(MPa), +%증가, -%감소
Cr-Mo강	15.2φ반복굽힘		512	592(+16, 485℃, 10hr 질화) 595(+16, 485℃, 22hr 질화) 630(+23, 485℃, 72hr 질화) 598(+17, 485℃, 22hr 질화 후 연삭)
	15.2φ비틀림		308	369(+20, 485℃, 10hr 질화) 352(+14, 485℃, 22hr 질화) 368(+19, 485℃, 72hr 질화) 364(+18, 485℃, 72hr 질화 후 연삭)
0.25C, 14Cr, 1.1Al	회전굽힘	계단가공(r=0.2)	200(β=2)	490~500(+145~+150)
		3/8in 나사	260(β=1.5)	420~430(+62~+65)
		예리한 노치	-	-
		계단가공(r=1.0)	400(β=1.4)	650(+62)
		예리한 노치	280~290(β=1.8)	610~620(+118~+114)
		계단가공(r=1.0)	320~330(β=1.6)	610~620(+82~+88)

질화처리는 표면이 경화하여, 내마모성이 향상됨과 동시에 큰 압축잔류응력이 생성되기 때문에 피로강도도 향상된다. 표 6.10은 평활재에 있어서의 부하응력의 차이와 10^7회에서의 피로한도를 비교한 것이다[82)]. 이 결과에 의하면 굽힘 또는 비틀림의 경우는 질화에 의해 피로한도가 모재보다도 향상하지만, 인장-압축의축응력에 대해서는 전혀 상승하지 않는다. 이러한 현상은 여러 가지의 부하응력방

표 6.12 피로강도에 미치는 질화처리의 영향[84)]

강의 조성 (%)	회전굽힘에 의한 피로한도 (MPa)		
	질화하지 않은 경우	질화한 경우	증가율
C=0.3, Cr=1.43, Al=1.12	405	550	36
C=0.32, Cr=1.24, Al=0.93, Mo=0.34	485	625	30
C=0.15, Cr=0.85, Mo=0.41	465	675	47

표 6.13 Cr-V강의 피로강도에 미치는 질화처리의 영향[85)]

부하양식	피로한도(MPa)		
	질화하지 않은 경우	질화한 경우	증가율
인장-압축	530	530	0
회전굽힘	575	760	32.2
양진비틀림	315	410	30.7

향에 대해서 최대인장이 작용하는 부위가 다른 것에 의한 것이며, 굽힘이나 비틀림의 경우는 최대전단응력이 최표면에, 인장-압축의 경우는 중심부에 존재하기 때문으로 생각된다.

표 6.11은 15.2 φmm의 환봉을 이용하여 굽힘과 비틀림피로시험을 행하고 질화처리에 의한 피로강도의 상승률을 나타낸 것이다[83)]. 이 결과에서 굽힘의 경우와 비틀림응력에서는 상승률이 약간 다르나, 어느 응력방향에 있어서도 모재와 비교하여 질화처리를 행한 것에 의해 현저한 증가를 확인할 수 있다. 특히 반복굽힘의 경우는 16~23%나 상승하고, 처리시간이 길어짐에 따라 상승률도 커지며, 비틀림응력의 경우보다도 현저하다. 비틀림응력의 경우는 질화처리의 효과를 확인할 수 있으나, 처리시간의 영향은 작다.

표 6.12는 조질한 후, 500℃에서 48시간 질화한 강의 회전굽힘피로한도의 결과이다[84)]. 어느 강종에 있어서도 질화처리를 행하는 것에 의해 36~47%향상하는 것이 확인되고 있다. 또 표 6.13은 부하응력형식을 변화시킨 Cr－V강을 소실한 후, 510℃ 에서 45시간 질화처리한 경우의 결과이다. 이 결과에서 굽힘 및 양진비틀림의 경우만 효과가 확인되고 있다. 이러한 결과는 다른 실험자에 의해서도 확인되어지고 있으며, 특히 양진비틀림의 경우에는 피로한도의 증가율이 현저하고, 드릴 또는 리머 마무리를 한 구멍을 반경방향으로 뚫은 경우에도 구멍에 의한 응력

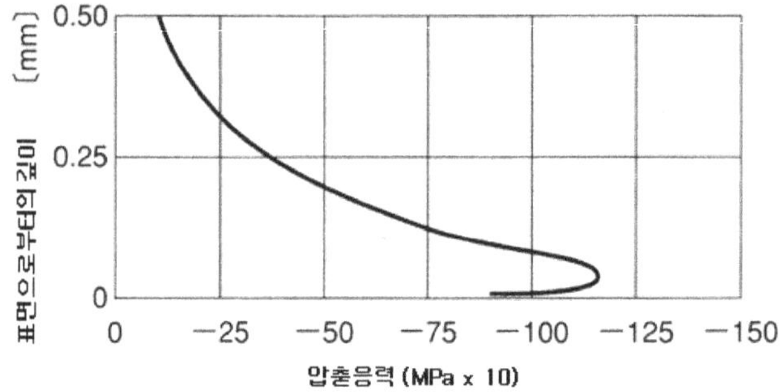

그림 6.69 질화처리에 의해 생긴 잔류응력분포[81)]

집중에도 불구하고, 허용양진토크의 증가율이 60%에 달하고 있다. 이에 반해 편진 비틀림의 경우에서는 증가율이 감소하여 20%에 지나지 않는다. 이러한 현상은 질화처리한 경우의 피로한도는 작용한 평균응력값에 의존하고, 질화층의 소성연신이 매우 작은 것으로부터 증가율이 커지지 않는 것으로 생각된다.

이상과 같이 질화에 의한 피로한도의 상승은 Fe−N계 상태도에서도 이해되듯이 공석온도가 590℃이하이고, α상으로의 질소 침입확산이다. 즉 페라이트 구역 중에서 질화처리를 행하는 것은 페라이트 속에 질화물이나 확산층을 만든 것이며, 이것을 급냉하면 질소를 고용시킨 상태로 상온까지 유지할 수 있다. 즉 침입한 질소는 전위의 공간위치에 침입하여, 코트렐효과에 의해 부하응력에 대해 원자의 이동을 방해하고, 슬립의 발생을 방지하는 역할을 한다. 그 때문에 결과적으로는 질화처리에 의해 피로강도가 상승하는 것이 된다.

(3) 가스질화강의 피로강도에 미치는 노치의 영향

질화처리에 의한 피로강도의 상승은 평활재보다도 노치재 쪽이 현저하다. 표 6.14는 각 질화강을 이용한 경우의 양진굽힘피로강도에 미치는 노치의 영향을 검토한 결과이다[86)]. 표에서도 알 수 있듯이, 질화강의 종류에 관계없이 질화처리를 실시하는 것에 의해 피로한도의 상승이 확인되고, 특히 r=0.5 mm의 노치에서도 질화에 의한 효과는 크고, 평활재에 비해 높은 피로한도를 나타내고 있다. 이와 같이 질화처리에 있어서는 기계가공에 의한 바이트 눈과 같은 적어도 질화층의 두께를 넘지 않을 정도의 가공 흠이라면 피로강도에는 영향을 미치지 않는다.

표 6.14 질화강의 굽힘피로한도에 미치는 노치의 효과[86]

강종	중심부의 σ_B (MPa)	피로한도(MPa)			
		평활시험편 d=6.5 mmφ		노치시험편 r=0.5 mm, d=6.5 mmφ	
		조질, 비질화	조질, 질화	조질, 비질화	조질, 질화
Cr-Mo-Al	900	480	680	240	-
Cr-V	1020	480	640	300	490
Cr-Mo	1100	560	840	270	530

또, 표 6.15는 예리한 V홈, 단 가공 환봉 및 3/8″의 나사 가공된 환봉에 대해서, 피로한도에 미치는 질화의 영향을 구한 결과이다[87]. 평활재에 있어서는 질화처리를 행하는 것에 의해 피로한도의 상승률은 15~30% 정도인 것에 대해, 노치재의 경우는 거의 100%에 달하고, 또 노치가 존재하지 않는 평활재도 같은 정도의 피로한도를 나타내고 있다. 이와 같은 경향은 표면에 존재하고 있는 압축잔류응력에 의한 것이다. 표 6.16도 노치의 영향에 대해서 검토한 보고이다[88]. 각 강종에 대해서 인장응력, 인장-압축응력, 회전굽힘응력, 평면비틀림응력을 부하한 경우의 피로한도이다. 이 결과에 의하면, 질화처리강의 피로한도는 평활재의 경우 15~30%의 상승에 지나지 않으나, 노치재의 경우는 100% 상승하고, 그 중에는 300%나 증가하는 강종도 있다.

표 6.15 질화강의 피로한도에 미치는 노치의 영향[87]

강종	질화의 유무	σ_B (MPa)	피로한도(MPa)				
			평활연마마무리 7.5φ	예리한V 구멍노치* (60°)	단 가공 환봉**		3/8″ 나사 가공 환봉
					r=1	r=0.2	
Cr-Al강	무	710~730	390~400	-	-	20	260
	유	-	490~520	-	-	490~500	420~430
Cr-Mo-V강	무	1160~1190	560~570	-	400	-	-
	유	-	650	650	650	-	-
Ce-Ni-Al-Mo강	무	980	520	280~290	320~330	-	-
	유	-	610~620	610~620	610~620	-	-

*7.5φ 환봉에 깊이 0.1 mm의 60° V홈 가공

**12φ에서 7.5φ로 단 가공, r=필릿반경

***질화시간=2.5일, V홈과 단 가공 부분의 가공은 질화 전에 행함

표 6.16 피로한도에 미치는 질화처리의 영향 (노치의 유무)[88]

강종	인장강도(MPa)	시험조건	질화하지 않은강의 피로한도(MPa)		질화처리에 의한 피로한도의 상승률(%)	
			노치가 없는 경우	노치가 있는 경우	노치가 없는 경우	노치가 있는 경우
Cr-Mo-V	1380	인장	618	162	−5	+192
1.7%Cr	950	인장압축	353		+2	
1.3%Al		회전굽힘	490		+20	
Cr-Mo	1050	〃	588	192	+36	+300
Cr-Mo	1300	〃	735	272	+20	+189
Cr-Mo-V	1380	〃	642	288	+24	+170
Cr-Mo	955	평면굽힘 비틀림	510 304	223 162	+23 +20	+90 +88
Cr-Mo-V	938	평면굽힘 비틀림	667 392	296 210	+10 +14	+50 +60
18.7%Cr, 9.3%Ni 스테인리스강	618	회전굽힘	230		+30	
12.3%Cr 스테인리스강	894	〃	432	765	+15	+750

6.7.3 플라즈마 질화처리재의 피로강도

플라즈마질화처리의 큰 특징은 표면에 생성된 백층이라 불리는 취약한 질소화합물의 두께를 제어할 수 있다는 점이다.

그림 6.70은 SCM435강을 이용하여 $N_2:H_2$ 혼합비를 바꾸어 표면에 생성된 $Fe_{2-3}N$으로 대표되는 질화물층의 두께가 피로강도에 미치는 영향에 대해서 검토한 결과이다[89]. 이 결과에 의하면, 저사이클 측에 있어서의 시간강도에 있어서는 현저한 차이는 확인할 수 없으나, 피로한도에 있어서는 $N_2:H_2$의 혼합비를 70:30으로 하여, 표면의 화합물층을 두껍게 한 것이, 얇은 $N_2:H_2=20:80$비의 것보다도 낮은 피로한도를 보이는 것을 알 수 있다.

그림 6.71은 SACM645의 결과인데, 이 경우도 SCM435와 같은 양상으로

N_2량을 적게 하여, 표면에 화합물층을 얇게 생성시킨 것이 높은 값을 나타낸다[90). 그러나 어느 강종에 있어서도 미질화강과 비교하면 높은 피로특성을 나타낸다. 또 그 절대값을 비교하면, SCM435강이 700~750 MPa의 피로한도를 가지는 것에 대해, SACM645강은 575~625 MPa로 낮고, 높은 표면경도를 얻은 SACM강이 낮은 피로한도를 나타내고 있다.

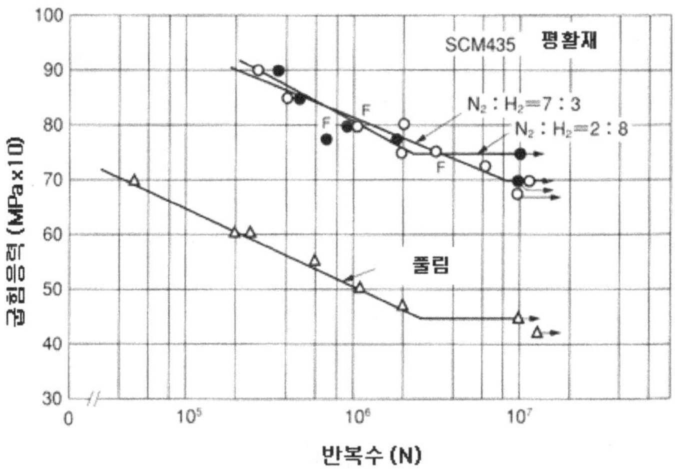

그림 6.70 플라즈마 질화처리를 한 SCM435의 피로한도곡선[89]

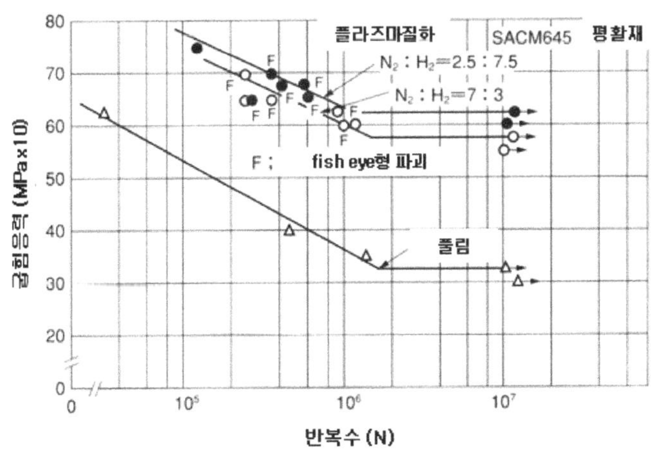

그림 6.71 플라즈마 질화처리를 한 SACM645의 피로한도곡선[90]

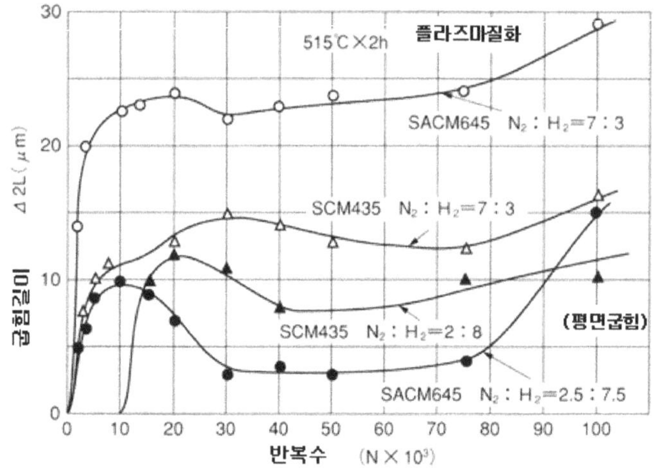

그림 6.72 각 강종에 있어서의 반복수와 균열성장속도의 관계[92)]

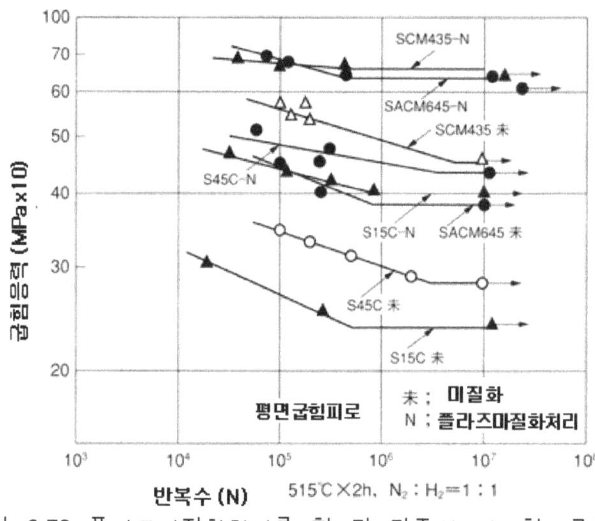

그림 6.73 플라즈마질화처리를 한 각 강종의 피로한도곡선[93)]

이러한 현상은 표면경도나 화합물층 등에 의해 균열의 발생 및 균열의 진전속도가 다르기 때문이며, 小笠原들의 실험에 있어서도 같은 결과가 얻고 지고 있다[91)]. 그림 6.72는 각 시험편에 대해서, 반복수와 균열이 성장한 길이와의 관계를 나타낸 것이다[92)]. SACM645 및 SCM435강 모두 분위기조성을 $N_2 : H_2 = 7 : 3$으로 하여 표면화합물층이 두껍게 생성된 것이, 균열성장속도가 빠른 점에서도 상술한 결과를 이해할 수 있다. 또 그림 6.73은 $N_2 : H_2 = 50 : 50$의 분위기에 있어서의, 515℃에서 2시간 처리한 경우의 평활양진굽힘피로시험에 의한 결과이다[93]. 이 결과에 의하면 강종에 관계없이 질화처리를 실시한 것에 의해, 높은 피로한도가 얻어지며, 그 절대치는 Al, Cr, Mo 등 N과 친화력이 강한 원소를 함유한 강일수록 크다. 또 SCM435와 SACM645를 비교한 경우, SCM재의 경우가 약간 높은 피로한도를 나타낸다. 이것은 균열 발생과 균열의 진전속도에 의존하는 것이며, 표면경도가 높고, 과잉질화에 의해 화합물층 속에 갈매기상의 질화물이 생성된 SACM의 경우가 균열발생이 빠르고, 매트릭스의 균열진전속도도 빠른 것으로 생각된다.

6.7.4 가스연질화처리재의 피로강도

(1) 가스연질화처리의 분위기와 생성질화물

가스질화법은 전술한 것과 같이 NH_3가스만을 이용해 처리를 행하기 때문에 장시간을 요구하고, 또 처리강재에 제약이 있는 등의 결점이 있다. 이 단점을 보완하기 위하여 가스에 의한 연질화법이 개발되었다. 가스연질화법은 N_2또는 NH_3 가스 속에 침탄성가스인 CO가스를 수% 첨가하고, C와 N을 동시에 침입 확산시킨다. 또 유기용제의 분해가스를 적하하여 처리하는 방법도 있다. 생성된 질화물은 기본적으로는 질화처리의 경우와 같고, 최표면에는 $Fe_{2-3}N$의 질소화합물, 그 하층에 Fe_4N 질화물이 형성된다. 그러나 생성된 탄질화물의 형상은 처리온도에서의 냉각방법에 따라 다르고, 공냉이나 유냉의 경우는 사진 6.2에 나타내듯이, 바늘의 선단과 같은 미세한 미립자상으로 석출된다. 이 선단이 노치가 되어 피로균열을 유발할지 그렇지 않을지가 다를 뿐이다. 따라서 탄질화물의 석출형상은 피로강도향상에는 큰 팩터이다.

가스연질화의 특징은 다음과 같은 점을 들 수 있다.

① 염욕연질화법과 비교하여 무공해 표면경화법이다.

② 가스분위기이므로 로의 기체관리가 용이하고, 안정한 품질의 것을 얻을 수 있다.

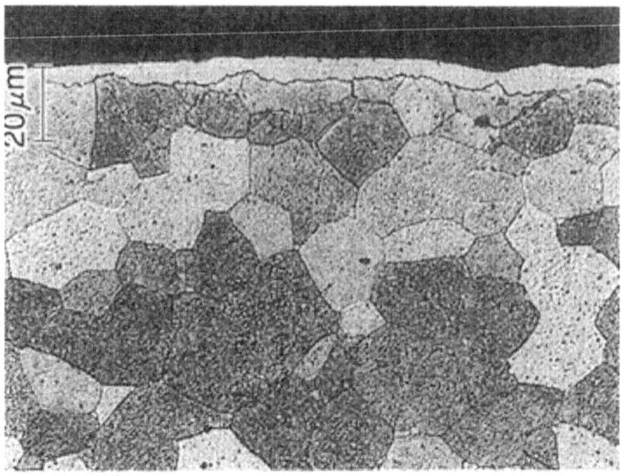

사진 6.2 가스연질화처리 조직

③ 연속처리에 의해 비용이 저감된다.

④ 질화처리 후의 냉각은 로냉이나 유냉이므로 Fe_4N의 질화물이 석출하기 쉽다.

등의 특징을 가지고 있다.

로내 분위기는 치환 회수, 로내 조건 등에 따라 다르다.

화합물의 종류는 로내 탄소, 질소, 또 산소농도는 혼합비, 온도, 치환 회수, 산소분압 등에 따라 다르다.

표 6.17은 가스연질화처리에 사용되는 가스분위기와 생성된 질화물의 종류를 나타낸 것이다[94]. 가스분위기에 의해 로내의 잔류암모니아양이 다르고, 또 생성된 질화물도 약간 다르다. 그러나 피로강도에 미치는 표면층의 생성물에 대해서는 기본적으로는 같다고 생각하면 좋다. 따라서 어떤 분위기를 채용할지는 로의 특성에

표 6.17 가스연질화 분위기조성과 화합물의 종류 (570℃ 처리)[94]

분위기구성	혼합가스	로내 잔류 NH3%	화합물의 종류
NH_3 + 흡열가스	50:50	40~45	$\varepsilon + Fe_{2-3}N$, γ
$NH_3 + N_2 + Air$	30:70:0.5	25~35	$\varepsilon + \gamma$
$NH_3 + Air$	90:10	64~65	$Fe_2O_3 + \varepsilon + \gamma$
$NH_3 + N_2 + CO_2$	40:55:5	20~21	$\varepsilon + \gamma$

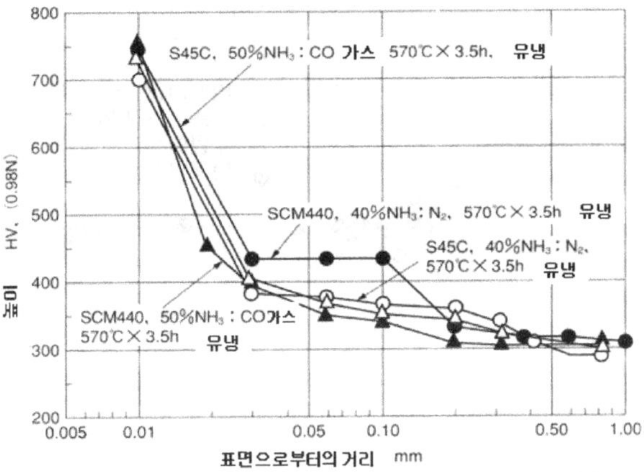

그림 6.74 가스연질화처리한 강의 경도분포곡선[95)]

따라 다르고 공기나 CO_2를 첨가하는 경우는 처리품의 사용목적에 따라 선택하면 좋다. 그림 6.74는 가스연질화처리 분위기를 바꾼 경우의 경도분포곡선이다[95)]. 그림에서도 알 수 있듯이, NH_3 속에 CO가스를 첨가하여도, 질소가스를 첨가하여도 현저한 차이는 확인할 수 없다. 그러나 금속조직에 있어서의 화합물층의 두께에 있어서는 약간 다른 경향을 보이며, S45C의 경우에는 NH_3 40%에 약간의 N_2를 첨가한 강이, 그리고 SCM440의 경우는 N_2의 첨가로 3배 이상 두꺼워지는 경향을 나타낸다.

(2) 피로강도에 미치는 분위기조성의 영향

피로강도의 향상에 기여하는 인자로서, 여러 가지를 들 수 있으나, 가스연질화처리의 경우는 가스질화처리의 경우와 약간 다른 점이 있다. 즉 가스연질화처리의 경우는 전술한 것과 같이, 활성화된 N만이 F_e격자 속에 또 전위의 공간부에 침입확산하여, 격자슬립이나 격자변형이 발생하여, 더욱 경한 질화물을 형성해서 슬립이나 전위운동을 저해하기 때문에 피로강도가 향상한다. 이에 반해 가스연질화처리의 경우는 N과 동시에 C도 침입확산하기 때문에, 더욱더 격자 변형이 크고, 또 전위부분의 격자 사이에는 C와 N이 같이 침입하여, 이 C와 N이 부하

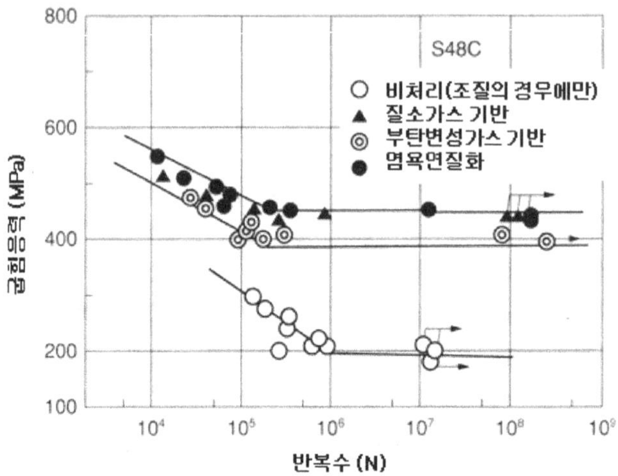

그림 6.75 분위기가 다른 가스연질화강의 피로한도곡선[96)]

응력에 대해, 코트렐효과에 의해 슬립운동을 지연시키는 움직임을 한다. 따라서 가스질화처리의 경우보다도 처리 재료에 제약이 없고, 표면경도가 높아지지 않는 강에 있어서도 피로강도의 향상을 기대할 수 있다. 또, 가스연질화처리의 경우는, 전술한 것과 같이 질화성 분위기의 종류도 많고, 그 분위기조성을 불문하고 형성되는 질화물도 같으며 분위기조성의 차이에 의한 피로강도는 현저한 차이가 발생하지 않는다. 그림 6.75는 질소 베이스 및 부탄형성가스 베이스의 질화성분위기를 사용하여 575℃×2h 처리한 경우의 회전굽힘피로시험의 결과이다[96)]. 미처리재와 비교하면 연질화처리를 실시하는 것에 의해 피로강도는 현저히 향상되지만, 저사이클, 고사이클측 모두 분위기조성의 차이에 의한 현저한 차이는 확인할 수 없다. 또한 염욕연질화처리의 경우도 함께 기재하고 있는데 그림에 나타낸 것처럼 밴드(band)에 들어가는 범위내의 피로강도곡선을 나타내고 있다.

(3) 피로강도에 미치는 화합물층의 영향

플라즈마질화처리의 경우는 전술한 것과 같이 유입하는 가스조성의 차이에 의해 표면에 생성되는 화합물층의 두께를 컨트롤할 수 가 있고, 또 전혀 없게 하는 것도 가능하다. 그러나 가스연질화처리나 염욕연질화처리의 경우는 처리조건의 차이에 의해서도 다르지만, 표면의 화합물층의 두께를 제어하는 것은 불가능하다. 따라서 내마모성을 논의하는 경우는 기계적 가공이나 화학적인 방법에 의해서 제거하고 있는 것이 현상이다.

피로강도에 있어서는 이 화합물층이 어떻게 작용을 하는지 불명확한 점이 많다. 그림 6.76은 S33C를 NH_3 : CO가스 = 80 : 20의 질화성 분위기 속에서 575℃ ×4h처리 후 유냉하고, 그 후 전해연마에 의해서 표면에 생성된 질소화합물을 제거한 평활시험편에 대해서, 평면굽힘피로강도를 구한 결과이다[97]. 이 결과에 의하면 화합물층을 20 μm로 남긴 것이 625 MPa로 가장 높은 피로한도를 나타내고, 10 μm로 한 것이 575 MPa가 되고, 또 화합물층을 전부 제거한 것이 350 MPa의 값을 나타내었다. 즉 화합물층 깊이가 두꺼운 쪽이 높은 피로강도를 나타내고, 없게 한 것과 비교하면 80%정도 이상 향상된 결과가 얻어지고 있다. 또 그림 6.77은 580℃×5h, NH_3 : CO가스 = 33～67% : 잔량이 흡열형변성가스인 질화성분위기를 이용하여 0.1%C − 1% Cr − 0.23% Al강을 처리하고, 평활재와 노치재(α = 1.84)에 있어서의 회전굽힘피로강도를 구한 결과이다[98]. 평활재에 있어서는 미처리재와 비교하여 약 50% 향상하여, 화합물층의 유무에 대해서는 현저한 차이를 확인할 수 없는 같은 정도의 피로강도곡선을 나타내고 있다. 이에 반해 노치재의 경우는 미처리재와 비교하면 200~250%나 향상되고 있다. 또 화

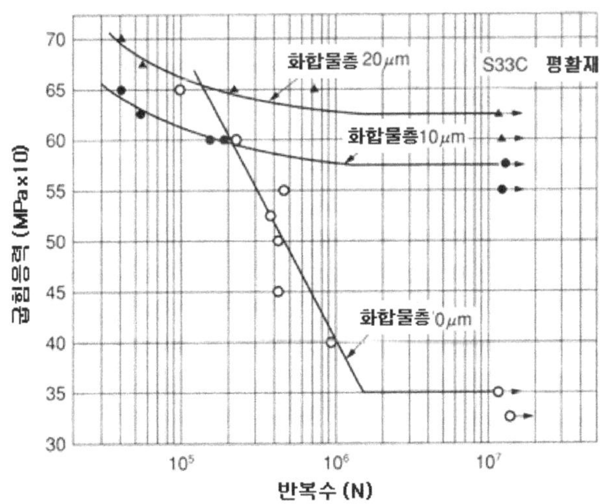

그림 6.76 화합물층을 제거한 경우의 피로한도곡선[97]

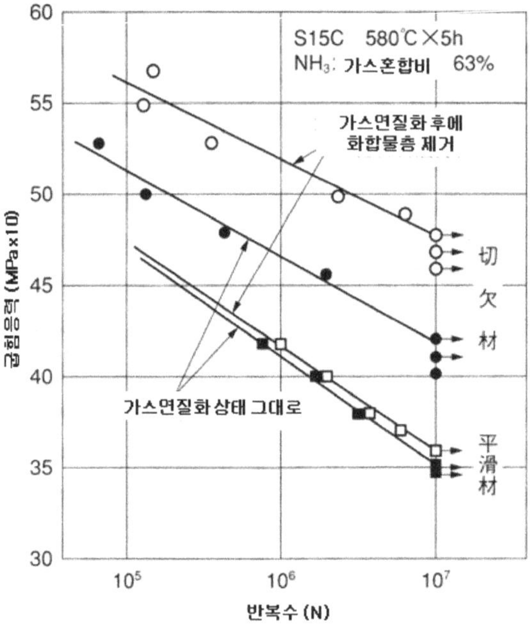

그림 6.77 피로강도에 미치는 화합물층의 영향[98)]

합물층의 유무에 대해서는 없게 한 것이 약 15% 향상되고, 평활재와 비교해 피로강도도 높아 화합물층을 제거한 것이 피로강도 향상에 효과적이다. 이러한 점에서 가스연질화처리의 경우는 평활재보다도 노치재의 피로강도향상에 효과적이고 또 화합물층의 유무에 있어서는 평활재의 경우는 현저한 차이를 확인할 수 없고, 노치재에 있어서는 없게 한 것이 피로강도 향상에는 도움이 된다고 할 수 있다.

(4) 피로강도에 미치는 합금원소의 영향

질화 및 연질화처리에 있어서의 표면경도는 침입질소와 친화력이 강한 Al, Cr, Mo 등이 많이 함유된 강일수록 높아지고, 내마모성의 향상에는 효과적이다. 그러나 피로강도향상에는 반드시 표면의 높은 경도만이라고는 단정할 수 없다. 그림 6.78은 여러 가지의 강에 대해서 575℃×2h, NH_3 : end 1 mmϕ×0.5 mm gas＝50 : 50의 질화성분위기 속에서 처리를 행하여 X선에 의해 잔류응력을

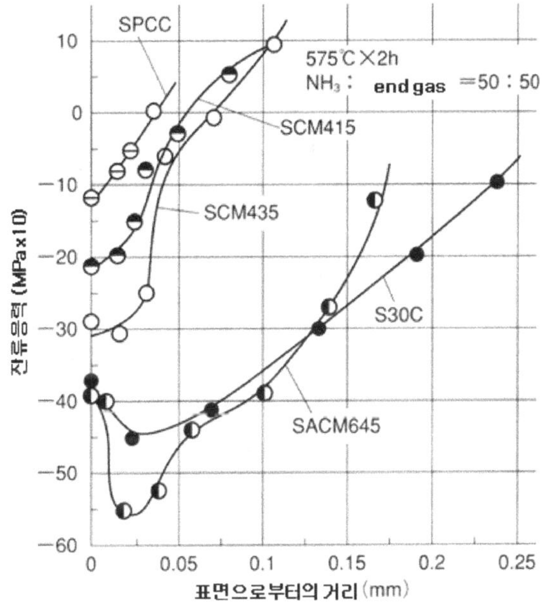

그림 6.78 가스연질화강의 잔류응력분포곡선[99)]

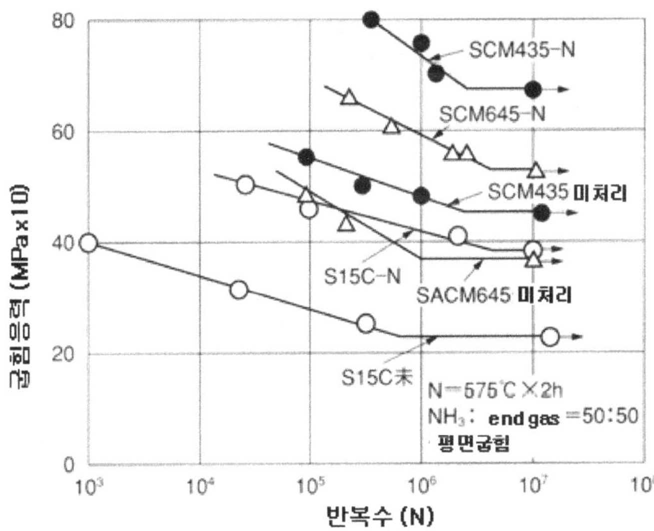

그림 6.79 가스연질화처리한 각 강종의 피로한도곡선[100)]

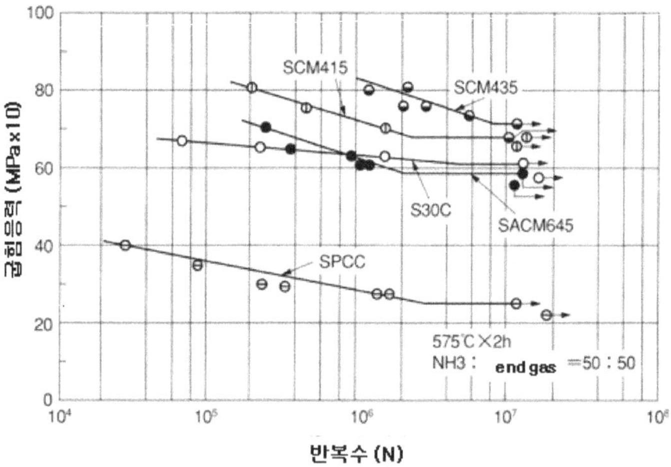

그림 6.80 가스연질화처리한 강의 평면굽힘피로강도[101)]

구한 결과이다[99)]. 이 결과에 의하면 강종의 차이에 관계없이 최표면에서 약간 내부로 최대압축잔류응력이 생성되고, 내부를 향해 인장잔류응력측으로 옮겨간다. 또 그 절대치는 Al을 함유한 SACM645가 가장 큰 압축응력치를 나타내고, 동일하게 Cr이나 Mo를 함유한 SCM415, SCM435는 비교적 작다. 더욱이 S30C와 같이 단단한 질화물형성원소를 함유하지 않는 강이 SACM645의 다음으로 큰 압축잔류응력치를 나타내고 인장측으로 옮겨가는 경사도 완만한 구배를 나타내고 있다.

이와 같이 강종의 차이에 의해 값이 다른 평활재에 대해서 평면굽힘피로시험을 행한 결과가 그림 6.79[100)] 및 그림 6.80[101)]이다. 이 결과에 의하면 강종의 차이에 의한 피로강도의 향상에는 가스연질화처리에 의해 생성된 표면근방의 압축잔류응력의 크기, 및 잔류응력분포에는 반드시 일치하고 있지 않다. 즉 가스연질화강의 경우는 잔류응력 외에 표면경도, 확산층깊이 등에 기인하여, 균열의 발생과 진전속도에 크게 영향을 받는 것으로 생각된다. 그림 6.81은 각 강종에 대해서 표면경도, 화합물층 깊이, 확산층의 두께 등과 내구한도비의 관계를 나타낸 것이다[102)]. 그림에서도 알 수 있듯이, 피로한도비는 표면경도보다도 확산층의 두께에 크게 영향을 받는 것으로 생각할 수 있다. 그림 6.82는 평판시험편을 가스연질화처리한 후, 시험편의 한 가운데에 $1\,mm\phi \times 0.5\,mm$ 의 구멍을 가공하고, 반복수와 구멍으로부터 발생했을 때의 균열길이를 구한 결과이다[103)].

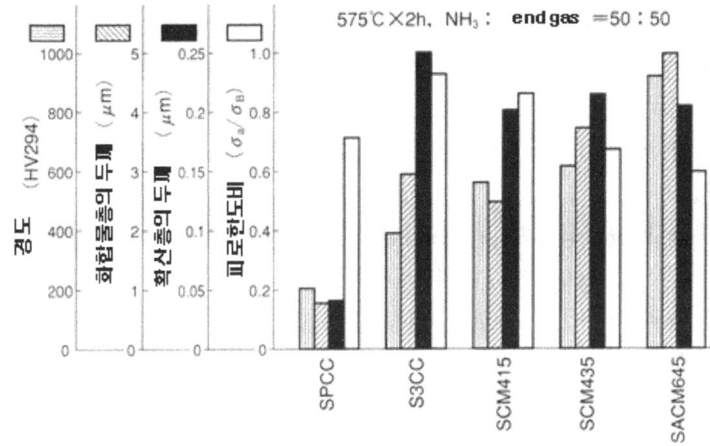

그림 6.81 가스연질화강의 표면경도, 화합물층 깊이, 확산층 깊이 및 내구한도비[102]

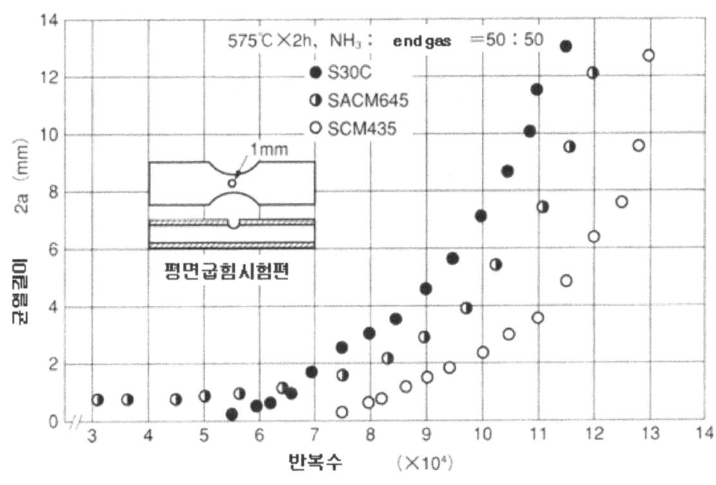

그림 6.82 가스연질화강의 반복수와 균열성장길이의 관계[103]

그림에서도 알 수 있듯이, 초기균열은 표면경도가 가장 높은 SACM645 재가 가장 빨리 발생하고, 또 SCM435강은 균열의 발생이나 균열성장속도에 있어서도 지연되고 S30C이 그 중간이었다. 이러한 현상으로부터 추찰하더라도 상술한 결과를 이해할 수 있다. 또 그림 6.83은 가스연질화처리한 SCM435 및 SACM645강에 대해서 피로한도곡선의 굴곡점근방 (3×10^6회)과 피로한도근방에 있어서의 반복수와 균열성장길이의 관계를 구한 결과이다[104]. 이 경우는 구멍가공을 행한 후 가스연질화처리를 실시하고 있다. 즉 구멍의 저면에도 질화된 상태로 실험을 행하였다. 이 결과 굴곡점 근방의 부하응력에 있어서는 양쪽에서 현저한 차이를 확인할 수 없으나 피로한도 근방에서는 SCM435의 경우가 균열발생이 빠른데도 불구하고 균열성장속도는 느리다. 이와 같은 현상은 가스연질화처리전의 조질조건, 즉 SACM645의 경우는 SCM435과 비교하여 담금질에 있어서의 오스테나이트화온도가 약간 높고, 결정립 조대화에 의해서 균열성장속도가 빨라진 것으로 생각된다.

그림 6.84는 응력확대계수 ΔK와 균열진전속도 da/dn의 관계를 구한 결과이다[105]. 이 결과에 의하면 응력확대계수가 비교적 작은 경우는, 강종에 의해 약간 다른 균열진전속도를 보이나, 높은 ΔK가 되면 강종의 차이에 관계없이 3.5정도의 값을 나타내고 균열진전이 빨라지는 것을 알 수 있다. 그림 6.85는 그림 6.83과 같은 시험편을 이용하여 ΔK와 균열진전속도의 관계를 나타낸 것이다[106]. 두 시험편 모두 저부하응력의 경우일수록 균열발생이 빠르고, 높은 ΔK가 되면 부하응력의 차이에 관계없이 균열진전속도가 빨라지는 경향을 나타내고 있다.

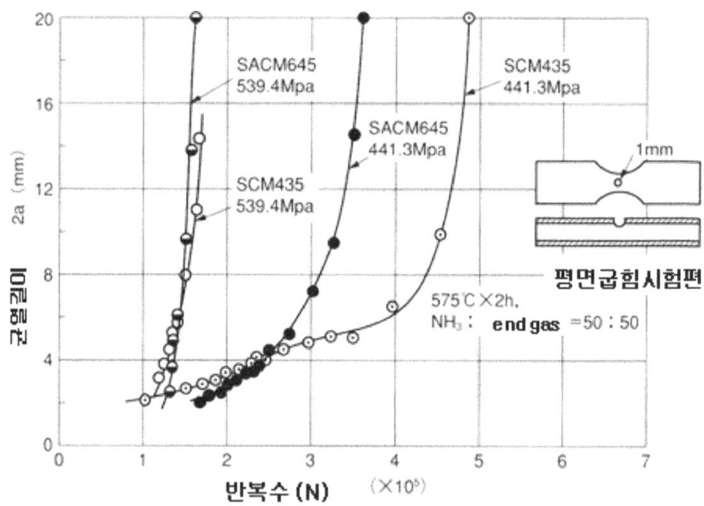

그림 6.83 가스연질화강의 반복수와 균열성장속도의 관계[104]

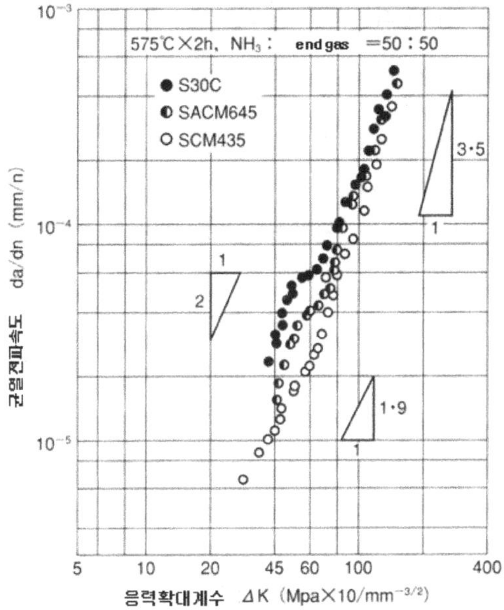

그림 6.84 가스연질화강의 응력확대계수와 균열전파속도와의 관계[105)]

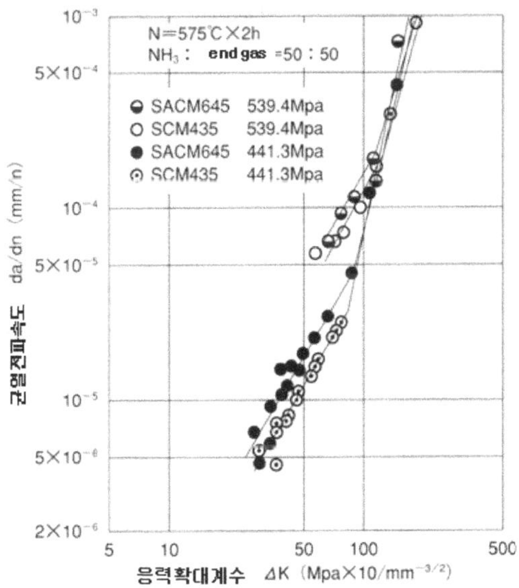

그림 6.85 가스연질화강의 균열전파속도와 응력확대계수와의 관계[106)]

6.7.5 염욕연질화처리재의 피로강도

(1) 피로강도에 미치는 처리온도의 영향

염욕연질화처리도 가스연질화처리와 마찬가지로, Fe－N계평형상태도에 있어서의 A1변태이하의 α구역에서 행해진 것이다. 그러나 처리온도가 높아질수록 질화반응은 촉진되고, 표면경도는 저하하는데 표면에 생성되는 질화물층 깊이는 두꺼워지는 경향을 보이고, 이 층을 확산처리에 의해 보다 깊게 하려는 경우가 있다. 그림 6.86 및 그림 6.87은 NaCNO 73%, KCL 15%, Na_2CO_2 12%의 질화성 혼합염을 이용하여 550~650℃에서, 2시간 가열유지한 후 수냉한 평활시험편에 대해서 양진굽힘피로시험을 행한 결과이다[107]. 이 결과에 의하면 그림 6.86의 SCM440강의 경우는 600℃처리가 가장 높은 피로한도를 나타내고, 그보다 낮은 온도에 있어서도, 또 고온에 있어서도 피로한도는 저하하는 경향을 보이고 있다. 그림 6.87의 SK85강의 경우는 570℃가 가장 높은 피로한도를 나타내고, 다음으로 600℃, 그리고 550℃가 가장 낮은 피로한도를 나타내어, 높은 피로한도를 나타내는 처리온도가 다르다. 염욕연질화처리의 경우, 피로강도에 미치는 영향인자로서, 표면경도나 화합물층 깊이, 확산층 깊이, 잔류응력 등을 생각할 수 있는데, 가장 영향을 미치는 것은 최표면의 질소화합물과 매트릭스 사이에 생기는 브라우

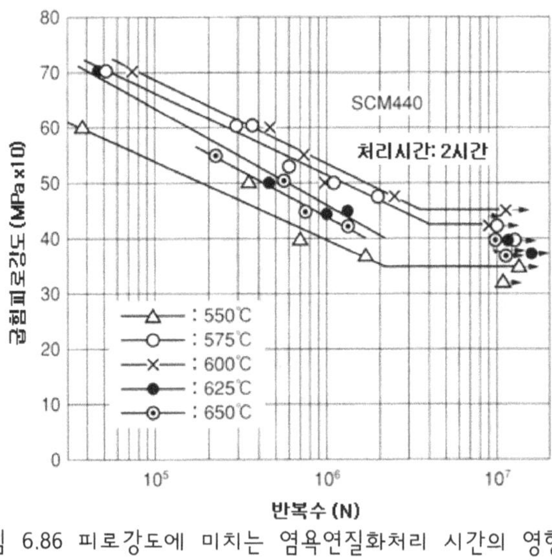

그림 6.86 피로강도에 미치는 염욕연질화처리 시간의 영향[107]

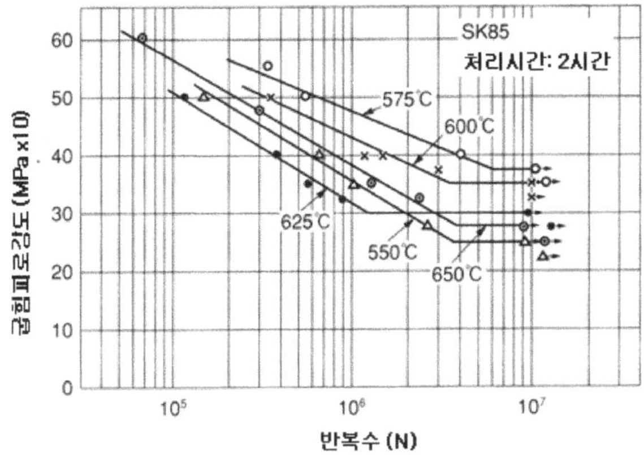

그림 6.87 피로강도에 미치는 염욕연질화처리 시간의 영향[107)]

나이트(braunite)의 생성이다. 브라우나이트는 처리온도의 차이에 의해 생성 유무가 다르다. 즉 브라우나이트는 Fe－C계 상태도에 있어서 공석점에서 생기는 펄라이트와 동일한 층상조직을 가지고, Fe－N계에서는 공석점이 590℃정도까지 강하하기 때문에 보다 고온에서 냉각되면 오스테나이트 영역에서 냉각된 것과 같게 되어 층상조직이 생성된다. 이 층이 브라우나이트이고 취성적인 생성물이다.

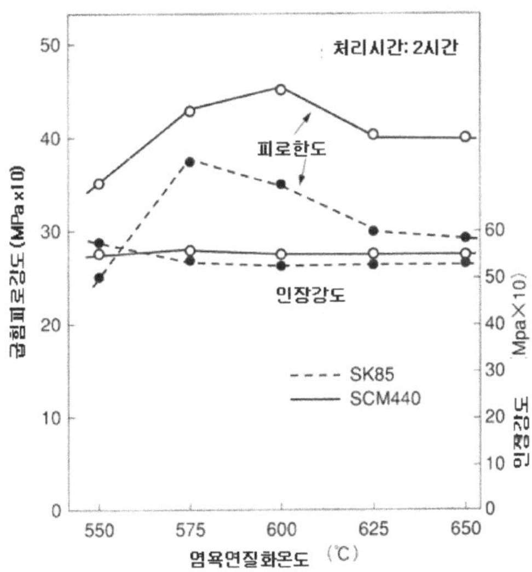

그림 6.88 각 온도에서 처리한 강의 피로한도와 인장강도의 관계[108)]

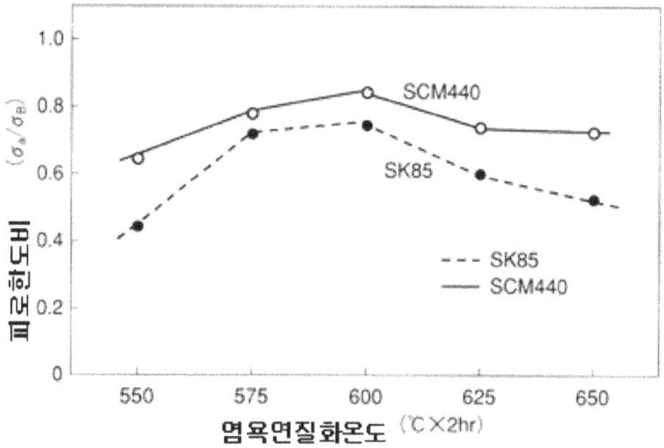

그림 6.89 염욕연질화온도와 피로한도비의 관계[109)]

브라우나이트의 생성온도는 강종에 따라 다르고, Cr, Mo 등이 포함된 강은, 포함되지 않은 강보다 공석점이 약간 고온 측으로 옮겨간다. 따라서 앞 그림에서 알 수 있듯이 SCM440강의 경우는 600℃처리, SK85의 경우는 575℃가 가장 높은 피로한도를 나타내고, 보다 고온의 경우는 브라우나이트의 생성에 의해, 또 저온의 경우는 질화부족에 의해서 피로강도가 저하한 것으로 생각할 수 있다. 또한 그림 6.88은 피로한도와 인장강도의 관계이다[108)]. 그림에서도 알 수 있듯이 인장강도는 처리온도나 강종의 차이에 관계없이 같은 정도의 값을 나타내지만, 피로한도는 전술한 것처럼 처리온도에 따라서 다른 경향을 보인다. 이와 같은 경향은 강종이나 처리온도의 차이에 관계없이 인장시험에 있어서의 파괴기구가 같은 것을 의미하고 있다.

즉, 제 5장의 기계적 성질의 항에서도 기술하였듯이 정적인 부하하중에 의해 최표면의 질화물이 지렁이균열을 생성시켜 파괴하기 때문에 화합물층 깊이나 확산층 깊이는 영향을 받지 않는 것으로 생각된다. 또 그림 6.89는 상술한 관계를 피로한도비로 나타낸 것이다[109)]. 이 결과에 의하면 SCM440강의 경우는 전술한 피로한도곡선과 동일한 경향을 나타내지만, SK85의 경우는 약간 다르며 600℃가 0.6이상의 최고치를 나타내고 있다.

(2) 피로강도에 미치는 화합물층의 영향

염욕연질화처리의 경우도 다른 질화법과 마찬가지로 피로강도에는 표면에 생성되어 있는 $Fe_{2-3}N$로 대표되는 질소화합물층의 깊이가 크게 영향을 미친다. 그림 6.90은 S15C강의 평활재 및 중공재를 이용하여 570℃×2h 가열유지 후 수냉한 시험편에 대해서, 질화만 한 경우 및 전해연마에 의해서 표면의 화합물층을 제거하여 회전굽힘피로시험을 행한 결과이다[110]. 그림에서도 알 수 있듯이, 평활재, 중공재 모두 염욕연질화처리를 행한 것에 의해 피로강도가 크게 향상되고, 또 화합물의 유무에 의한 영향에 대해서는 평활재, 중공재 모두 다른 경향을 나타내고 있다. 즉 평활재에 있어서는 화합물층을 제거한 경우는 처리만 한 것보다도 높은 피로한도를 나타내지만, 중공재에 있어서는 제거한 것에 의해 피로한도는 미처리재와 같은 정도의 값을 나타내며, 저사이클 측의 시간강도는 크게 저하하는 경향을 보인다.

그림 6.91은 페라이트와 펄라이트 조직(풀림)을 갖는 S33C강을 사용해, 575℃×8h 가열유지하고, 수냉한 평활시험편에 대해서, 표면에 생성된 화합물층을 전해연마에 의해 제거한 경우의 양진평면굽힘피로시험 결과이다[111]. 그림에서도 알 수 있듯이, 표면에 생성되어 있는 화합물층을 전해연마에 의해 제거하면, 그

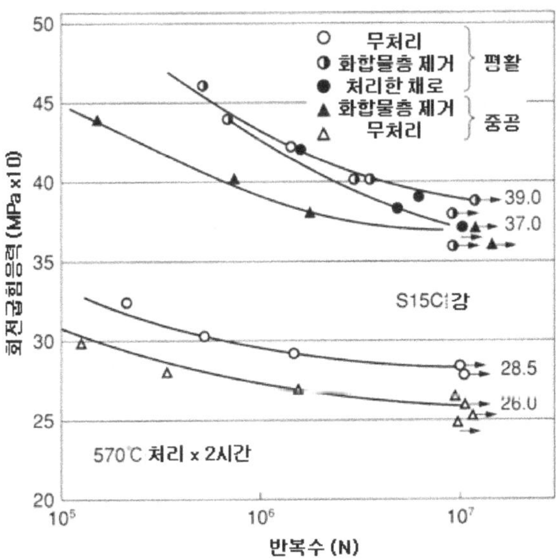

그림 6.90 피로한도에 미치는 화합층제거의 영향110)

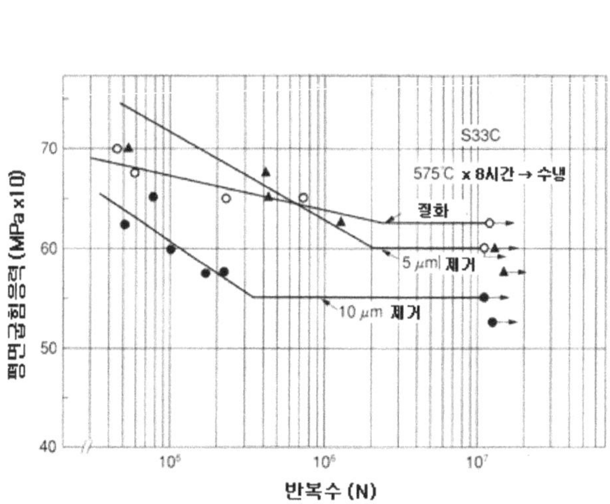

그림 6.91 염욕연질화처리한 후 화합물층을 제거한 강의 피로한도곡선[111)]

연마량이 많아짐에 따라서 저사이클 측의 시간강도는 약간 늘어나는 경향을 나타내지만, 피로한도에 있어서는 저하하는 경향을 확인할 수 있다. 즉 피로한도에 있어서는 연질화처리에 의해 생성된 화합물층을 완전히 제거(10 μm)한 것이 550 MPa, 5 μm 연마하고 5 μm 화합물층을 남긴 것이 600 MPa, 전해연마를 행하지 않고 질화처리만 한 것이 625 MPa로 되어, 화합물층이 두꺼운 것일수록 피로한도의 상승이 확인되고 있다.

이러한 현상을 파면관찰결과에서 추찰하면 어느 경우도 부하응력의 대소에는 관계없이 많은 경우 피쉬아이형의 파면을 드러내고, 화합물층의 유무에 의한 현저한 차이는 확인할 수 없었다. 또 그림 6.92는 상술한 바와 같은 동일한 시험편을 사용하여 반복수와 균열성장길이를 구한 것이다[112)]. 이 결과에 의하면 화합물층이 존재하는 것이 각각의 반복수에 있어서 균열성장속도가 느린 것을 알 수 있다.

그림 6.93은 화합물층의 유무에 대해서, da/dN균열길이(μm)의 관계를 나타낸 것이다1[13)]. 이 결과에 의하면 화합물층을 제거한 것은 da/dN에 있어서의 균열성장속도가 느리고, 질화처리만 실시한 시험편이나 5 μm 전해연마처리한 시험편과 비교하면 약 1/2정도 지연된다.

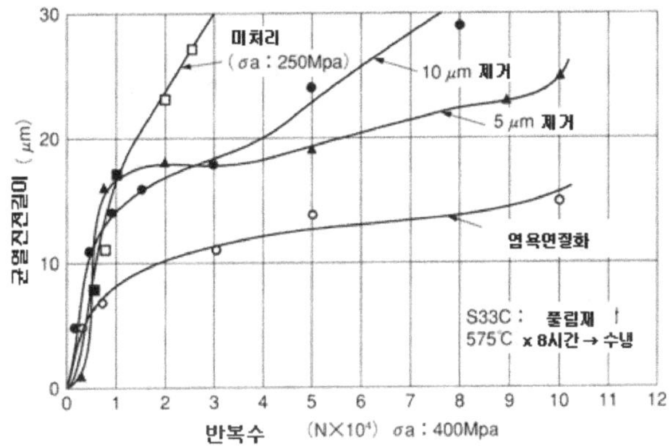

그림 6.92 균열진전길이에 미치는 반복수의 영향[112)]

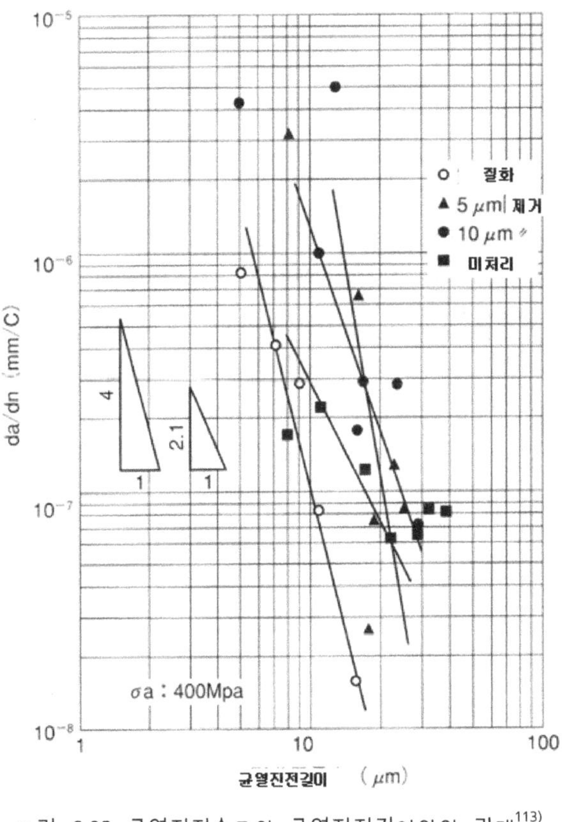

그림 6.93 균열진전속도와 균열진전길이와의 관계[113)]

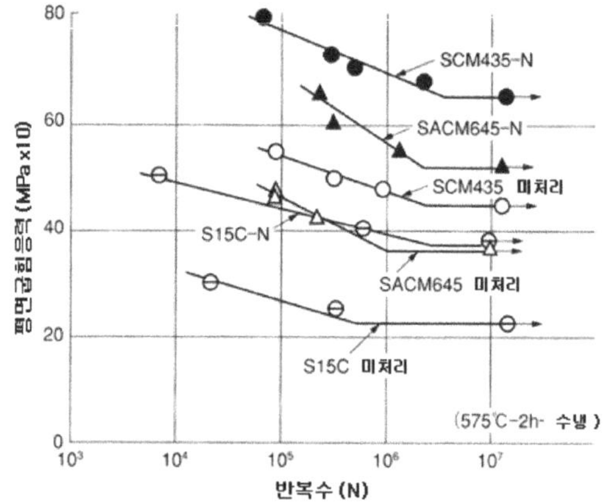

그림 6.94 염욕연질화처리한 강의 평면굽힘피로곡선[114)]

(3) 피로강도에 미치는 합금원소의 영향

염욕연질화처리의 큰 특징의 하나는 처리강재에 제약이 없다는 것이다. 즉 Al, Cr, Mo등 활성화질소와 친화력이 강한 원소를 포함하지 않는 강종에 있어서도, 격자변형이나 격자슬립에 의해 피로강도가 향상하는 것이 알려져 있다. 그림 6.94는 기계구조용 탄소강 및 기계구조용 합금강에 대해서 575℃×2h 염욕연질화처리(가열온도로부터 수냉)를 행하고, 평활재에 있어서의 평면굽힘피로강도에 미치는 합금원소의 영향을 구한 보고이다[114)]. 그림에서 알 수 있듯이, 침입질소와 친화력이 강한 원소를 포함하지 않는 S15C강에 있어서도 염욕연질화처리를 실시하는 것에 의해 피로강도의 향상을 확인할 수 있다. 또 높은 표면경도가 얻어지는 SACM645강보다도 SCM435강 쪽이 피로강도의 절대값이 크다. 이와 같은 결과는 균열의 발생이나 전파속도에 의존하는 것이며 SACM645강의 경우는 표면층이 단단하기 때문에 균열의 발생은 지연되지만 균열진전속도가 SCM435강과 비교해 빠르고, 또 SCM4355강의 경우는 균열발생이 지연됨과 동시에 매트릭스 속의 균열진전속도도 느린 것으로 생각된다.

(4) 피로강도에 미치는 소지(素地) 조직의 영향

질화처리나 연질화처리는 α구역의 저온에서 행하여지기 때문에 매트릭스의 조직

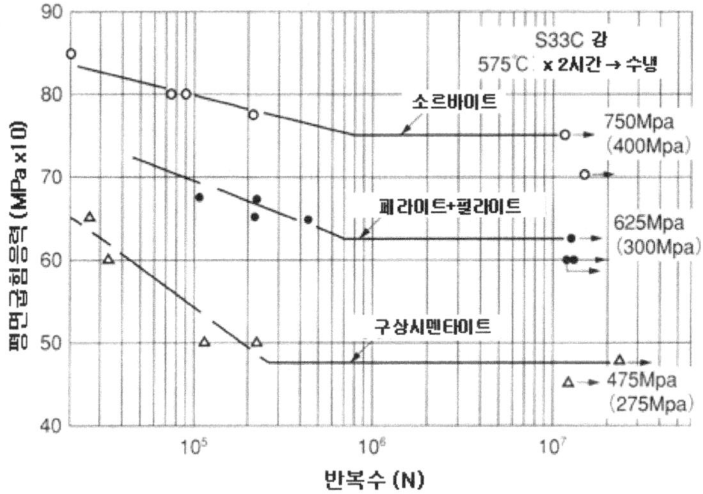

그림 6.95 소지 조직이 다른 강의 피로한도곡선 (( )의 숫자는 미처리재의 피로한도)[115)]

에 따라서 효과가 다르고, 피로강도에 관해서도 영향인자로 된다. 그림 6.95는 S33C강을 이용하여 풀림, 구상화풀림, 조질에 의해 매트릭스의 금속조직을 바꾸고, 575℃×2h → 수냉의 염욕연질화처리를 행하여, 평면굽힘피로시험을 행한 결과이다[115)]. 그림 속에서 나타낸 ( )속의 응력은 미질화강의 피로한도를 나타낸 것이며, 매트릭스의 조직에 관계없이 질화처리를 실시한 것에 의해 현저히 피로강도가 상승하고 있다.

또 매트릭스의 조직에 대해서 비교검토하면 조질에 의해 소르바이트 조직으로 된 것이 가장 높은 피로한도를 나타내고, 다음으로 페라이트+펄라이트 조직이며, 구상시멘타이트 조직이 가장 낮은 값을 나타내고 있다. 즉 미처리재와 비교하면 구상화 조직이 275 MPa→475 MPa, 페라이트+펄라이트 조직이 300 MPa→625 MPa, 소르바이트 조직이 400 MPa→750 MPa 이며 소르바이트 조직의 것이 가장 높은 상승률을 나타낸다. 이와 같은 현상은 동일 조건에서 질화처리 행한 경우, 그 결과는 소르바이트 조직이 가장 크고, 구상화 시멘타이트 조직강이 가장 작아 질소, 탄소가 확산하기 어려운 것을 의미하고 있다. 즉 표면에 있어서의 반응생성물은 매트릭스의 조직에 관계없이, 약간의 Fe_3C와 $Fe_{2-3}N$, Fe_4N이 생성되고, 그 두께는 소르바이트 조직의 것이 가장 두꺼워 지는 경향을 보인다. 또 표면에 생성된 잔류응력에는 조직의존성이 나타나지 않고 -400~-500 MPa이다. 표면 경도에 있어서는 소르바이트 조직이 가장 높은 값을 나타내고, 구상화 조직이 가장 낮은 값을 나타내는 점 등에서도 피로강도의 결과를 이해할 수 있다. 그러나 내구한도비에 있어서는 페라이트+펄라이트 조직이 0.91, 구상화조직이 0.82, 소르바이트 조직이 0.87이며, 페라이트+펄라이트 조직의 것이 가장 높은 값을 나타내는 결과가 얻어지고 있다.

(5) 피로강도에 미치는 결정립도의 영향

피로강도에 미치는 큰 인자의 하나로 결정립도의 크기가 있고, 염욕연질화처리에 있어서도, 질화의 효과나 피로강도에 의존성이 있는 것으로 생각되어진다.

그림 6.96은 SACM645 및 S45C강을 이용하여 풀림온도를 바꾸어 처리를 행하고, 자유페라이트 거리간격을 변화시켜 575℃×2h → 수냉한 평활시험편에 대해서 평면굽힘피로시험을 행하여 결정립도와 피로한도의 관계를 구한 것이다[116]. 이 결과에 의하면, 어떠한 강종에 있어서도 질화처리를 행하는 것에 의해 피로강도의 향상을 확인할 수 있고, 그 향상율은 결정립도가 클수록 현저하다. 또 어느 경우도 결정립이 미세할수록 높은 피로강도가 얻어지며, Hall-Patch 식에 따른 경향이 얻어지고 있다.

또 그림 6.97은 피로강도에 미치는 구(旧)오스테나이트 결정립도의 영향에 대해서 구한 보고이다[117]. S33C강을 오스테나이트화 온도로 바꾸어 담금질하고, 고온뜨임을 행한 후, 평활시험편으로 가공하여 575℃×2h→수냉의 염욕질화처리를 행하고 평면굽힘피로시험을 하였다. 또 ( )안은 미질화처리재의 피로한도도 함께 나타내고 있는데, 결정립도에는 의존하지 않고 질화처리를 실시하는 것에 의해 2.3~3배 강하고 높은 피로한도가 얻어지며, 현저한 질화처리의 효과를 확인할 수 있다. 또 그 절대값은 결정립이 미세할수록 큰 값을 나타내고 있다. 그림 6.98은 결정립도에 미치는 피로한도의 관계를 나타낸 것이며[118], 피로강도에 미치는 결정립도 의존성은 질화처리를 실시하면 $Y = 2.5X + 55$의 일차함수로 표시할 수 있으며, 또 피로한도비와 결정립의 관계에 대해서는 그림 6.99에 나타낸 것처럼 $a = (0.9 \times 10^{-2})X + 0.76$으로 회귀할 수 가 있다[119]. 더욱이 위 식에 있어서 X는 결정립도 번호를 나타낸다.

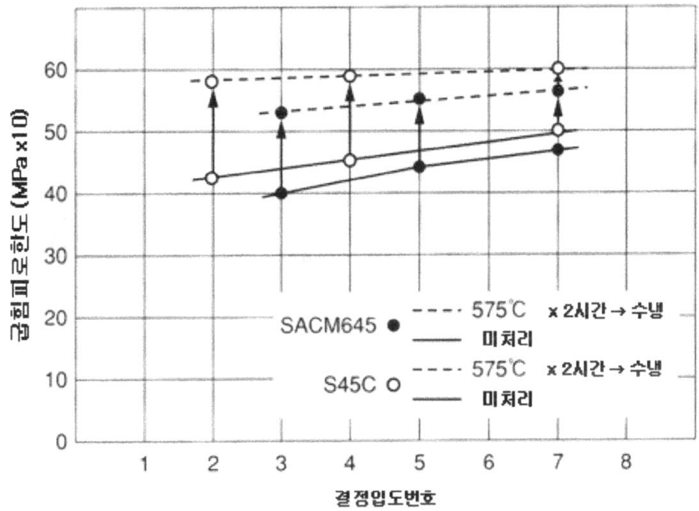

그림 6.96 결정립도가 다른 강의 피로한도곡선[116)]

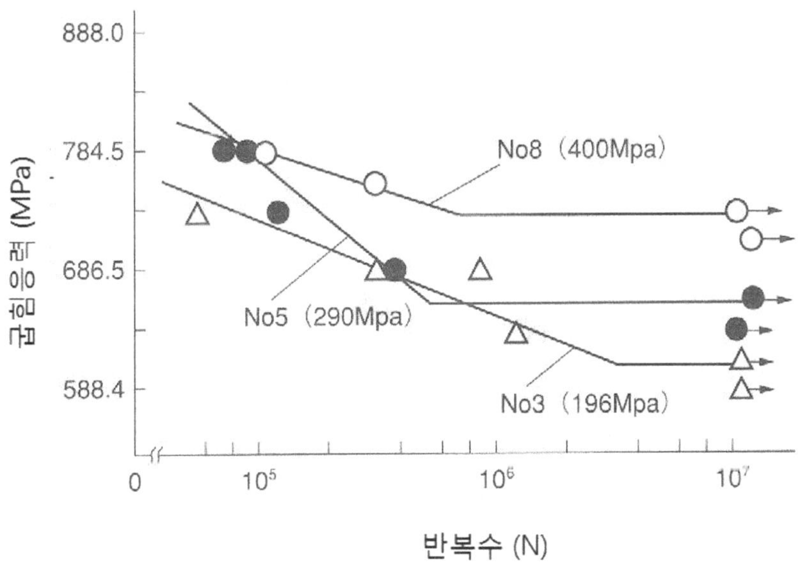

그림 6.97 구오스테나이트 결정립도가 다른 S33C강의 피로한도곡선[117)]
(( )속의 숫자는 미질화재의 피로한도)

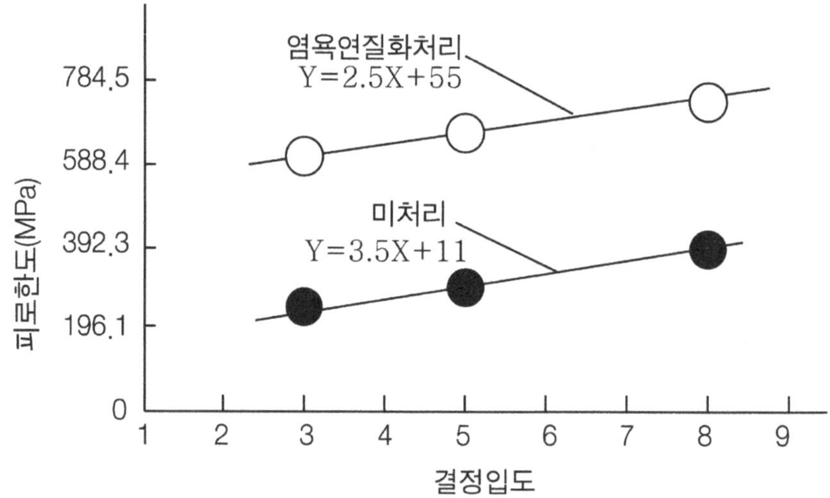

그림 6.98 구오스테나이트 결정립도와 평면굽힘피로한도의 관계[118)]

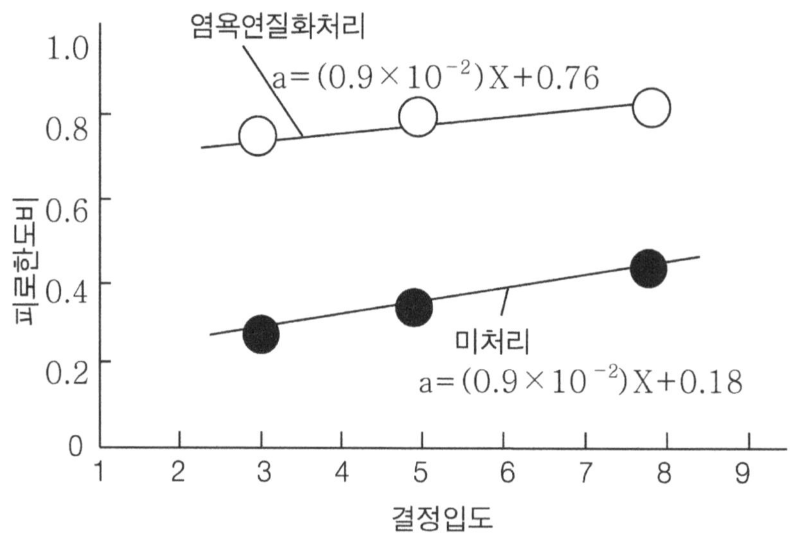

그림 6.99 구오스테나이트 결정립도와 피로한도비의 관계[119)]

(6) 피로강도에 미치는 냉각방법의 영향

염욕연질화처리에 있어서의 냉각방법은 처리단가와 밀접한 관계가 있고, 또 기계적 특성, 특히 피로강도에 미치는 영향인자의 하나이다. 즉 수냉의 경우는 염욕의 부착에는 문제는 없으나, 폐액의 청정화와 질화가공 후의 청(錆, 강의 녹)의 문제 등 냉각방법의 차이에 의해서는 비용적으로는 상대적으로 비싸질 가능성이 있다. 수냉의 경우는 일반적으로 열팽창에 의해 염욕이 비산하여, 문제가 되는 일이 적으나, 유냉각이나 공랭의 경우는 후 세정을 행하여 염류를 없애지 않으면 안 된다. 이 경우는 상당한 시간과 노력을 소비하여 시간의 손실이 된다. 또 특성적으로도 수냉의 경우는 탄질화물이 고용되지만 유냉이나 공랭의 경우는 매트릭스 속에 석출하여, 이 선단이 응력집중원이 되어 균열의 발생 및 전파속도를 가속시킨다.

그림 6.100은 S15C강을 이용하여 570℃의 연질화온도에서 냉각방법을 바꾼 경우에 대해서, 회전굽힘피로강도에 어떠한 영향을 미치는가를 검토한 것이다[120].

이 결과에 의하면 수냉을 행하여 질화물을 매트릭스 속에 고용시킨 것이 가장 높은 피로한도를 나타내고 유냉, 공랭의 순으로 저하하고 있다. 이러한 결과는 냉각속도의 차이에 의한 잔류응력의 크기와 침입질소의 형태에 영향을 받는 것으로 생각된다. 즉 탄질화물이 매트릭스 속에 고용하고 있는가, 석출하고 있는가에 의해 균열의 발생과 전파속도가 달라지는 것으로 생각된다.

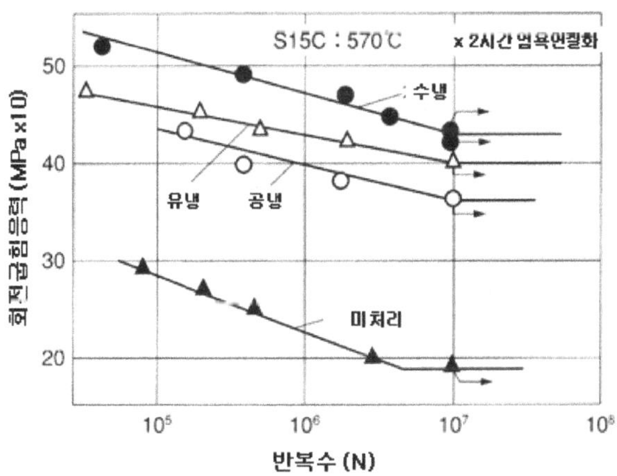

그림 6.100 염욕연질화처리강의 피로한도에 미치는 냉각방법의 영향[120]

(7) 피로강도에 미치는 노치의 영향

질화처리나 연질화처리의 큰 특징은 평활재보다도 노치재에 있어서의 피로강도의 향상이며, 염욕연질화처리도 예외는 아니다. 그림 6.101은 $\alpha = 1.84$로 일정하게 한 S33C S35C강의 노치재를 사용해 처리시간의 영향에 대해서 회전굽힘피로강도를 검토한 보고이다[121]. 일반적으로 평활재의 경우는 처리시간이 길어짐에 따라서 피로강도는 향상되지만, 노치재의 경우는 그림에 나타내듯이 1h 정도의 처리에서 피로강도는 더 이상 향상되지 않는다. 즉 평활재의 경우는 처리시간이 길어질수록 파괴 기점이 내부가 되기 때문에 경화층 깊이의 증대가 피로강도의 향상에 기여하고, 노치재에서는 파괴 기점이 표면으로 되기 때문에 표면근방의 질화효과가 1h 정도에서 같아지는 것을 반영하고 있다.

또 그림 6.102는 노치형상의 영향을 검토한 것이다[122]. 575℃×5h → 유냉한 시료의 회전굽힘피로곡선이다. $\alpha = 1.41, 1.84$의 노치재의 강도는 평활재보다도 높아져 많은 보고와 일치하지만, 노치가 예리해지면 강도는 급격히 저하한다. 이 경우는 응력집중 증대 외에, 노치저면에서 질화효과가 저하하는 것도 영향을 미치고 있는 것으로 생각된다. 그림 6.103은 응력집중계수를 바꾼 S15C강을 이용하여 575℃×10분 및 90분 염욕연질화처리를 행하여 회전굽힘피로강도에 미치는 노치의 영향에 대해서 검토한 보고이다[123].

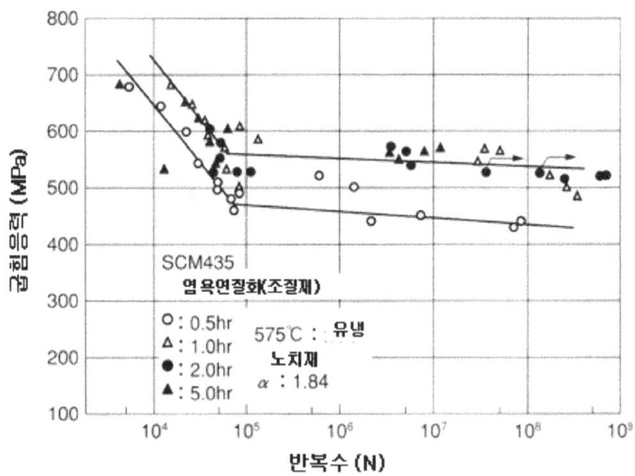

그림 6.101 피로강도에 미치는 염욕연질화처리시간의 영향[121]

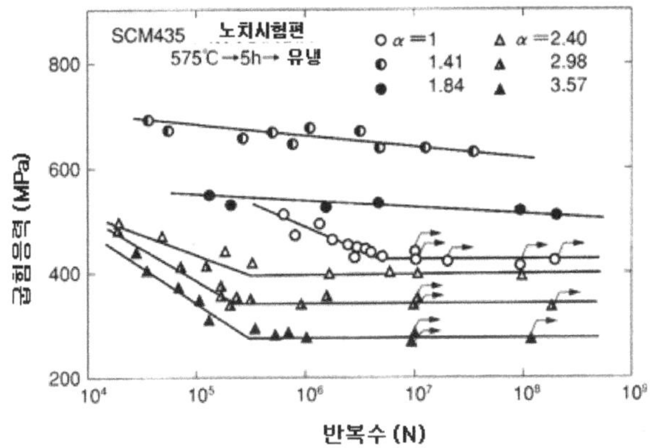

그림 6.102 피로강도에 미치는 노치형상의 영향[122)]

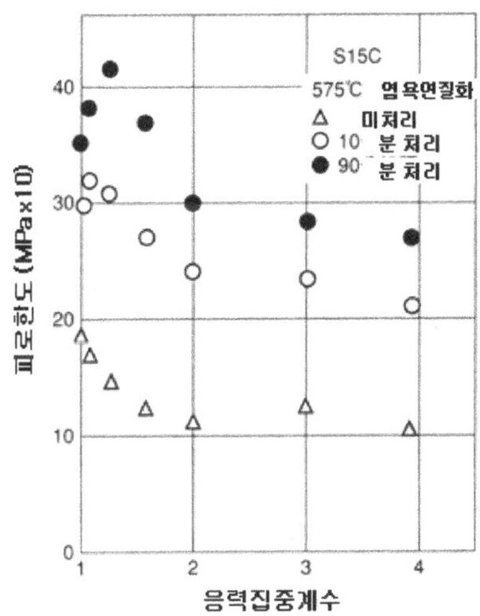

그림 6.103 피로강도에 미치는 노치의 영향[123)]

이 결과에 의하면 10분 처리에 있어서도 미처리와 비교해 질화 효과를 확인할 수 있고, 또 90 분 유지 되면 그 절대값도 크게 상승한다. 노치의 영향에 대해서는 응력집중계수가 1~2의 범위에 있어서 높은 피로한도가 존재하고 그 집중계수는 10분 유지에서는 1.2정도, 90분 유지에서는 1.4정도로 확인되며, 보다 커지게 되면 피로한도가 저하하는 경향을 보이고, 미처리재를 포함해 2이상의 응렵집중 계수가 되면 거의 변하지 않거나 또는 저하현상이 완만해진다. 따라서 응력집중 계수를 2이내로 하는 것이 효과적이다.

(8) 피로강도에 미치는 재가열의 영향

염욕연질화처리의 경우 가열온도에서의 냉각방법의 차이에 의해 탄질화물이 매트릭스 속에 고용될지 석출할지가 정해지고 공랭, 유냉의 경우는 석출하고 수냉의 경우는 전술한 것처럼 고용된다. 석출하고 있는지 고용하고 있는지에 의해 피로강도가 달라지고, 고용하고 있는 경우가 약간 높은 피로강도를 나타낸다. 이와 같은 현상을 확인하기 위해 수냉에 의해 탄질화물을 고용시킨 뒤, 재가열처리에 의해 석출시켜 S－N곡선에 있어서의 피로한도의 응력으로 평면굽힘피로시험을 행하였다. S30C강을 150~450℃에서 20분~200시간 가열유지하여 탄질화물의 석출상태와 $\sigma_a = 588.4$ MPa의 응력 하에서의 시간강도를 구하였다[124].

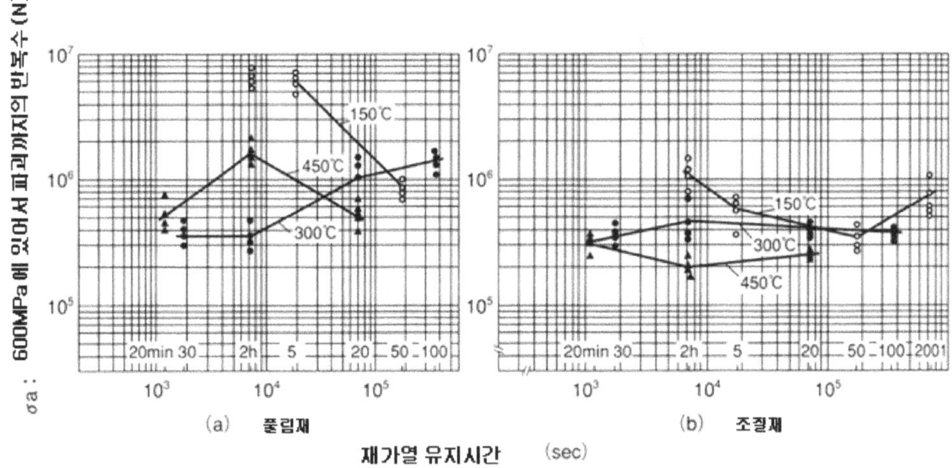

그림 6.104 염욕연질화처리 후의 재가열시간과 σ_a : 600 MPa에 있어서의 파괴까지의 반복수의 관계[124]

그림 6.104(a), (b)는 그 결과이다. 수냉에 의해 고용된 탄질화물은, 150℃의 경우 5시간 정도의 유지 시간에서 구상에 가까운 미세한 질화물이 석출되고, 장시간이 되어서도 현저한 차이는 확인할 수 없다. 이에 대해, 300℃에서는 30분의 단시간에서 침상의 질화물이 확인되고, 시간이 길어짐에 따라 응집조대화한다. 또, 450℃에서는 단시간에서 석출하고, 2시간정도의 유지로 재고용한다. 피로시험에 있어서의 시간강도와 재가열시간의 관계에 대해서는 그림에 나타내듯이 (a)의 페라이트+펄라이트 조직과 (b)의 소르바이트 조직에서는 다른 시간강도를 나타내는 결과가 얻어지고 있다. 즉, 페라이트+펄라이트 조직강의 경우는 가열온도가 높고 재가열시간이 길어지며, 질화물이 석출되어 나오면 시간강도는 저하하는 경향을 보이고, 재고용하면 다시 향상된다. 또, 450℃의 경우는 재고용해도 강도저하가 확인되지 않는 것은 매트릭스의 강도저하로 생각할 수 있다. 또, (b)의 소르바이트 조직의 경우도 같은 경향을 나타내는데, 소르바이트 조직의 균일성도 더해져 그림과 같은 결과를 나타내고 있다.

(9) 염욕연질화처리강의 균열진전거동

염욕연질화강의 피로균열진전거동을 조사하기 위해, 그림 6.105에 나타낸 것과 같이 평활시험편의 중앙에 1 mm$\phi\times$0.5 mm의 반구피트를 가공하여 굽힘피로시험을 행하고 균열성장속도를 구하였다[125). 시험편은 반구피트를 가공한 뒤 염욕연질화를 실시한 것, 또 먼저 염욕연질화처리를 실시하고, 그 뒤 기계가공에 의해 피트를 만든 시료를 사용하였다. 그림 6.106(a)는 S30C강, (b)는 SCM435강이며, 각각의 시료에 대하여 소르바이트조직으로 만든 후, 575℃×2h→수냉, 공냉의 염욕연질화처리를 행하여 균열진전을 조사하였다[126). 그림으로부터 알 수 있듯이, 두 강종 모두 반구피트 내에 질화물이 존재한 것이, 각 반복수에 있어서의 균열성장속도가 느려지는 경향을 보이고, 또 수냉과 공냉에서는 수냉의 경우가 지연된다. 이늘 현상을 추찰하면, 균열발생의 위치 및 질화물이 거동에 기인하는 것으로 생각할 수 있다. 즉 균열의 발생기점에 대해서는 피트 속에 경화층이 없는 경우는 수냉, 공냉 모두 피트 속의 표면에서 균열이 발생하고, 또 경화층이 존재하는 것은 수냉의 경우 경화층의 내부에서, 공냉의 경우는 경화층의 표면에서 발생하고 있다.

균열발생시기와 반복수와의 관계에 대해서는 수냉의 경우 질화처리에 의해 확산한 질소가 $\alpha-Fe$속에 과포화로 고용하여, 반복부하응력에 의해 쉽게 석출하기 어렵고, 또 공냉의 경우는 이미 질화물의 형태로 석출하고 있거나 혹은 석출하기 쉬운 상태에 있기 때문에 반복부하응력에 의한 발열에 의해 침상의 질화물이 되기 쉽고, 이 침상질화물이 노치효과를 나타내는 것으로 생각된다. 또 일반적으로 피로에 있어서의 거시적인 균열진전속도는 응력확대계수에 의해 연관 지어지며, 균열전파의 연구에 많이 이용되고 있다. K_{1c}

그림 6.107은 Smith식을 사용하여, 균열진전속도와 응력확대계수의 관계를 구한 결과이다[127]. 그림으로부터 알 수 있듯이, S30C강의 경우, ΔK 레벨이 700 $MPa^{-3/2}$이하에 있어서는 피트 속에 경화층이 없는 것은 수냉, 공냉 모두 경화층이 존재하는 것보다도 빠른 전파속도를 나타낸 결과가 얻어지며, 또 높은 ΔK 레벨, 즉 K_{1c}에 가까워지면 2C단계에서는 현저한 차이를 확인할 수 없이 어느 것도 동일한 전파속도를 나타내고 있다. 더욱이 냉각방법의 차이에 의한 전파속도는 피트 속의 경화층의 유무만큼 차이를 확인할 수 없지만, 공냉으로 한 것은 동일한 ΔK 레벨에 있어서 약간 빨라지는 경향을 나타내고 있다.

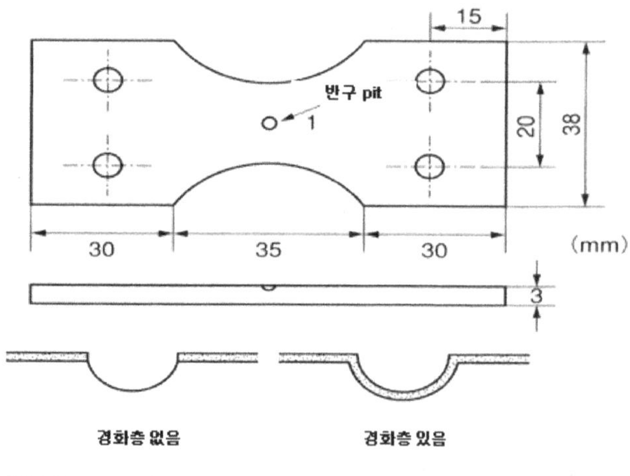

그림 6.105 균열진그림 6.105 균열진전용 시험편 (중앙에 1mmφ 구멍)125)전용 시험편 (중앙에 1mmφ 구멍)[125]

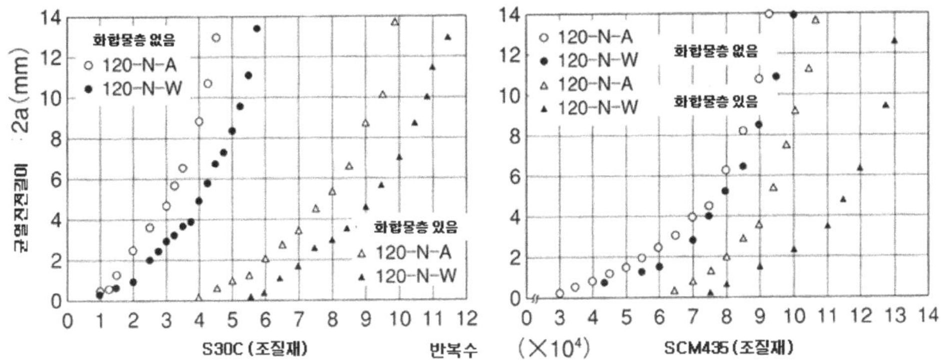

그림 6.106 균열진전길이와 반복수와의 관계 (A:공냉, W:수냉)[126]

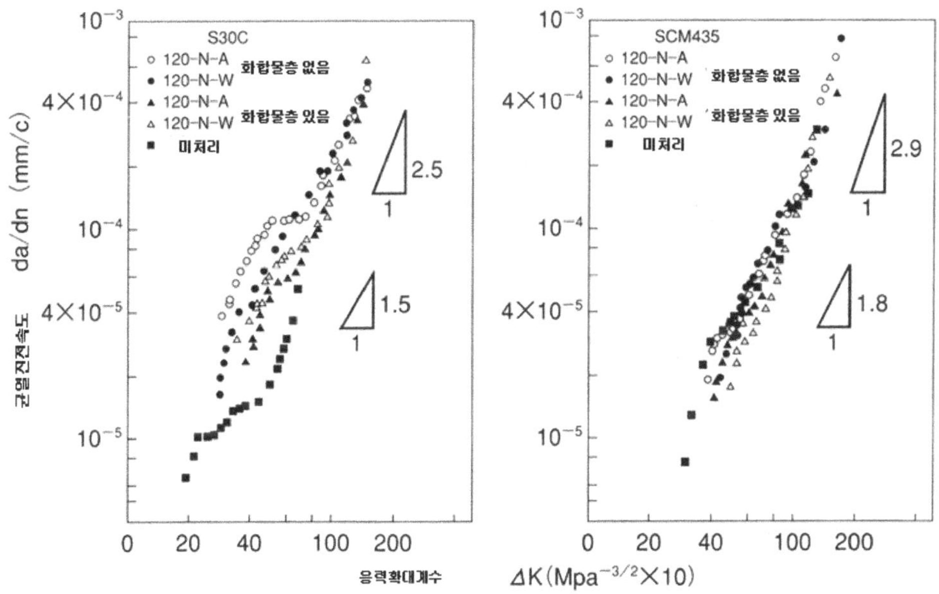

그림 6.107 균열진전속도와 응력확대계수와의 관계[127]

이들 결과는 상술한 것과 같이 $\alpha-Fe$속으로의 과포화 질소 및 질화물의 석출에 의한 노치효과가 크게 영향을 미치고 있는 것으로 생각된다. 즉 질화물이 고용하고 있는지, 석출하고 있는지에 따라 균열이 확산층 속을 통과하기 쉬운지 아닌지가 달려있고, 고용하고 있는 것일수록 확산층 속의 전파저항이 커지는 것으로 생각된다. 또 SCM435강에 있어서는 경화층의 유무 및 냉각방법의 차이에 현저한 차가 확인되지 않고, 각각의 ΔK 레벨에 있어서 같은 전파속도를 나타내는 결과가 얻어지며, S30C강보다도 큰 값을 나타내고 있다. 이러한 현상은 S30C강에 비해 질화 효과에 의한 표면경도의 상승 및 경화층 깊이의 증가 등에 기인하고 파괴 기점과 밀접한 관계가 있는 것으로 추찰된다.

(10) 부식피로에 미치는 염욕연질화처리의 영향

질화, 연질화처리의 큰 특징 중의 하나에 내식성의 향상을 들 수 있다. 그러나 내식성이 좋은 것은 폭로적인 분위기의 내용이고, 내약품성이나 물 등에 있어서는 반드시 향상된다고는 말할 수 없다. 그림 6.108은 S15C강을 이용하여 570℃에 있어서 각각의 가열유지시간을 바꾸어 염욕연질화처리를 행하고 순수(純水) 속에서 회전굽힘부식피로시험을 행한 결과이다[128]. 이 결과에 의하면 미처리

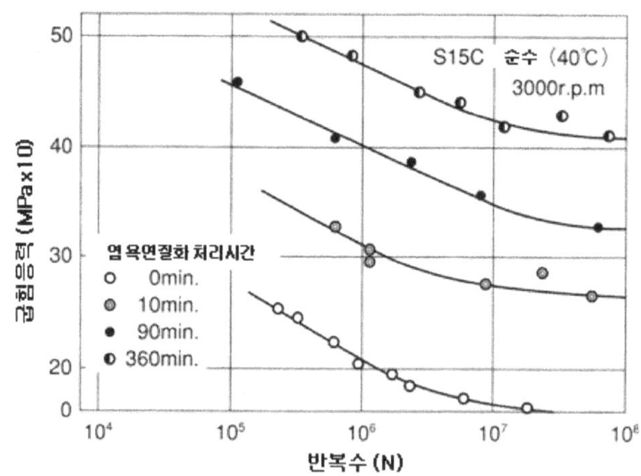

그림 6.108 염욕연질화처리시간을 다르게 한 강의 순수 속에서의 피로강도[128]

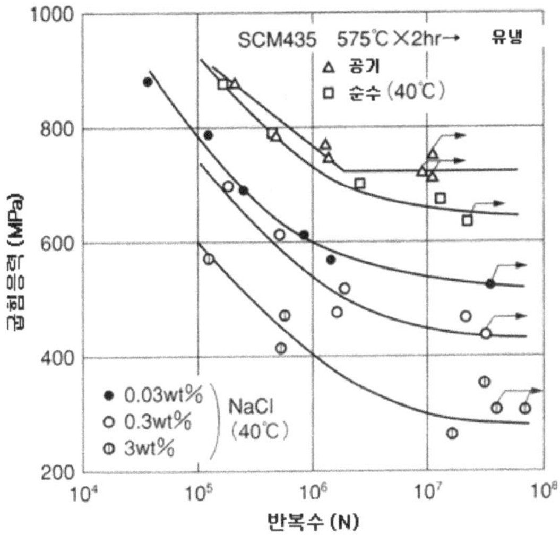

그림 6.109 염욕연질화강의 식염수 중에서의 피로한도곡선[129)]

재와 비교한 경우, 유지시간에 의존하지 않고 피로강도의 향상이 확인되며, 그 절대값은 처리시간이 긴 쪽이 현저하다. 또 그림 6.109는 SCM435강에 대해서, 순수 속 및 농도를 바꾼 식염수 중에서의 결과이다[129)]. 이 결과에 의하면 대기 속이나 순수 속에 비교하면, 식염수 속에서의 피로강도는 저하하는 경향을 나타내고, 그 비율은 농도가 높은 쪽이 현저하다. 또 대기 속에서의 피로한도곡선은 10^6회 영역에서 일반적인 피로한도곡선과 같은 굴곡점이 확인되지만, 순수나 식염수 속과 같은 부식 환경 하에서는 굴곡점이 나타나지 않고 10^7이상의 반복수에 있어서도 연속적으로 저하하는 경향이 확인된다.

이러한 경향은 S15C강에 대해서 질화처리시간을 바꾼 식염수 속에서의 피로강도시험결과와도 일치하고 있다. 게다가 염욕연질화강에 대해서는 부식 환경 하에서의 내피로성을 검토하기 위해 화합물층에 대해서 조사하였다. 그림 6.110은 360분 처리 후 전해연마에 의해 화합물층을 20 μm 제거하여 피로강도를 구한 결과이다[130)]. 이 결과에 의하면 화합물층을 제거하는 것에 의해 피로강도의 저하가 확인된다.

이와 같이 어떠한 부식 환경하에 있어서도 내피로성이 저하하는 현상에 대해서 고찰한 결과, 피로균열의 발생은 부식피트에서 발생하며, 화합물층이 피트형성에 큰 영향을 미치고 있는 것이 파면관찰이나 금속조직시험결과로부터 추찰된다. 그림 6.111은 부식피트의 형성 과정을 모식적으로 나타낸 것이다[131]. 특히 염욕연질화처리는 다른 질화법과 달리, 다량의 공기를 질화성 염욕 속에 공급하기 때문에 표면의 화합물층에는 산화물이 혼재한 포러스(porous, 다공질) 층이 생성되기 쉽다. 이 포러스 층이 틈새부식에 의해 박리되어, 그림에 나타난 것과 같이 2단계의 과정에 의해 피트가 형성되는 것으로 생각된다.

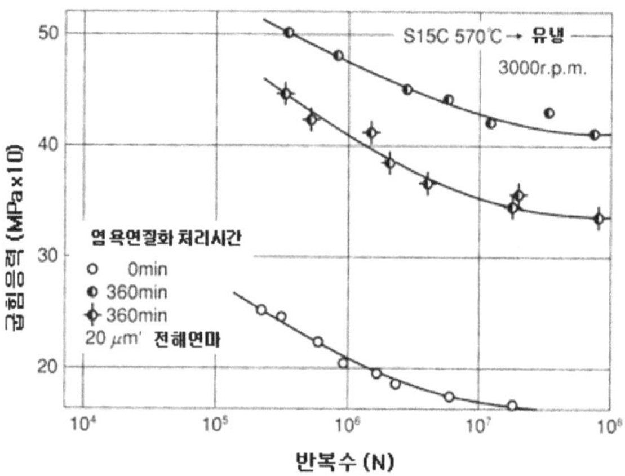

그림 6.110 피로한도곡선에 미치는 화합물 제거의 영향[130]

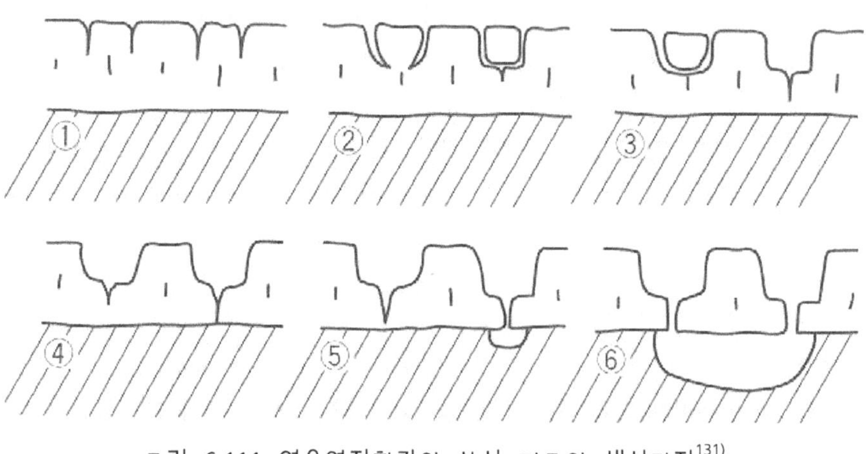

그림 6.111 염욕연질화강의 부식 피트의 생성과정[131]

6.8 침류질화처리재의 피로강도

침류질화처리는 질소와 유황이 함께 침입확산하여, 질화물과 유화물이 형성되는 것으로, 주로 내소부성(耐燒付性, 소부성: 달라붙는 성질)의 향상이다. 그러나 질소도 같이 침입하기 때문에 내피로성의 향상도 기대할 수 있으나, 주된 목적이 마찰계수의 저하이기 때문에 피로강도를 검토한 보고는 적다.

그림 6.112는 그 적은 데이터 중의 하나이다[132]. 침류질화처리법에도 염욕이나 가스를 이용한 방법이 있는데, 그림은 가스법에 의해 SCM435강 및 S45C강을 처리하여 회전굽힘피로시험을 행한 결과이다. 여러 강종에 대해, 575℃에서 가열유지시간을 바꾼 시료를 작성하고 피로한도를 구하였다. 이 결과에 의하면 미처리재와 비교하여 1h 처리로서 큰 폭으로 피로강도의 향상을 확인할 수 있고, 가열유지시간이 보다 길어져도 향상율은 변하지 않는다. 강종별로는 SCM435강 쪽이 절대값은 높지만, 상승 비율은 같은 정도이다.

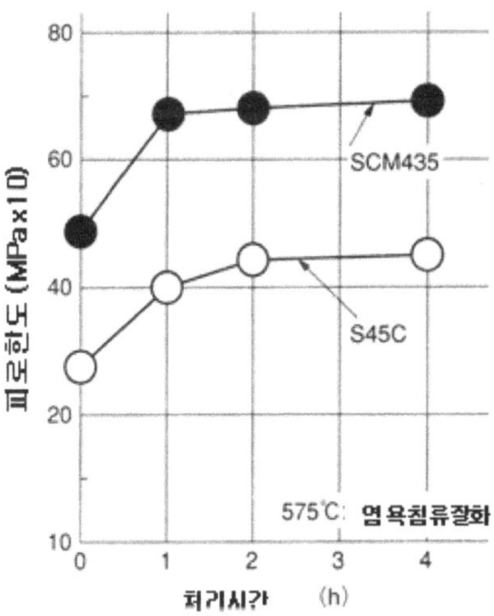

그림 6.112 침류질화처리시간과 피로한도의 관계[132]

6.9 피로강도에 미치는 확산침투처리의 영향

(1) 피로강도에 미치는 보로나이징(boronizing)의 영향

보로나이징 처리는 다른 명칭으로서 붕화처리라고도 불린다. 강의 표면에 사진 6.3에 나타낸 것과 같이 단단한 FeB(약 2000 HV)나 Fe_2B(약 1600 HV)가 생성되고, 이들이 가진 높은 경도와 비금속적 물성에 따라 내마모성, 내소부성의 개선이 도모되어지고 있다. 그러나 일본에서는 붕화처리의 이용은 비교적 적고, 다른 표면경화처리와 달리 특히 피로에 관한 보고는 적다. 그림 6.113은 그 데이터의 하나이고, 처리온도를 바꾼 염욕을 사용하여 처리한 S45C강의 회전굽힘 피로강도를 구한 결과이다[133].

S45C강에 붕산 40%, 붕산칼륨 20% 등을 주성분으로 한 염욕을 사용하여, 850~950℃에서 3시간 처리하여 회전굽힘피로시험을 하였다. 이 결과에 의하면 900℃에서 풀림한 것이 230 MPa의 값을 보이는 것에 반해 붕화처리를 하면 모든 처리온도에 있어서도 높은 피로한도를 보이고 특히 붕화층 깊이가 두꺼운 950℃가 330 MPa로 현저하다. 또, 그림 6.114는 각종 강에 대해서 처리시간을 바꾼 경우의 회전굽힘 피로한도곡선이다[134]. 이 결과에 의하면 구조용 탄소강의 경우는 처리시간이 길어짐에 따라 약간 상승하는 경향을 보이지만, SUJ2강의 경우는 처리시간의 증가에 따라 직선적으로 향상하는 경향이 확인되고 있다.

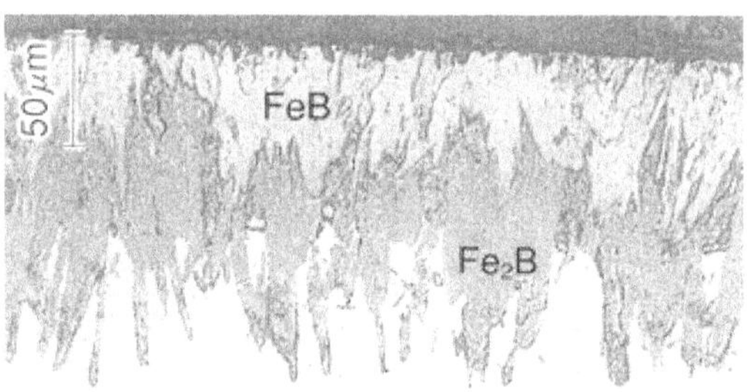

900℃ · 4h→ 공냉

사진 6.3 전해붕화처리한 금속조직

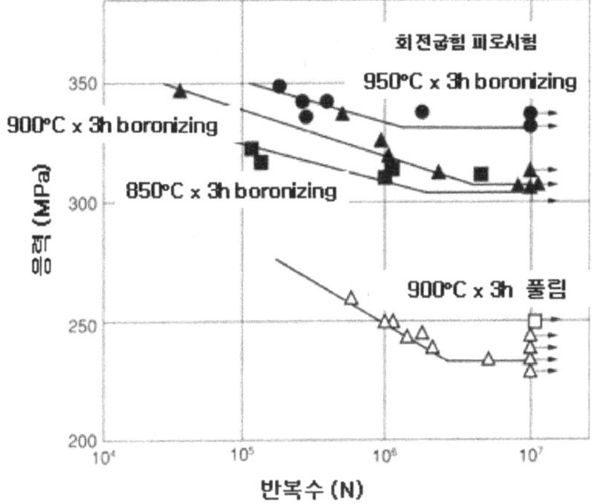

그림 6.113 용융염법에서 붕화처리한 S45C의 피로한도곡

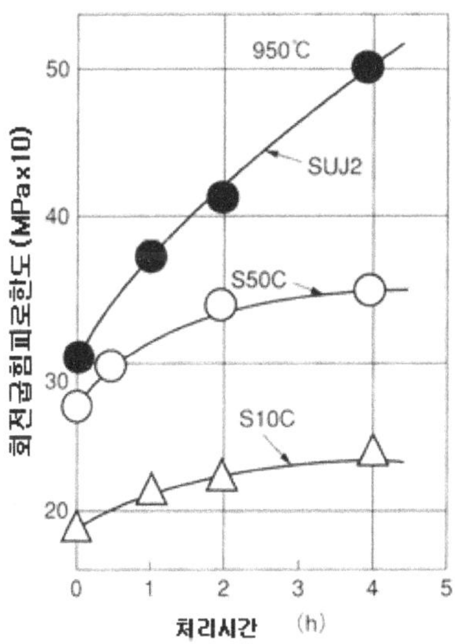

그림 6.114 보로나이징 처리 강의 회전굽힘피로한도[134)]

붕화처리는 처리분위기에 의해 염욕, 가스, 고체법이 있고 어느 처리방법에 있어서도 900 ~ 950℃의 고온이 사용되고, 변형이 발생하는 문제도 있으나, 생성된 붕화물은 FeB, Fe_2B의 공정조성 및 Fe_2B단층이다.

그림 6.115는 전해붕화처리시간과 평활굽힘피로강도의 관계를 구한 보고이다[135]. 이 결과에 의하면 처리시간이 짧은 경우는 강도가 부족하고, 너무 길어지면 경화층이 두꺼워지기 때문에 균열의 진전속도가 빨라져 피로강도가 저하한다. 그러나 900℃ 풀림재와 비교하면 처리시간의 차이에 관계없이 높은 피로한도를 보이는 것을 알 수 있다. 여러 방법으로 붕화처리를 실시하면 최표면에는 붕화물이 생성되지만, 그와 동시에 붕화물층의 하층에는 강재내부에서 확산되어 나온 탄소농도가 높은 층이 형성된다. 이 층을 재분포층이라 하며, 이 재분포층을 열처리에 의해 마르텐사이트조직이나 베이나이트조직으로 만들면 더욱 피로강도가 향상하는 것을 쉽게 추찰할 수 있다.

그림 6.116은 재분포층을 마르텐사이트, 베이나이트, 소르바이트조직으로 한 경우의 피로한도곡선이다[136]. 이 경우는 재분포층을 베이나이트조직으로 한 것이 가장 높은 피로한도를 나타내고, 마르텐사이트 조직으로 한 것이 낮은 값을 나타내고 있다. 이러한 결과는 균열의 발생보다도 오히려 균열의 진전속도에 크게 의존하고 있는 것으로 생각된다.

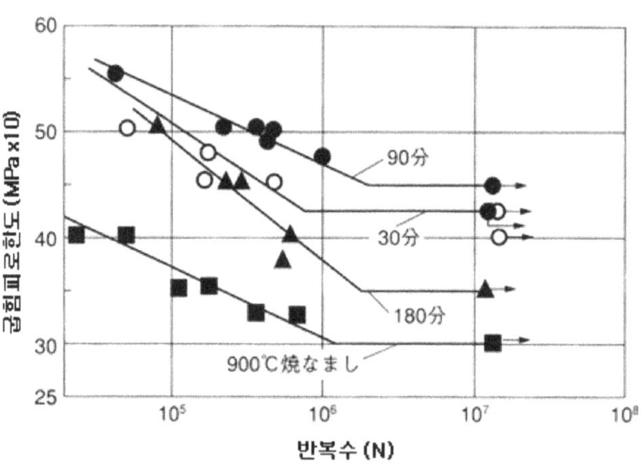

그림 6.115 전해붕화처리한 S33C강의 피로한도곡선[135]

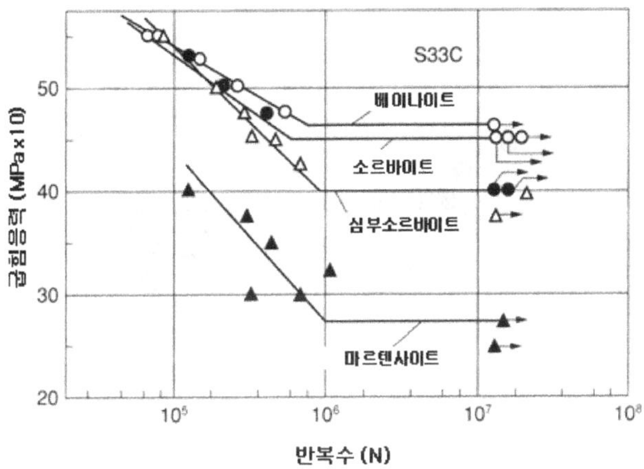

그림 6.116 침붕화처리한 재분포층의 조직과 피로한도의 관계[136)]

(2) 피로강도에 미치는 탄화물피복처리의 영향

탄화물피복을 생성시키는 방법에는 용융염법에 의한 방법 외에 화학적 증착법(CVD), 물리적 증착법(PVD) 등이 있다. 이 중에서 용융염에 의한 탄화물피복처리법은 토요타중앙연구소에서 개발된 TD처리가 알려져 있다. 이 방법은 탄화물을 형성하려고 하는 금속원소, 예를 들면 V, Nb 등, 혹은 이를 함유한 페로알로이, 산화물 등의 분말을 용융상태에 있는 $Na_2B_4O_7$ 속에 산포하고 확산시켜 1000℃ 진후에시 수 시간~십 수 시간 가열처리한다. 이 처리에 의해 강 속에서 확산해 나온 C와 용융염 속의 V나 Nb가 화합하여, 단단한 VC, NbC 등의 탄화물을 형성한다. 그러므로 이들 탄화물은 상당히 단단하기 때문에 원래는 내마모성의 향상이지만, 금형 등 반복부하응력이 작용하여 사용되어지는 경우는 피로강도부재로서도 사용된다.

그림 6.117은 분말고속도공구강에 VC을 피복하여 회전굽힘피로강도를 구한 결과이다[137)]. 피복하는 것에 의해 표면에는 VC의 단단한 탄화물이 형성되지만, 그 하층은 VC에 C를 빼앗기기 때문에 C농도가 감소된 영역이 생기고, 피로강도는 담금질, 뜨임강보다도 낮은 값을 보이고 있다. 이 층에 C를 첨가시키기 위해 일반적으로는 확산처리나 담금질, 뜨임을 행한다. 그림 6.118은 피복 후 확산처리를 실시한 SKH51강의 피로한도곡선이다[138)]. 이 처리를 행함으로서 피로강도를 회복시킬 수 가 있다.

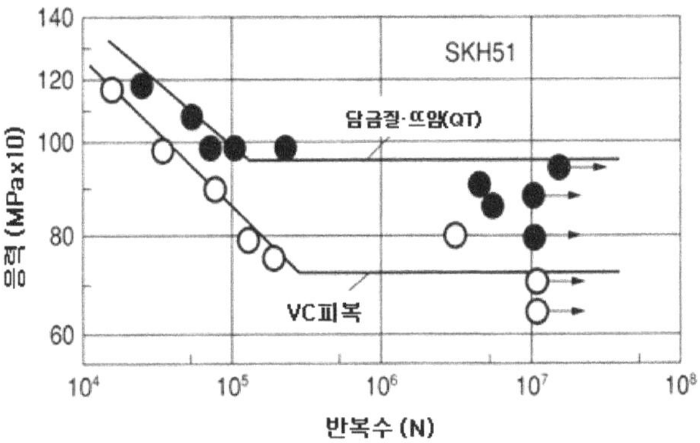

그림 6.117 VC피복강 및 담금질·뜨임한 분말고속도공구강의 피로한도곡선[137)]

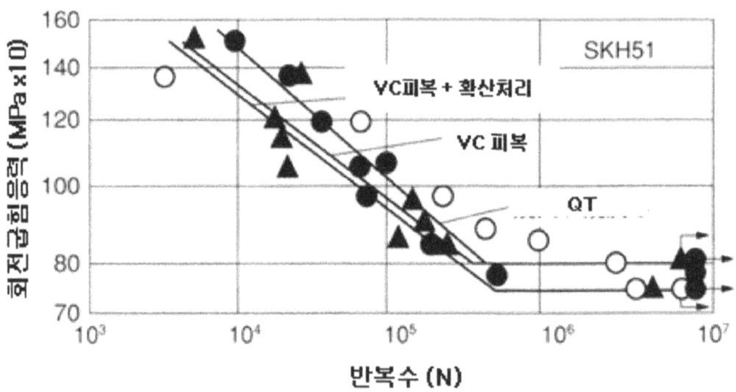

그림 6.118 VC피복처리강의 회전굽힘피로강도[138)]

(3) 피로강도에 미치는 크롬확산피복의 영향

크롬확산피복처리는 크로마이징으로도 불리며 강의 내식성, 내열성, 내마모성의 향상을 목적으로 하여 표면에 Cr을 확산시키는 조작이며, 금속확산피복법의 일종이다. 탄소강 등에 처리하면 표면이 고Cr의 조성으로 되며, 스테인리스 강의 성질을 띠고 내산화강의 대용으로 된다. 최표면에는 Cr탄화물, 그 내부에는 Cr

확산층이 생성되며 주로 내캐비테이션·에로전성이 향상되기 때문에 탈유장치의 배관용이나 다이스류에 많이 사용되며, 내피로성부품에는 사용빈도가 낮다. 따라서 피로강도를 구한 보고는 적으나, 그림 6.119는 SK85강을 이용하여 크롬확산피복강의 평면굽힘피로강도를 구한 결과이다[139]. 이 결과에 의하면 풀림 혹은 불림재보다는 약간 피로강도가 향상되는 경향을 보이나 산포도 상당히 크다.

(4) 피로강도에 미치는 PVD, CVD 처리의 영향

내마모성 향상의 분야에 있어서는 경질인 TiN 혹은 TiC, TiAlN 등을 PVD나 CVD에 의해 표면에 피막을 형성시켜 효과를 높이고 있는데 기계구조물에 대해서도 응용을 기대할 수 있다. 그림 6.120은 PVD 및 CVD에 의해 TiN을 피막시킨 탄소강에 대해서 한쪽지지 회전굽힘피로시험에 의한 결과를 나타낸 것이다[140].

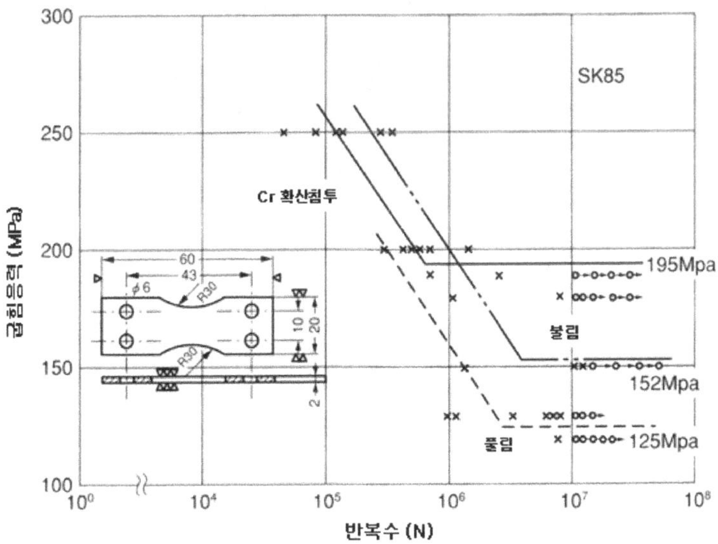

그림 6.119 크롬확산처리한 SK85의 피로한도곡선[139]

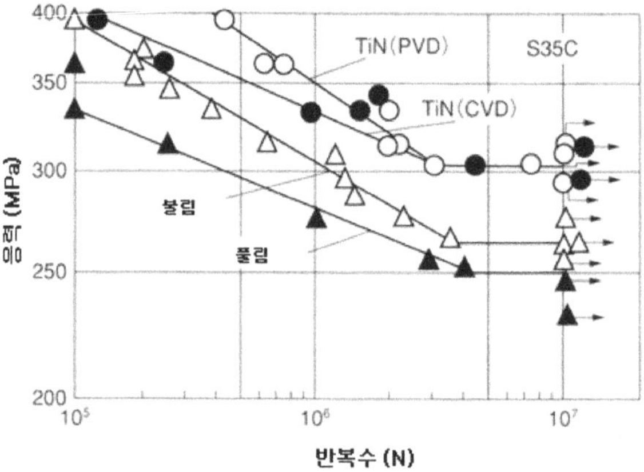

그림 6.120 TiN피막강의 피로한도곡선[140)]

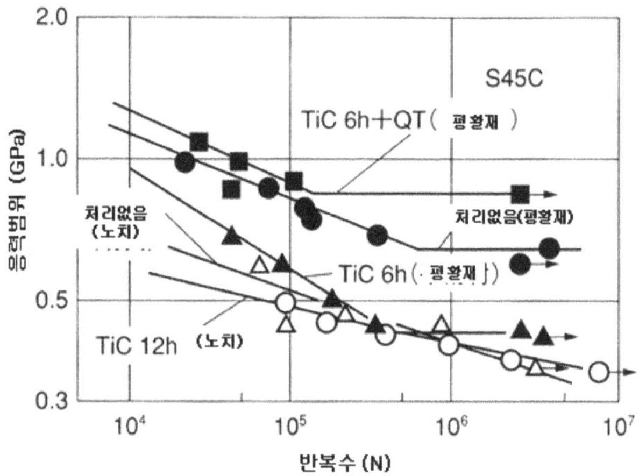

그림 6.121 TiC피막강의 피로한도곡선[141)]

PVD, CVD 어느 경우도 미처리재와 비교하여 높은 피로한도를 나타내고 PVD에서는 16%, CVD에 있어서는 23%나 향상된다. 또 두 방법 모두를 비교·검토한 경우, 시간강도에 있어서는 CVD보다도 PVD의 경우가 우수하다. 또 그림 6.121은 TiC를 피막처리한 경우의 피로한도곡선이다[141)]. 이 결과에 의하면 평활재, 노치재 모두 TiC를 코팅한 상태에서는 미처리재와 현저한 차이를 확인할 수 없지만 이를 담금질, 뜨임처리하면 높은 피로강도를 나타낸다.

6.10 피로강도에 미치는 복합표면경화재의 영향

고주파담금질이나 침탄, 질화·연질화 등 각종 표면경화처리가 있지만 최근의 경향으로서 저가의 재료로 과혹한 조건에서 사용하는 것이 요구되고 이들의 단독처리로는 기계적 성질, 화학적, 물리적 특성이 만족되지 않는 경우가 많아지고 있다. 따라서 이들의 특성을 조금이라도 향상시키기 위해 표면경화간의 조합이나 일반적인 열처리와 표면경화의 조합 등의 복합열처리가 검토된 피로강도에 대해서도 보고되어지고 있다.

그림 6.122는 염욕연질화처리한 후 고주파담금질을 복합시킨 경우의 피로한도곡선이다[142]. 염욕연질화, 고주파담금질 단독의 피로한도보다도 복합한 것에 의해 큰 폭으로 강도의 향상을 확인할 수 있다. 또 그림 6.123도 염욕연질화처리와 고주파담금질을 복합시킨 경우의 표면경도와 피로한도의 관계를 구한 보고이다[143]. 이 결과에 의하면 같은 표면경도를 갖는 경우 고주파담금질 단독보다도 복합한 것에 의해 높은 피로한도를 나타내고 있다.

그림 6.124는 3% Cr－Mo강에 대해서 플라즈마 질화처리한 후, 고주파담금질을 행한 구름피로강도를 구한 결과이다[144]. 이 결과에 있어서도 단독처리보다도 큰 폭으로 향상된 피로강도를 확인할 수 있다.

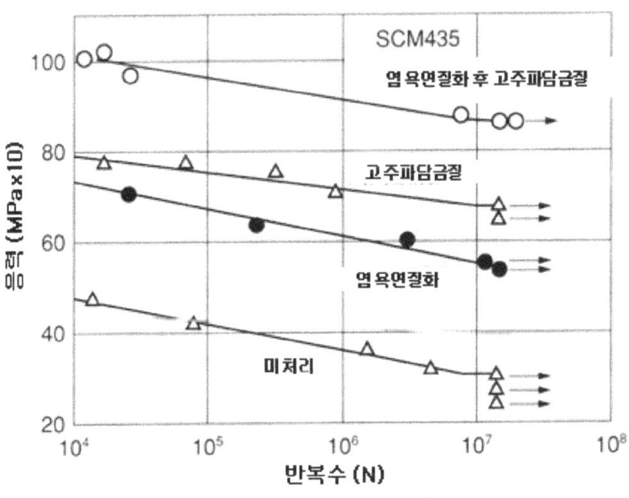

그림 6.122 염욕연질화와 고주파담금질의 복합에 의한 피로한도곡선[142]

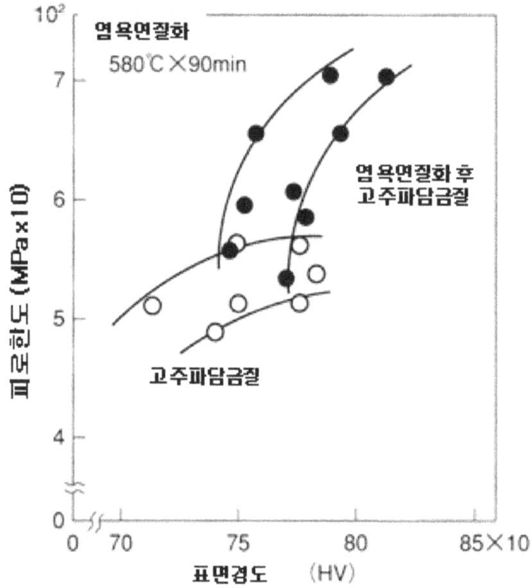

그림 6.123 복합처리강의 표면경도와 피로한도의 관계[143)]

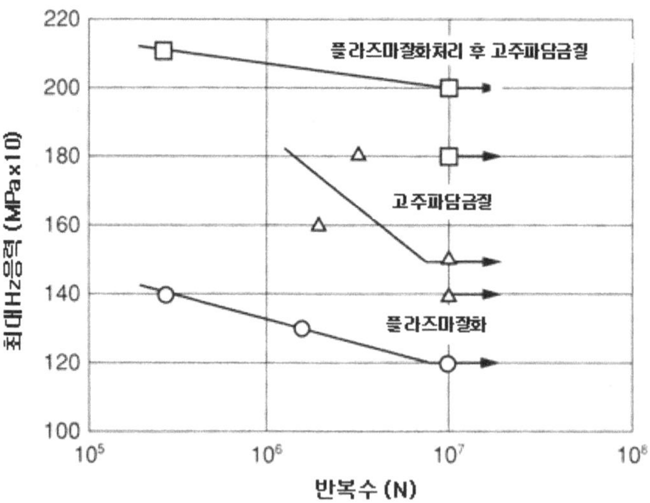

그림 6.124 3%Cr-Mo강의 구름(rolling)피로강도[144)]

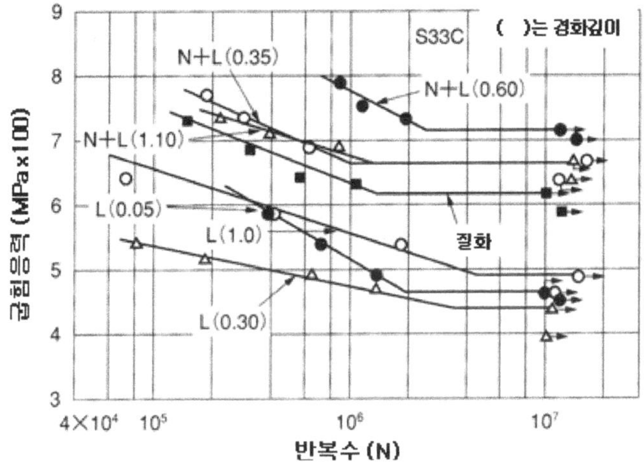

그림 6.125 가스연질화처리와 레이져담금질의 복합에 의한 피로한도곡선[145)]

이와 같은 결과는 연질화, 질화처리에 의해 질소, 탄소가 확산침입하여 코트렐 효과에 의해 전위운동이 억제되어, 슬립현상이 지연됨과 동시에 단단한 탄질화물의 생성에 의해 피로강도가 상승하는 것으로 생각된다. 그림 6.125는 가스연질화처리와 레이져 담금질을 복합시킨 것이다[145)]. 이 경우도 단독처리보다도 복합처리하는 것에 의해 높은 피로한도가 얻어지고 있다. 그림 6.126도 복합처리재의 피로강도곡신을 나타낸 것이며 붕화처리 후 가스침탄담금질의 조합에 있어서도 피로강도의 향상을 확인할 수 있다[146)].

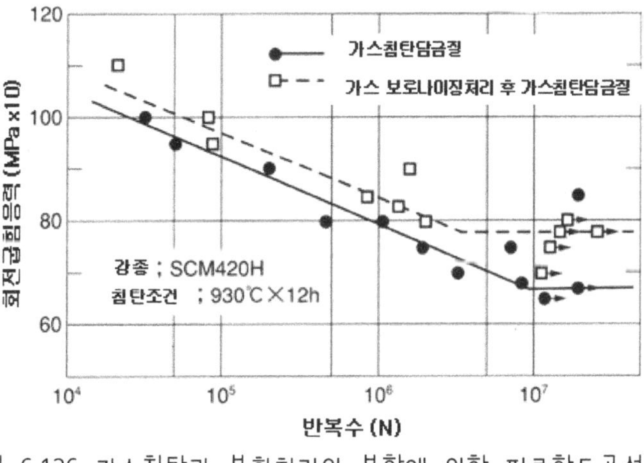

그림 6.126 가스침탄과 붕화처리의 복합에 의한 피로한도곡선[146)]

7 chapter

표면경화처리강의 파괴·파단면의 사례

7.1 고주파담금질
7.2 가스침탄담금질
7.3 가스연질화처리
7.4 플라스마질화처리
7.5 염욕연질화처리

7.1 고주파담금질

7.1.1 트럭용 기어의 피로파면

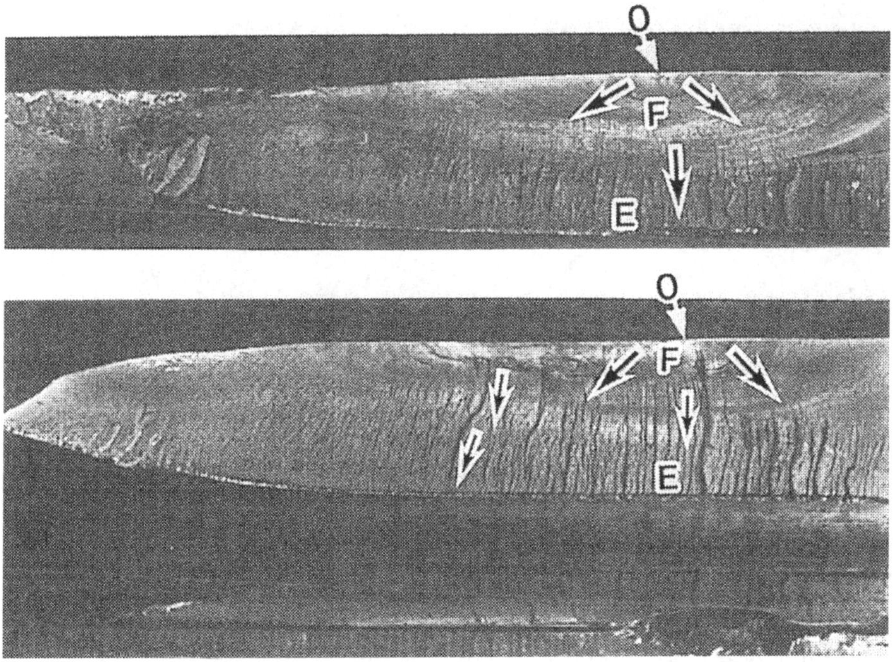

○ : 피로균열발생기점. F : 피로균열진전영역. E : 최종파단부. ↑ : 균열진전방향

- **재 질** : S53C
- **열처리** : 고주파담금질 (표면경도: 50 HRC)
- **사용부하응력** : 굽힘과 면압응력(헤르츠 응력)
- **파단부하응력** : 약간 비틀림응력이 작용한 일방향의 굽힘응력에 의함.
- **파단면의 상황** : 상부 기어는 주행 732시간, 하부의 기어는 841시간에서 파괴. 비교적 피로균열진전영역이 적고, 최종파단부가 넓다. 또 최종파단부 근방에는 과대응력에 의해 생긴 긴 단차모양이 관찰된다.
- **대 책** : 과대한 굽힘응력이 부하된 파단면이며, 재료의 선택 및 적정한 고주파담금질 조건, 또 사용조건 등 재검토할 필요가 있다.

7.1.2 풀플로팅 차축의 피로파면

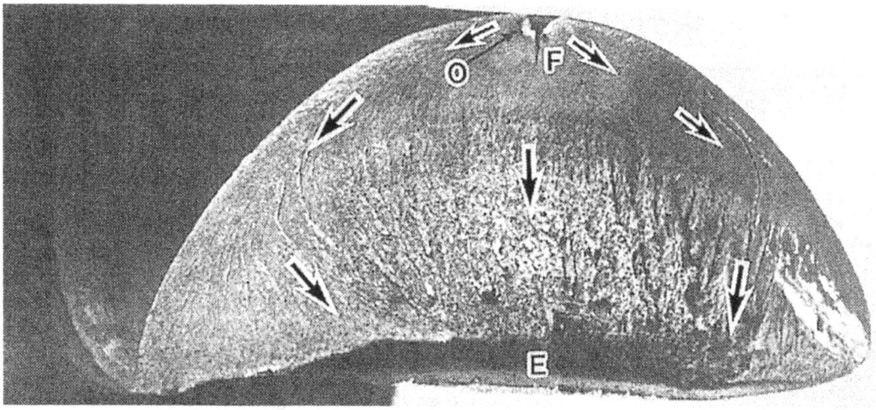

○ : 피로균열발생기점. F : 피로균열진전영역. E : 최종파단부. ↑ : 균열진전방향

- **재 질** : S53C
- **열처리** : 고주파담금질 (표면경도 : 50 HRC)
- **사용부하응력** : 회전굽힘응력
- **파단응력방향** : 일방향의 굽힘 및 양진비틀림응력에 의함.
- **파단면의 상황** : 균열발생기점 근방에는 절손이 있고, 균열발생의 원인은 불명이지만 피로균열진전영역이 상당히 작고, 또 최종파단부의 면적도 비교적 작으나, 내부의 균열진전영역은 거칠고, 단차모양이 많이 확인되는 점에서, 사용 중에 일방향의 과대한 굽힘 및 비틀림응력이 작용하여 파괴한 것으로 생각된다.
- **대 책** : 차축이기 때문에 회전굽힘으로 작용하고 있는 것으로 생각된다. 따라서 일방향의 굽힘이나 양진비틀림응력이 작용한 이유, 또 과대한 부하응력이 작용한 원인을 구명할 필요가 있다. 또 재료의 강도부족도 생각할 수 있기 때문에 피로한도곡선이 높은 재료를 검토한다.

7.1.3 차륜의 피로파면

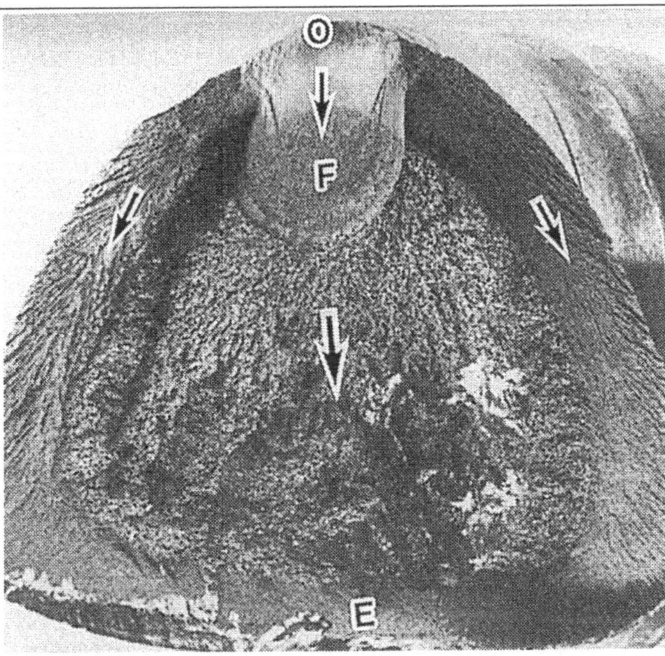

○ : 피로균열발생기점. F : 피로균열진전영역. E : 최종파단부.
🡅 : 균열진전방향

- **재 질** : S40C
- **열처리** : 고주파담금질 (경화층의 경도 : 46 HRC)
- **사용부하응력** : 회전굽힘응력.
- **파단응력방향** : 일방향의 굽힘응력에 의함.
- **파단면의 상황** : 피로균열발생기점은 최대전단응력을 받는 최표면이며, 피로균열진전영역이 상당히 작고 최종파단부가 넓다. 또 경화층부에는 거친 chevron pattern이 관찰된다.
- **대 책** : 사용응력과 다른 굽힘응력이 작용한 원인, 최종파단부의 면적이 큰 것으로부터 재료의 강도부족을 생각할 수 있기 때문에 사용재료의 재검토와 경화층을 금속조직학적 및 깊이 등 재검토할 필요가 있다.

7.1.4 트럭용 차륜의 피로파면

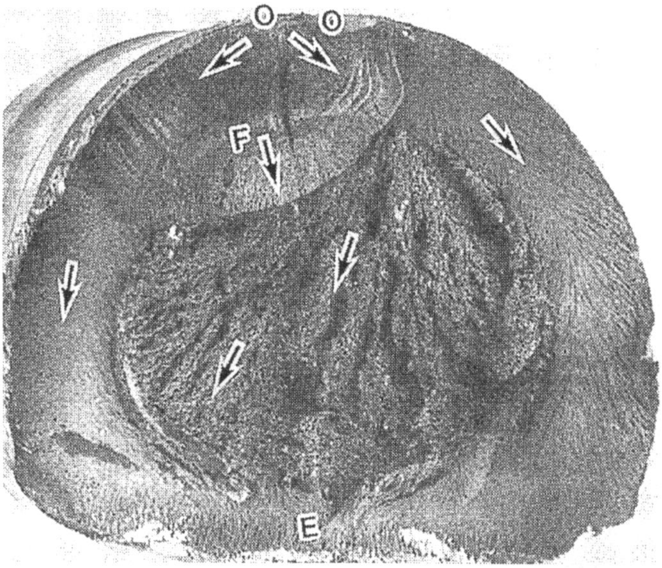

○ : 피로균열발생기점. F : 피로균열진전영역. E : 최종파단부.
↑ : 균열진전방향

- **재 질** : S40C
- **열처리** : 고주파담금질
- **사용부하응력** : 인장-압축응력 (1212 h 주행 후 파단)
- **파단응력방향** : 일방향의 굽힘 및 양진비틀림응력에 의함.
- **파단면의 상황** : 피로파괴기점 근방에는 타흔성의 손상이 확인되고, 균열은 그 옆 부분에서 발생하고 큰 한 줄의 단차모양이 확인된다. 피로균열진전영역이 비교적 작고 최종파단부가 크다.
- **대 책** : 표면에 타흔상의 손상이 발생한 이유, 사용응력과 다른 굽힘과 양진의 과대한 비틀림응력이 작용한 원인을 조사함과 동시에 재료의 강도부족을 생각할 수 있다. 피로강도가 큰 재료의 선택 및 금속조직을 재검토한다.

7.1.5 transmission용 기어의 파괴면

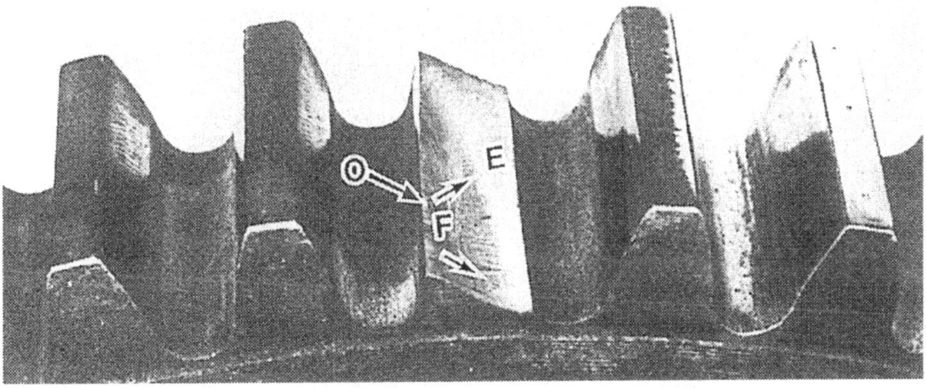

○ : 피로균열발생기점. F : 피로균열진전영역. E : 최종파단부. ↑ : 피로균열진전방향

- **재 질** : S45C
- **열처리** : 고주파담금질 (표면경도 : 55 HRC)
- **사용부하응력** : 일방향의 굽힘응력 및 면압응력(헤르츠응력)
- **파단부하응력** : 비틀림응력이 약간 부하된 굽힘응력에 의함.
- **파단면의 상황** : 균열발생기점이 치면의 중앙이지 않고 약간 치우쳐 있는 것, 또 피로균열진전영역이 반원구를 나타내고 있는 것으로부터 약간 비틀림응력이 작용한 면이며 최종파단부도 비교적 크다.
- **대 책** : 비틀림응력이 작용한 원인(사용 중에 축이 편심), 고주파담금질의 적정화, 사용조건 등을 재검토한다.

7.1.6차륜용 샤프트의 피로파면

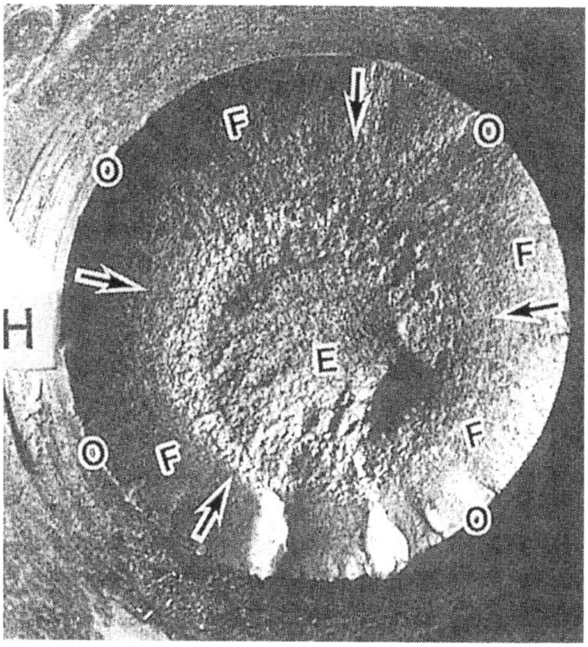

○ : 원주의 대부분이 균열발생기점. F : 피로균열진전영역.
E : 최종파단부. ↑ : 균열진전방향

- **재 질** : S53C
- **열처리** : 고주파담금질 (표면경도 : 60 HRC)
- **사용부하응력** : 회전굽힘응력
- **파단응력방향** : 회전굽힘과 약간의 비틀림응력에 의함.
- **파단면의 상황** : 피로균열진전영역이 비교적 크고 최종파단부의 면적도 크다. 또 원주의 균열발생기점부에는 과대한 부하응력에 의해 생긴 단차모양(겨드랑이의 길이가 1회의 반복부하응력에서 생긴 균열의 길이)이 다수 확인된다..
- **대 책** : 과대한 부하응력이 작용한 원인, 비틀림응력이 부하된 원인을 조사한다.

7.1.7 automatic 자동차용 차축의 파괴면

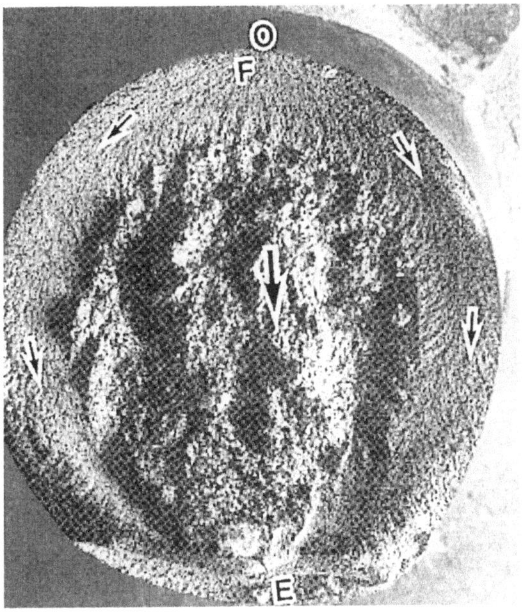

○ : 균열발생기점. F : 피로균열진전영역.
E : 최종파단부. ↑ : 균열진전영역

- **재 질** : S53C
- **열처리** : 고주파담금질 (표면경도 : 60 HRC)
- **사용부하응력** : 회전굽힘응력
- **파단응력방향** : 일방향의 굽힘응력에 의함.
- **파단면의 상황** : 피로균열진전영역이 매우 작고 고주파담금질층내도 균열진전이 빠르고 chevron mark를 나타내고, 또 core에 있어서도 균열진전이 빠르고 요철이 심한 면을 나타내고 있다.
- **대 책** : 과대한 일방향의 굽힘응력에 의해 파괴하고 있기 때문에 과대부하응력의 발생 원인, 또 부하응력에 대해 재료의 강도부족도 생각되어지기 때문에 피로한도가 높은 재료를 검토한다.

7.1.8 차륜용 샤프트의 피로파면

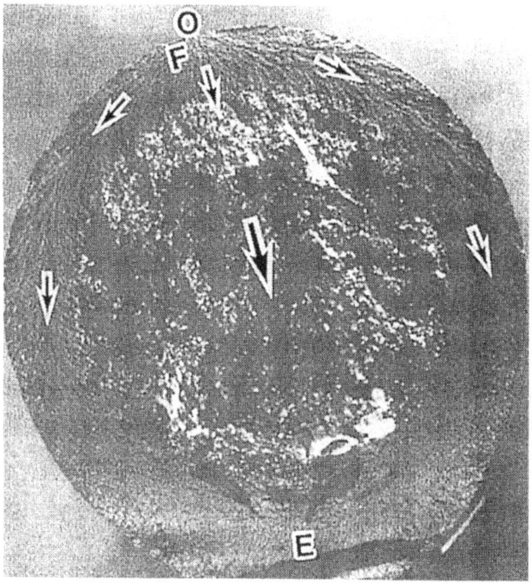

○ : 피로균열발생기점. F : 피로균열진전영역.
E : 최종파단부. ⬆ : 균열진전방향

- **재 질** : S53C
- **열처리** : 고주파담금질
- **사용부하응력** : 회전굽힘응력
- **파단응력방향** : 일방향의 굽힘응력에 의함.
- **파단면의 상황** : 피로균열진전영역이 매우 작고 경화층에는 chevron mark가 관찰되고 또 core의 부분은 균열의 진전속도가 빠른 면을 나타내며, 피로에 의한 모양은 관찰되지 않는다. 그러나 최종파단부 근방에 있어서는 면도 미세하고 정적으로 파괴한 것으로 생각된다.
- **대 책** : 사용시의 과대한 부하응력을 감소시키든가, 부하응력을 바꿀 수 가 없다면 피로한고곡선이 큰 재료를 검토할 필요가 있다. 또 일방향의 굽힘이 작용한 원인을 조사할 필요가 있다.

7.1.9 크랭크샤프트의 피로파면

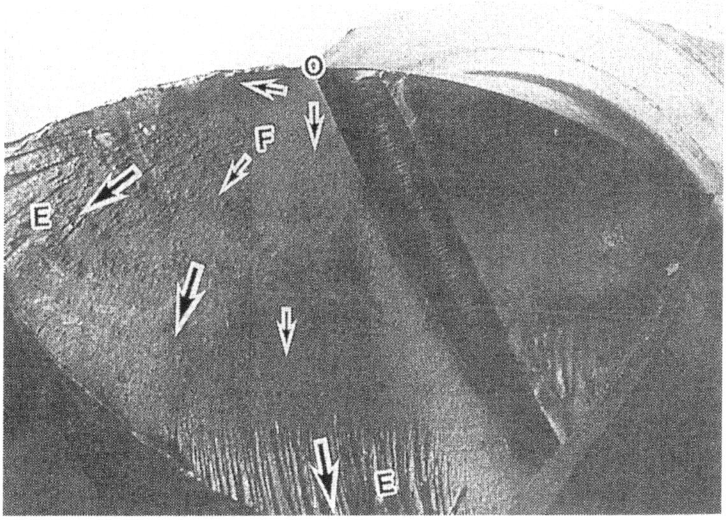

○ : 피로균열발생기점. F : 피로균열진전영역. E : 최종파단부.
🡅 : 균열진전방향

- **재 질** : S45C
- **열처리** : 고주파담금질 (표면경도 : 55 HRC)
- **사용부하응력** : 회전굽힘응력
- **파단응력방향** : 일방향의 비틀림응력에 의함.
- **파단면의 상황** : 파단면의 전면적에 대하여 피로파괴영역이 절반 정도이며 최종 파단부 근방에 있어서는 단차모양(ratchet mark)도 관찰된다. 또 균열진전방향이 부품의 축에 대하여 어떤 각도를 가지고 있기 때문에 비틀림응력에 의한 파괴로 추정된다.
- **대 책** : 2.1의 부하응력형태에서도 기술하였듯이, 비틀림응력이 부하되는 경우 피로강도가 가장 약해져 균열이 용이하게 발생하여 파괴된다. 사용 시의 부하응력은 회전굽힘이므로 비틀림응력이 작용한 원인을 조사하여 정규의 응력이 작용하도록 주의한다. 재료의 강도부족도 다소 생각되어지므로 재료의 선택, 고주파담금질에 있어서의 경화층 깊이를 재검토할 필요가 있다.

7.1.10. 강제 차륜의 피로파면

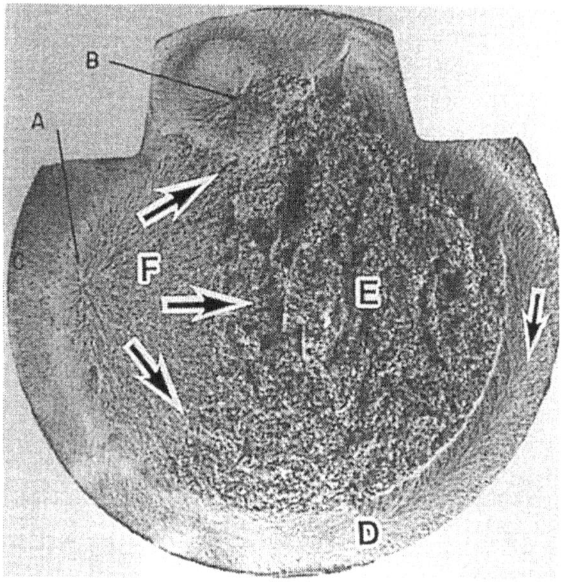

A, B : 피로균열발생기점. F : 피로균열진전영역.
E : 최종파단부. ↑ : 균열진전방향. D : 고주파담금질부

- **재 질** : SMn438
- **열처리** : 고주파담금질 (경화층 경도 : 50 HRC)
- **사용부하응력** : 회전굽힘응력
- **파단응력방향** : 회전굽힘응력
- **파단면의 상**황 : 피로파괴기점은 A, B에 나타낸 두 곳이며 경화층보다 내부에서 발생하여, 표면층과 내부로 진전하고 있다. 피로파괴영역이 비교적 작고 최종파단부가 크다.
- **대 책** : 경화층 깊이를 두껍게 하여 표면이 균열발생기점이 되도록 고려하는 것도 중요하지만 균열 발생보다도 오히려 균열진전속도를 고려하여 피로강도가 높은 재료를 사용할 필요가 있다. 동일한 재료를 사용하여 조질을 행하여도 파괴를 막을 수는 없다.

7.1.11 특수 트랙터용 차륜의 피로파면

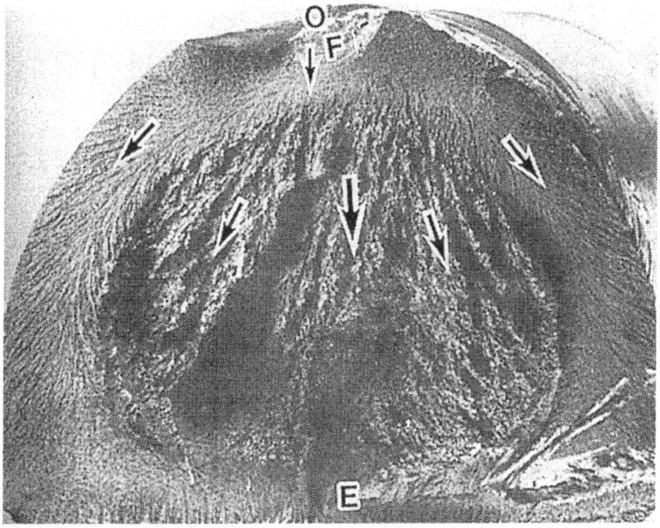

○ : 피로균열발생기점. F : 피로균열진전영역.
E : 최종파단부. ↑ : 균열진전방향

- **재 질** : S40C
- **열처리** : 고주파담금질 (경화층 경도 : 50 HRC)
- **사용부하응력** : 회전굽힘응력
- **파단응력방향** : 일방향의 굽힘응력
- **파단면의 상황** : 파괴기점 근방에는 타흔상의 손상이 확인되지만 피로파괴의 면적이 적고, 최종파단부가 크다. 또 고주파담금질 경화층에는 chevron mark가 관찰되고 균열진전속도는 비교적 빠르다.
- **대 책** : 사용부하응력에 대하여 재료의 강도부족이며, 균열발생 근방의 타흔상의 손상문제는 아니다. 피로한도가 높은 재료로 변경하거나, 플림재 혹은 불림재이면 조질을 행하여 강도상승을 유도할 필요가 있다.

7.1.12 key-홈이 있는 차륜의 피로파면

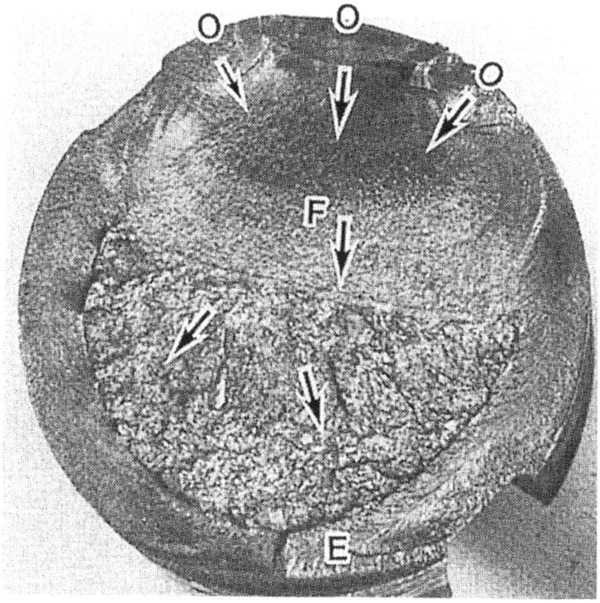

○ : 균열발생기점. F : 피로균열진전영역.
E : 최종파단부. ↑ : 피로균열진전방향

- **재 질** : S40C
- **열처리** : 고주파담금질 (표면경도: 50 HRC)
- **사용부하응력** : 회전굽힘응력
- **파단응력방향** : 일방향의 굽힘응력에 의함
- **파단면의 상황** : 균열발생기점이 우측하단의 키 홈에서가 아니라 키 홈과 거의 대조적인 위치에 있고 다수 확인되며, 여러 방향에서 굽힘응력이 부하되어 균열이 발생하고 있다. 또 피로균열진전영역과 최종파단부의 면적비율이 비슷한 정도이다.
- **대 책** : 일방향의 굽힘응력이 부하되는 원인 및 복수기점이 확인된 현상 등을 조사한다. 또 최종파단부가 큰 것으로부터 재료의 강도부족이 생각되어지기 때문에 피로강도가 높은 재료에 대하여 재검토할 필요가 있다.

7.1.13 트럭용 차륜의 피로파면

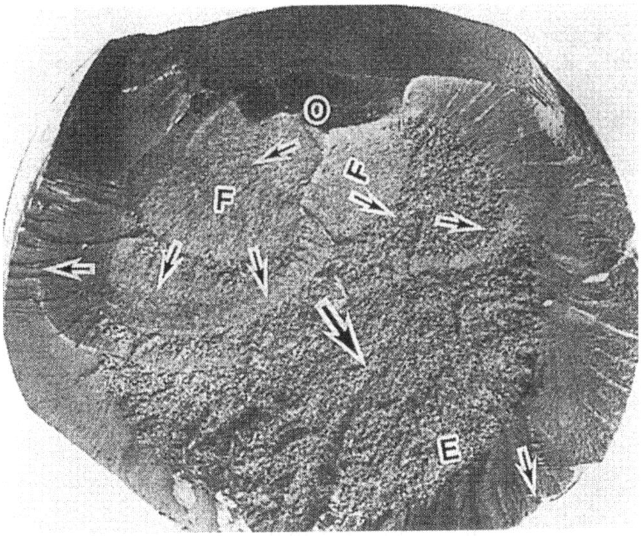

○ : 균열발생기점. F : 피로균열진전영역. E : 최종파단부.
↑ : 피로균열진전방향

- **재 질** : S40C
- **열처리** : 고주파남금질 (표면경도: 55 HRC)
- **사용부하응력** : 회전굽힘응력 (490 h 주행 후 파괴)
- **파단응력방향** : 일방향의 굽힘과 양진비틀림응력에 의함.
- **파단면의 상황** : 균열발생기점은 O부로 생각된다. 누락되어 분명하진 않지만, 균열발생 후는 굽힘과 양진비틀림응력이 부하되어 피로균열이 진전되고 있다. 또 피로파괴영역에 비교해 최종파단부가 크다.
- **대 책** : 굽힘응력이 부하된 원인, 양진비틀림응력이 작용한 원인 등을 조사한다. 또 최종파단부가 큰 것으로부터 재료강도의 문제도 생각할 수 있고, 피로강도가 높은 재료의 선택, 더욱이 고주파담금질 경화층 깊이(얕은 것으로 생각됨)를 재검토한다.

7.1.14 차축의 피로파면

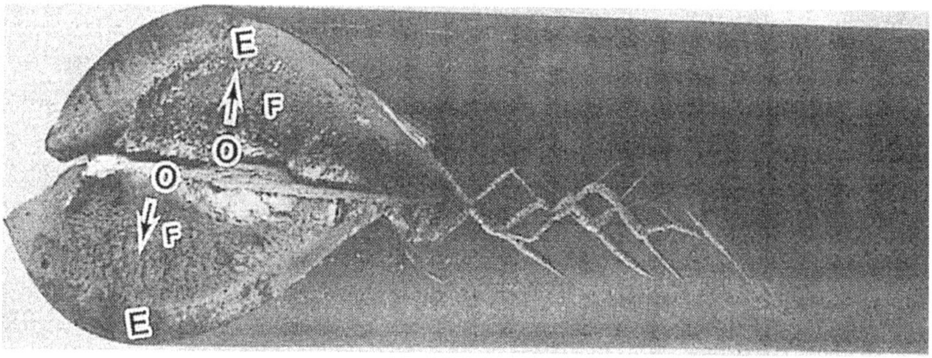

○ : 피로균열발생기점. F : 피로균열진전영역. E : 최종파단부. ↑ : 피로균열진전방향

- **재 질** : S45C
- **열처리** : 고주파담금질 (표면경도: 52 HRC)
- **사용부하응력** : 회전굽힘응력
- **파단부하응력** : 양진비틀림 응력에 의함.
- **파단면의 상황** : 피로균열진전영역의 면이 거칠고, 균열진전속도가 빠르다. 또 최종파단부의 면적도 비교적 크다.
- **대 책** : 사용응력과 다른 비틀림응력이 작용한 원인, 파단면 전체가 균열진전이 빠른 면을 나타내고 있으므로 재료의 선택, 고주파담금질 조건 등을 재검토할 필요가 있다.

7.1.15 machining center용 차축의 피로파면

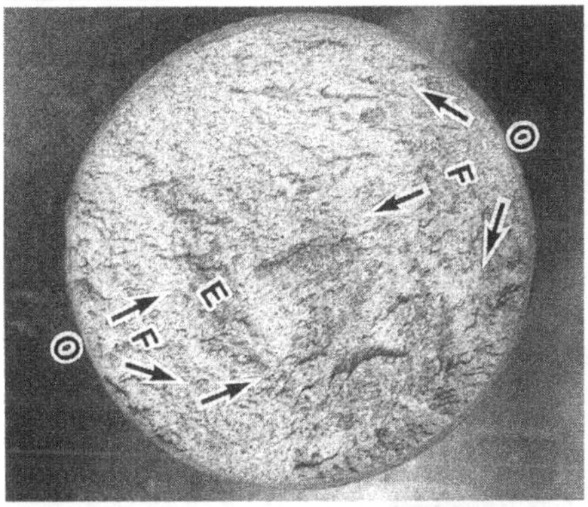

○ : 피로균열발생기점.
F : 피로균열진전영역.
E : 최종파단부.
↑ : 균열진전방향

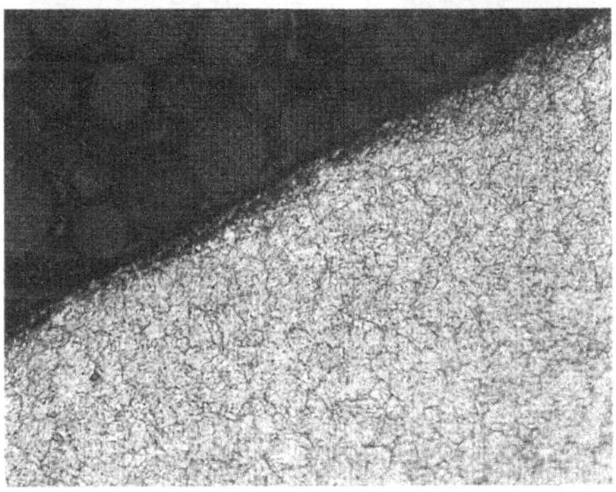

0.1mm

금속조직 : 고주파담금질부에는 약간의 페라이트가 관찰되고, 또 결정립계가 확인되는 점에서 뜨임부족이다.

부식액 : 5% 나이탈

- **재 질** : S45C
- **열처리** : 고주파담금질 (57 HRC)
- **사용부하응력** : 회전굽힘응력
- **파단부하응력** : 부분양진에 의함.
- **파단면의 상황** : 부분양진에 의한 파괴이지만 피로균열진전영역이 작고 균열진전속도가 빠르며 거친 면을 보이고, 또 최종파단부의 영역이 크다.
- **대 책** : 상용 사용응력과 다르고 부분양진에 의해 파괴하고 있기 때문에 양진응력이 작용한 원인, 또 전체적으로 균열진전속도가 빠른 면을 보이고 있으므로 부하응력에 대하여 강도부족을 생각할 수 있으므로 재료의 선택 및 고주파담금질 조건 등을 재검토할 필요가 있다.

7.1.16 반송(搬送) 부품용 샤프트의 피로파면

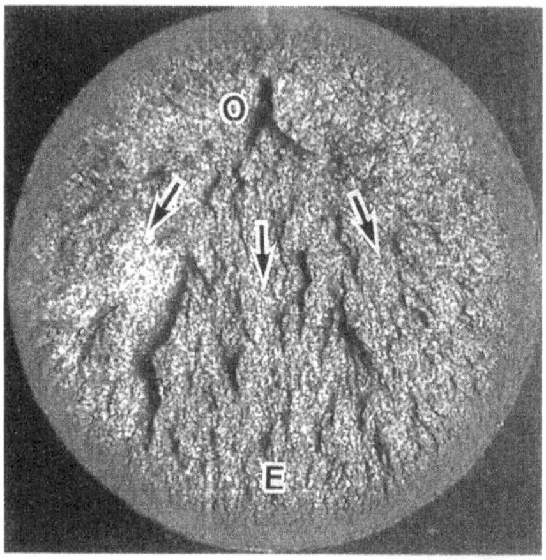

○ : 피로균열발생기점.
E : 최종파단부.
↑ : 피로균열진전방향

금속조직 : 고주파담금질부는 템퍼된 마르텐사이트이지만, 약간의 페라이트가 혼재.

부식액 : 5% 나이탈

- **재　질** : S45C
- **열처리** : 고주파담금질 (58 HRC)
- **사용부하응력** : 회전굽힘응력
- **파단부하응력** : 일방향의 굽힘응력에 의함.
- **파단면의 상황** : 파괴기점으로 생각되는 부분은 경화층과 내부의 경계부근 부터이며, 그 개소에 큰 단차모양이 확인되며, 일방향의 굽힘응력에 의해 충격적으로 파괴하고 있다.
- **대　책** : 사용부하응력은 회전굽힘이다. 일방향의 굽힘응력이 작용한 원인, 또 충격적으로 파괴한 파면을 보이고 있기 때문에 부하응력에 대해 재료의 강도부족이 생각되어지므로, 재료의 선택 또 경화층 속에 페라이트가 약간 존재하는 점에서 적정한 고주파담금질 조건 등을 재검토한다.

7.1.17 반송(搬送)기계용 차축의 피로파면

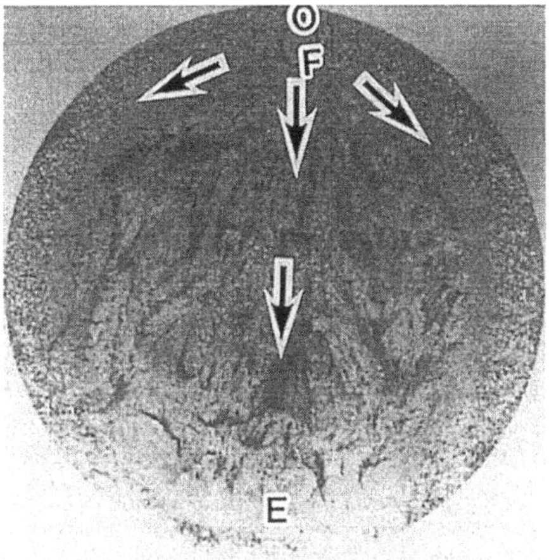

○ : 피로균열발생기점.
F : 피로균열진전영역.
E : 최종파단부.
↑ : 균열진전방향

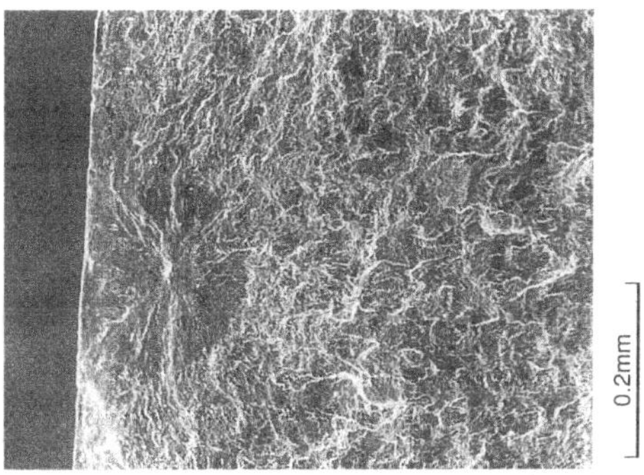

피로균열발생기점 근방의 SEM상 : fish eye형의 기구에서 파괴, 기점에는 비금속개재물이 관찰된다.

- **재 질** : S55C
- **열처리** : 고주파담금질 (표면경도 57 HRC)
- **사용부하응력** : 회전굽힘응력
- **파단부하응력** : 일방향의 굽힘응력에 의함.
- **파단면의 상황** : 피로균열발생은 경화층의 직하이며 피로균열진전영역이 작고 최종파단부가 크다.
- **대 책** : 파단부하응력이 굽힘응력에 의한 것이며 굽힘이 작용한 원인, 재료의 강도 등을 검토할 필요가 있다.

7.1.18 sprocket drive pinion의 피로파면

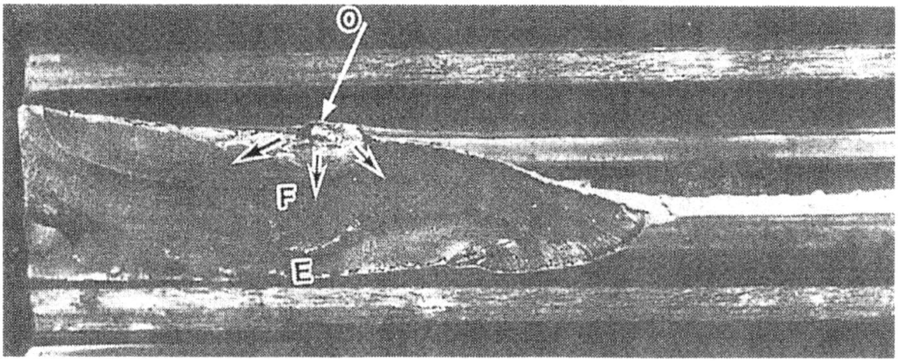

○ : 피로균열발생기점. F : 피로균열진전영역. E : 최종파단부. ⬆ : 균열진전방향

- **재 질** : SNCM220
- **열처리** : 고주파담금질 (표면경도: 58~60 HRC).
- **사용부하응력** : 반복굽힘응력
- **파단부하응력** : 약간의 비틀림응력이 작용한 굽힘응력에 의함.
- **파단면의 상황** : 파괴기점이 중앙에서 치우치고, 피로균열진전영역이 비스듬히 되어있는 점에서 약간의 비틀림과 굽힘응력이 부하된 파단면이다. 또 파단면 전체가 비교적 거칠고 균열진전속도가 빠르다.
- **대 책** : 비틀림응력이 작용한 원인, 파단면 전체가 거친 점에서 재료의 선택 및 고주파담금질 조건 등을 재검토할 필요가 있다.

7.1.19 대형 spline 차축의 피로파면

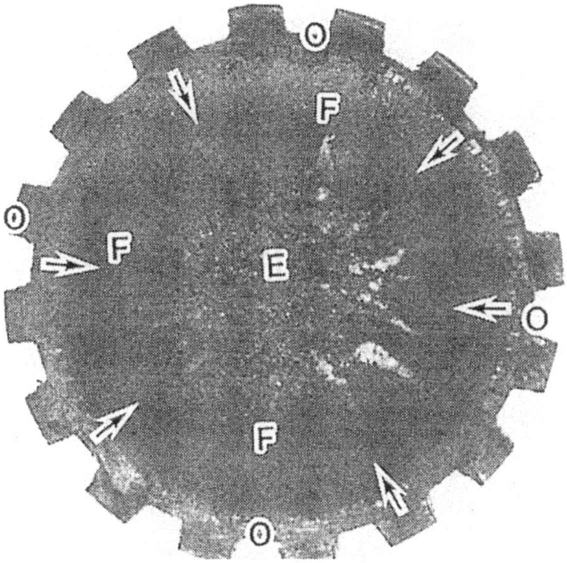

○ : 파괴기점은 반원주 전체. F : 피로균열진전영역.
E : 최종파단부. ↑ : 균열진전방향

- **재 질** : 10B41
- **열처리** : 고주파담금질 (표면경도: 54 HRC)
- **사용부하응력** : 인장-압축응력.
- **파단응력방향** : 약간의 굽힘응력이 부하된 인장응력에 의함.
- **파단면의 상황** : 피로균열발생기점 근방의 경화층 속에는 많은 단차모양이 관찰되고, 피로균열진전영역에 비교하여 최종파단부의 면적이 크다.
- **대 책** : 사용응력과 다른 굽힘응력이 작용하고 있기 때문에 그 원인, 또 최종단부의 면적이 비교적 큰 것으로부터 재료의 선택 등 재검토가 필요하다.

7.1.20 plastic 성형기용 샤프트의 피로파면

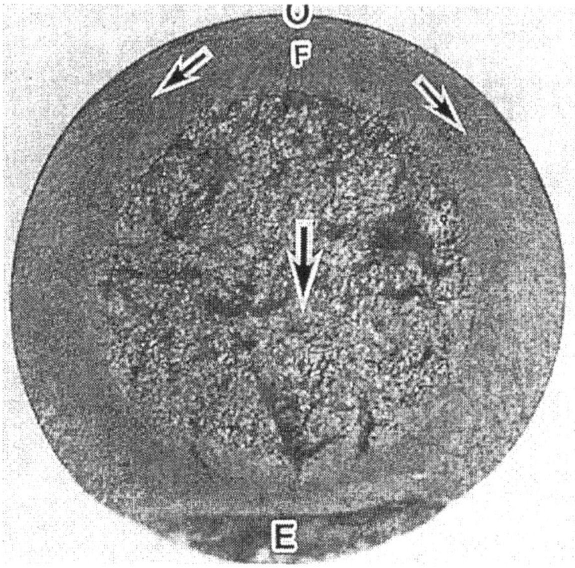

○ : 피로균열발생기점. F : 피로균열진전영역.
E : 최종파단부. ↑ : 균열진전방향

- **재 질** : AISI3627
- **열처리** : 고주파담금질
- **사용부하응력** : 회전굽힘응력
- **파단부하응력** : 일방향의 굽힘 응력에 의함.
- **파단면의 상황** : 피로균열발생은 최표면이며 균열진전영역이 상당히 작고, 경화층 내부에는 chevron 모양이 관찰된다. 또 core의 부분은 비교적 거친 면을 보이고 있다.
- **대 책** : 파괴는 일방향의 굽힘응력에 의한 것이au 피로균열진전영역이 작고, 경화층 속에는 취성파괴 특유의 chevron 모양이 관찰되는 점에서, 과대한 굽힘응력에 의한 파괴이다. 사용 조건과 고주파담금질 조건, 사용재료 등을 재검토할 필요가 있다.

7.2 가스침탄담금질

7.2.1 침탄담금질한 pin의 피로파면

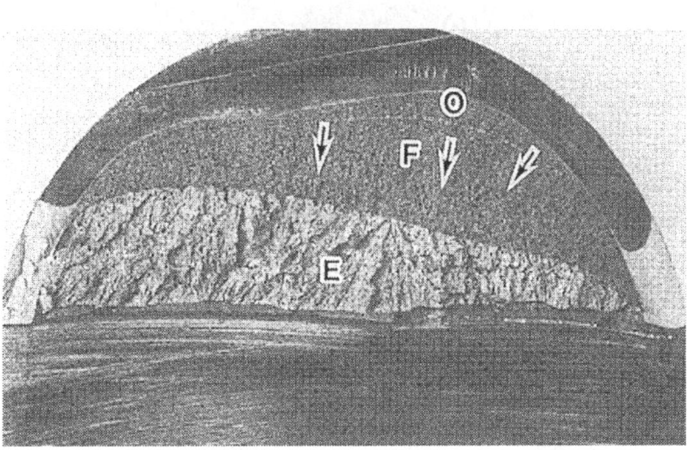

○ : 피로균열발생기점. F : 피로균열진전영역.
E : 최종파단부. 🡅 : 균열진전방향

- **재 질** : SCr415
- 열**처리** : 침탄담금질 (표면경도: 61 HRC)
- **사용부하응력** : 정적굽힘응력
- **파단부하응력** : 반복굽힘응력에 의함.
- **파단면의 상황** : 피로균열진전영역 및 최종파단부 모두 거친 면을 보이고, 균열진전속도가 비교적 빠른 면이다. 또 피로균열진전영역에 비교하여 최종파단부의 면적도 크다.
- **대 책** : 사용부하응력, 재료 선택 등의 재검토가 필요하다.

7.2.2 spiral bevel pinion의 피로파면

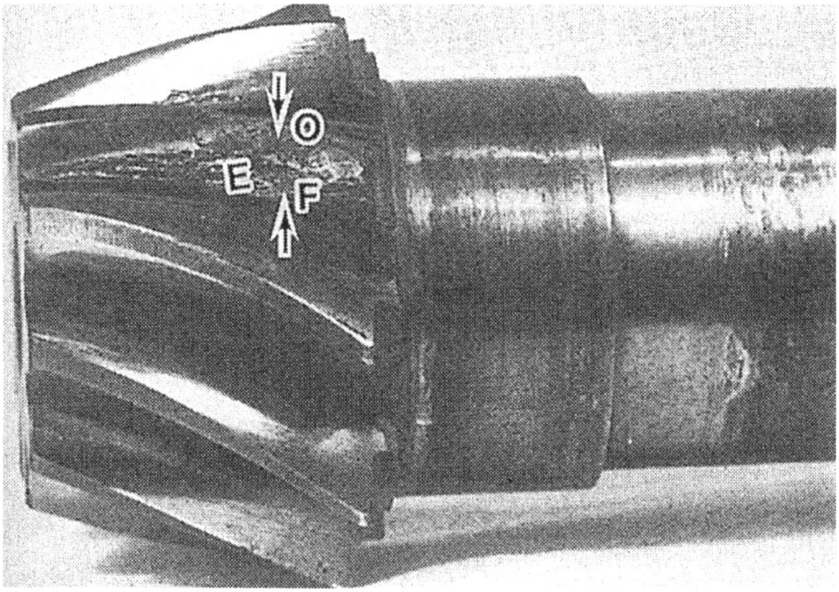

○ : 균열발생기점. F : 피로파괴진전영역. E : 최종파단부. ↑ : 균열진전방향

- **재 질** : SNCM220
- **열처리** : 침탄담금질 (경화층 경도: 57 HRC)
- **사용부하응력** : 비틀림 면압응력
- **파단응력방향** : 양진굽힘응력에 의함.
- **파단면의 상황** : 파괴기점은 치부의 돌출부에서이며 양진굽힘응력에 의해 균열이 진전하고 있다.
- **대 책** : 손상부분이 부분적이며 손상과 대칭의 축부에 치우쳐 맞닿음에 따른 접촉흔이 관찰된다. 따라서 치우쳐 맞닿는 원인의 조사와 침탄조건의 재검토가 필요한 것으로 생각된다.

7.2.3 압축기계용 gear의 피로파면

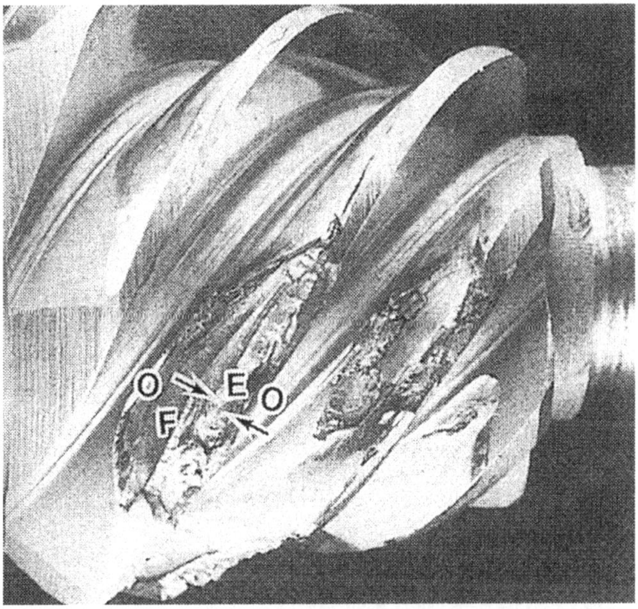

○ : 피로균열발생기점. F : 피로균열진전영역.
E : 최종파단부 근방. ↑ : 균열진전방향

- **재 질** : SNCM415
- **열처리** : 침탄담금질
- **사용부하응력** : 비틀림의 면압응력 (헤르츠 응력).
- **파단응력방향** : 약간의 비틀림응력이 부하된 양진굽힘응력에 의함.
- **파단면의 상황** : 파괴기점은 치원으로부터 이며, 약간의 비틀림응력이 작용한 양진굽힘응력이다. 스파이럴 기어의 일부분에 파손이 관찰된다.
- **대 책** : 파괴기점이 치원으로부터 이며, 침탄층 깊이와 부하응력의 관계, 축의 치우친 맞물림에 의한 굽힘응력의 발생 등을 재검토할 필요가 있다.

7.2.4 pinion gear의 피로파면

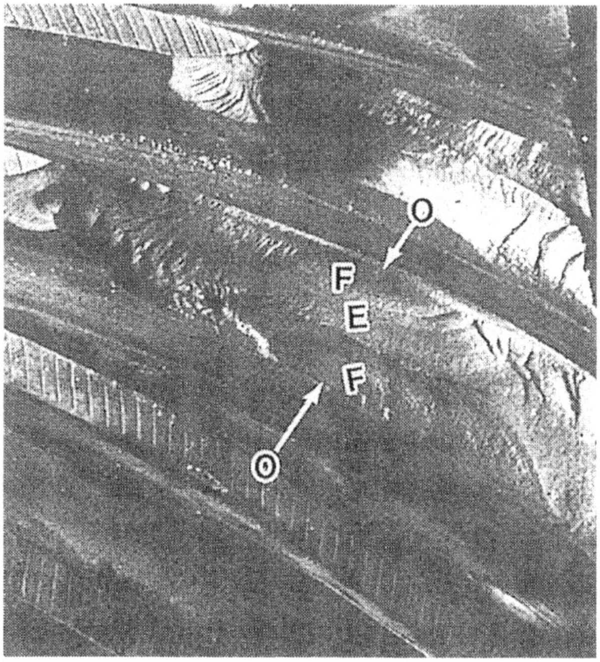

○ : 피로균열발생기점. F : 피로균열진전영역.
E : 최종파단부. ↑ : 피로균열진전방향

- **재 질** : SNCM420
- **열처리** : 침탄담금질 (표면경도: 56 HRC, 내부경도: 30 HRC)
- **사용부하응력** : 비틀림의 면압응력 (헤르츠 응력)
- **파단응력방향** : 양진굽힘응력에 의함.
- 파단면의 상황 : 피로균열발생기점은 면압이 부하된 단면이며 피로균열진전영역이 크고, 최종파단부가 비교적 작은 양진굽힘에 의해 파괴하고 있다. 손상의 위치가 부분적이며 축의 치우친 맞물림도 생각할 수 있다.
- **대 책** : 반복양진굽힘응력이 작용한 원인의 조사, 또 파손품 근방의 다른 부품에서의 공진 등도 생각할 수 있기 때문에 주변부를 조사한다. 열처리적으로는 금속조직, 경도분포 등도 재검토.

7.2.5 긴 샤프트의 피로파면

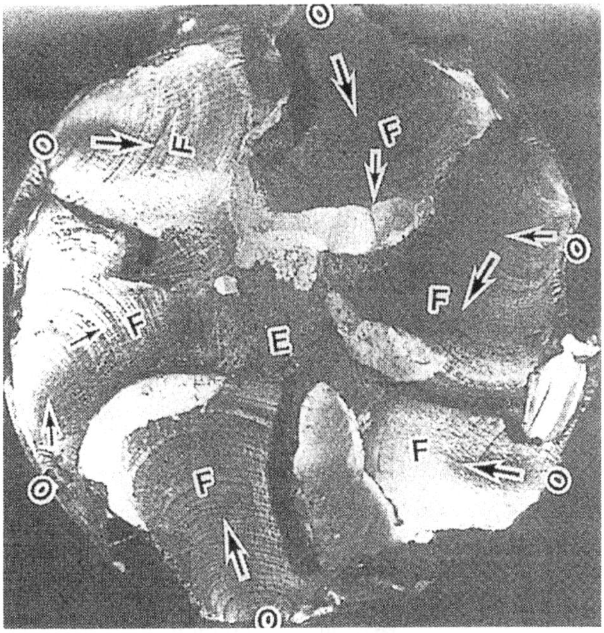

○ : 피로균열발생기점. F : 피로균열진전영역.
E : 최종파단부. ↑ : 피로균열진전방향

- **재 질** : SCM415
- **열처리** : 침탄담금질 (표면경도: 60 HRC)
- **사용부하응력** : 회전굽힘응력
- **파단응력방향** : 일방향의 비틀림응력에 의함.
- **파단면의 상황** : 균열발생기점은 최표면에서부터 이며, 피쉬아이형의 기점은 관찰되지 않는다. 또 피로균열진전영역에는 비교적 균열진전이 빠른 조개껍질모양(beach mark)이 확인되고, 과대한 비틀림응력에 의해 파괴하고 있다. 또한 최종파단부의 면적도 약간 크다.
- **대 책** : 과대한 비틀림응력이 작용한 원인을 조사, 또 재료의 강도부족도 생각할 수 있으므로, 열처리 조건 및 재료의 선택에 대해서 재검토한다.

7.2.6 자전거용 pedal 축의 피로파면

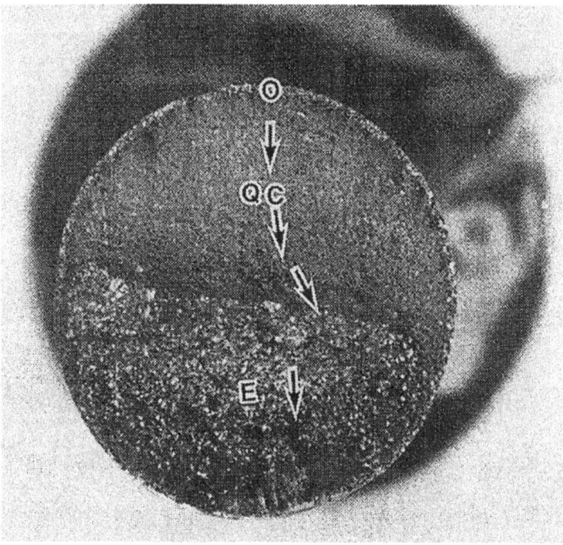

○ : 피로균열발생기점. F : 피로균열진전영역.
E : 최종파단부. ↑ : 피로균열진전방향.
QC : 침탄담금질 시의 열처리 균열 부분

- **재 질** : 0.08%C의 저탄소강
- **열처리** : 침탄담금질
- **사용부하응력** : 회전굽힘응력
- **파단응력방향** : 굽힘과 약간의 비틀림응력에 의함.
- **파단면의 상황** : 피로균열발생기점은 반원주 전체에서 이며, 경화층의 최표면에는 작은 단차모양(ratchet)가 관찰된다. 또, 피로균열진전영역은 매우 평탄하며 균열 진전속도가 느리고, 최종파단부도 작다.
- **대 책** : 열처리 균열이 단면적의 절반 이상을 차지하고, 피로균열진전이 상당히 느린 점에서 재료의 강도와 사용조건은 설계적으로 일치하고 있는 것으로 생각된다. 따라서 침탄 시의 열처리 균열을 방지할 필요가 있다. 열처리 균열이 발생해 있지 않다면, 장수명화를 기대할 수 있을 것으로 생각된다.

7.2.7 drive pinion의 피로파면

○ : 피로균열발생기점. F : 피로균열진전영역. E : 최종파단부. ↑ : 균열진전방향

- **재 질** : SNCM220
- **열처리** : 침탄담금질 (표면경도: 60 HRC)
- **사용부하응력** : 회전굽힘응력
- **파단응력방향** : 스포링과 일방향의 굽힘응력에 의함.
- **파단면의 상황** : 과대한 면압에 의한 스포링 현상과 피로에 의한 파괴에 의해 손상흔이 확인되며, 손상면 전체가 거친 비치마크를 보이고 있다. 또 손상흔 근방에는 편향된 맞물림에 의한 접촉흔이 존재하고 있다.
- **대 책** : 치우친 맞물림이 생긴 원인, 침탄처리조건(경화층 깊이, 표면경도, 잔류 오스테나이트량 등)을 재확인한다.

7.2.8 평기어의 피로파면

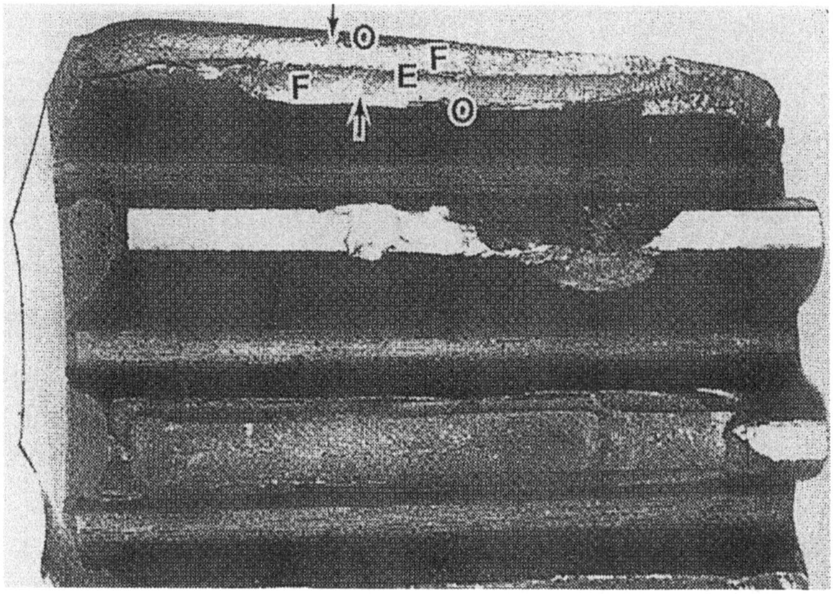

○ : 피로균열발생기점. F : 피로균열진전영역. E : 최종파단부. ↑ : 균열진전방향

- **재 질** : SNCM415
- **열처리** : 침탄담금질 (표면경도: 60 HRC)
- **사용부하응력** : 반복면압응력 (헤르츠 응력)
- **파단응력방향** : 양진굽힘응력에 의함.
- **파단면의 상황** : 파괴기점은 치면에서 이며 양진굽힘응력에 의해 파괴하고 있다. 피로균열진전영역에는 chevron 모양도 관찰되는 것으로부터 균열진전속도는 빠른 것으로 생각된다.
- **대 책** : 양진부하응력이 작용한 원인, 침탄 조건(경화층 깊이, 잔류오스테나이트량 등)등을 재검토할 필요가 있다.

7.2.9 샤프트의 피로파면

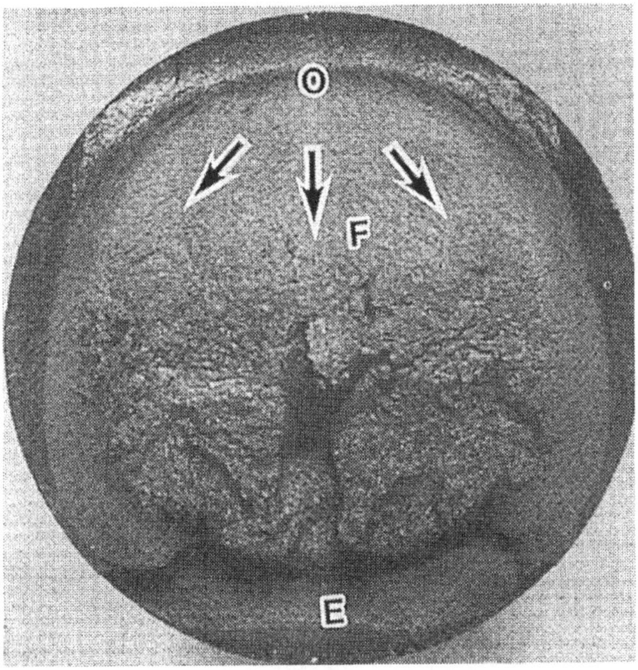

○ : 피로균열발생기점.   F : 피로균열진전영역.
E : 최종파단부. ↑ : 균열진전방향

- **재 질** : S40C
- **열처리** : 침탄담금질 (표면경도: 50 HRC, 내부경도: 19 HRC)
- **사용부하응력** : 회전굽힘응력
- **파단응력방향** : 일방향의 굽힘응력
- **파단면의 상황** : 파괴기점은 경화층보다 내부이지만 피쉬아이형의 파괴기점은 확인되지 않고 피로균열진전영역은 비교적 평탄한 면을 보이고 있다. 최종적으로 파괴한 면은 상당히 거칠고 크다.
- **대 책** : 일방향에서의 굽힘응력이 작용한 원인을 조사하는 것은 물론이고, 재료의 강도, 침탄담금질 경화층 깊이와 부하응력의 관계를 재검토할 필요가 있다.

7.2.10 반송기계용 차축의 피로파면

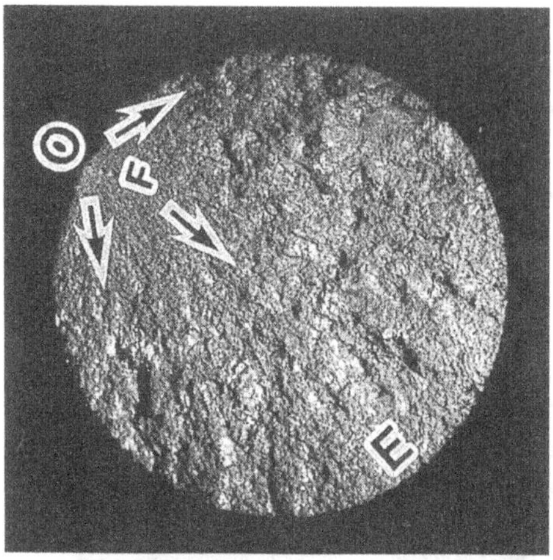

○ : 피로균열발생기점.
F : 피로균열진전영역.
E : 최종파단부.
↑ : 균열진전방향

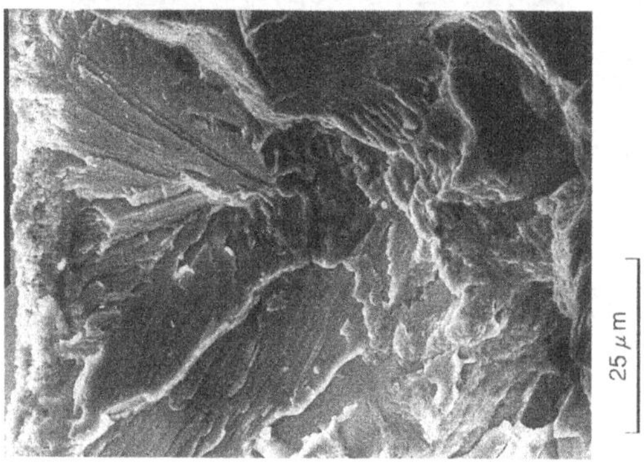

균열발생기점 근방의 SEM상 : 침탄층은 의벽개파괴파면

- **재 질** : SCM415
- **열처리** : 가스침탄담금질 (표면경도: 56 HRC, 내부경도: 22 HRC)
- **사용부하응력** : 회전굽힘응력
- **파단부하응력** : 일방향의 굽힘응력에 의함
- **파단면의 상황** : 피로파괴기점은 최표면이며 피로균열진전영역이 작고, 최종파단부가 넓고 거친 면을 보이며 균열진전속도가 빠른 면이다.
- **대 책** : 일방향의 굽힘응력이 부하된 원인, 파단면이 거칠고 균열진전속도가 빠르기 때문에 재료의 강도부족도 생각되며 재료의 선택을 재검토한다.

7.2.11 금형 제작기계용 베벨(bevel)기어의 피로파면

손상된 베벨기어의 외관사진

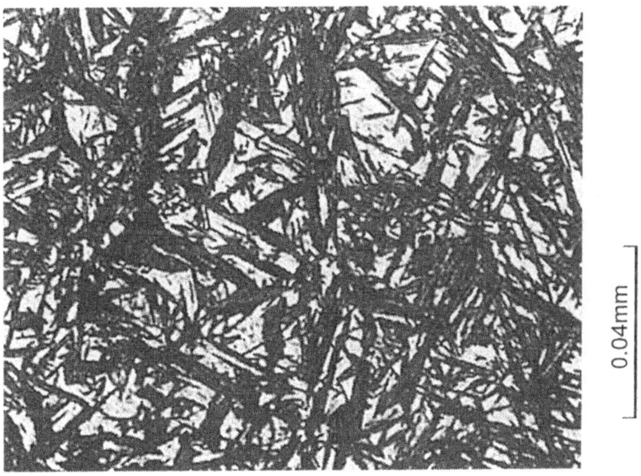

금속조직: 침탄경화층에 있어서의 금속조직은 많은 잔류오스테나이트를 포함한 상당히 거친 침상의 마르텐사이트
부식액 : 5% 나이탈

- **재 질** : 불명
- **열처리** : 침탄담금질
- **사용부하응력** : 비틀림응력과 굽힘응력의 조합
- **파단부하응력** : 일방향의 굽힘응력에 의함.
- **파단면의 상황** : 파단면 전체가 상당히 거친 면을 보이고 취성적으로 파괴하고 있다.
- **대 책** : 침탄경화층의 깊이가 얕고, 또 파면은 침탄 시의 과열에 의해 생긴 면을 보이고 있기 때문에 침탄 조건의 재확인이 필요하다.

7.2.12 작은 나사의 피로파면

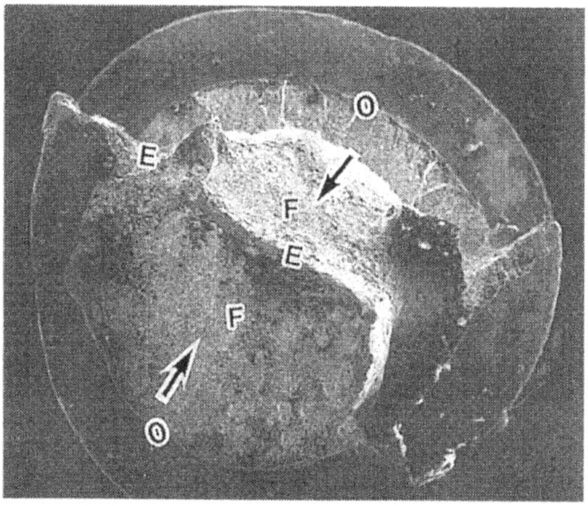

○ : 피로균열발생기점.
F : 피로균열진전영역.
E : 최종파단부.
↑ : 균열진전방향

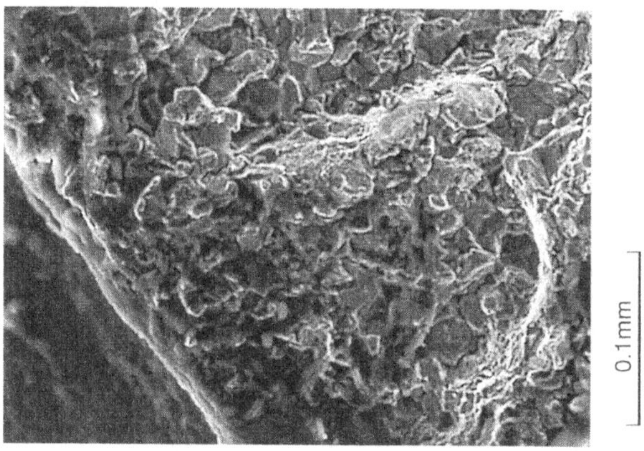

균열발생기점 근방의 SEM상 : 침탄층 속은 입계파괴, 그 하층은 딤플 모양

- **재 질** : S15C
- **열처리** : 가스침탄담금질 (표면경도: 59 HRC, 내부: 120 HV)
- **사용부하응력** : 축력
- **파단부하응력** : 양진굽힘응력에 의함
- **파단면의 상황** : 피로균열발생기점 근방은 큰 단차모양이 확인되고, 또 피로균열진전영역도 거친 면을 보이며 균열진전속도가 빠르다.
- **대 책** : 침탄조건을 재검토하고 침탄경화층을 적게 할 필요가 있다.

7.2.13 트레일러용 차축의 피로파면

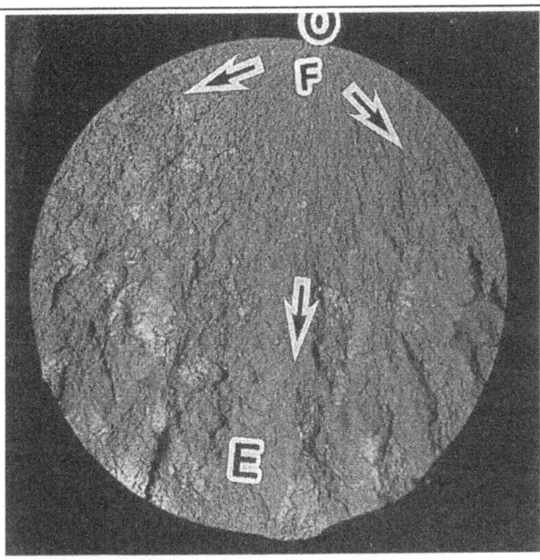

○ : 피로균열발생기점.
F : 피로균열진전영역.
E : 최종파단부.
↑ : 균열진전방향

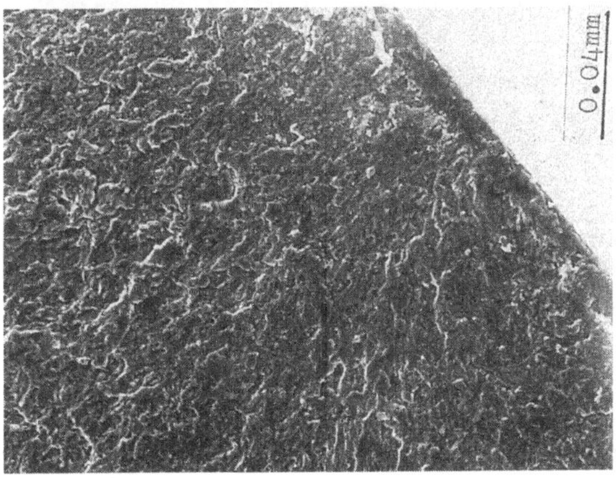

피로균열발생기점 근방의 SEM상 : 피로균열발생기점은 최표면이며, 피로균열진전영역이 좁고 최종파단부가 크다. 의벽개파괴로 균열이 진전하고 있다.

- **재 질** : SCM415
- **열처리** : 가스침탄담금질 (표면경도: 60 HRC, 내부경도: 32 HRC)
- **사용부하응력** : 회전굽힘응력
- **파단부하응력** : 일방향의 굽힘응력
- **파단면의 상황** : 피로파괴에 있어서의 기점은 최표면에 존재하고 피로균열진전영역보다도 최종파단부의 면적이 크다.
- **대 책** : 침탄경화층 깊이 및 사용조건의 재검토.

7.2.14 자동차용 베벨기어의 피로파면

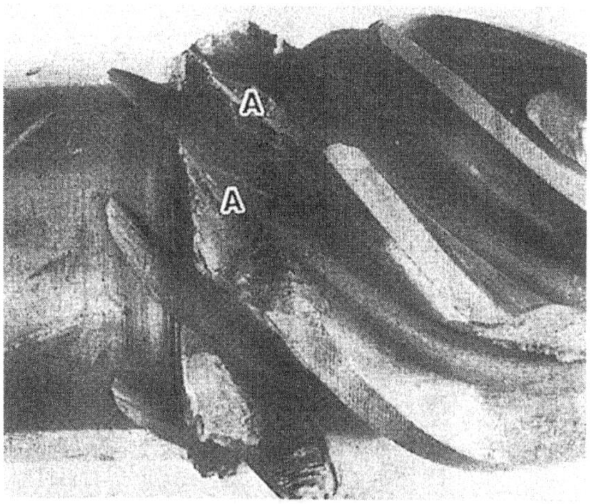

파손된 베벨기어의 외관사진 A: 파손부

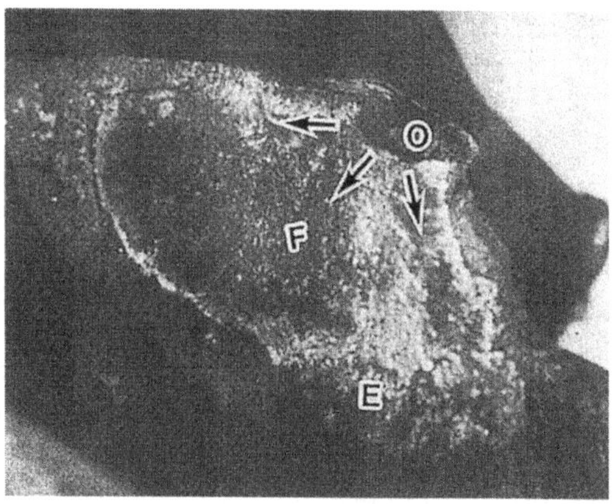

○ : 피로균열발생기점.
F : 피로균열진전영역.
E : 최종파단부.
↑ : 균열진전방향

- **재 질** : SCM420
- **열처리** : 가스침탄담금질
- **사용부하응력** : 비틀림 및 굽힘응력
- **파단부하응력** : 일방향의 굽힘응력에 의함 (1000 h 주행으로 파손)
- 파단면의 상황 : 피로파괴의 기점은 경화층과 매트릭스의 경계에 있으며 일방향의 굽힘응력에 의해 균열이 진전되고 있다.
- **대 책** : 단순한 굽힘응력이 작용한 원인을 조사하고 그 대책을 세운다.

7.2.15 자동차 엔진 구동축의 피로파면

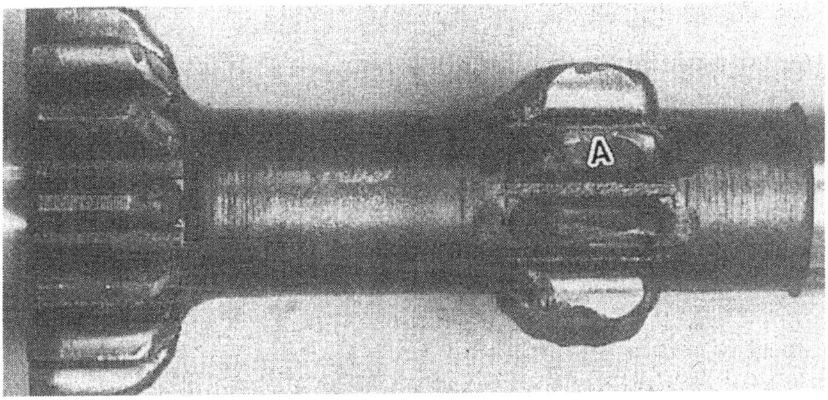

파손품의 외관사진 A: 파손부

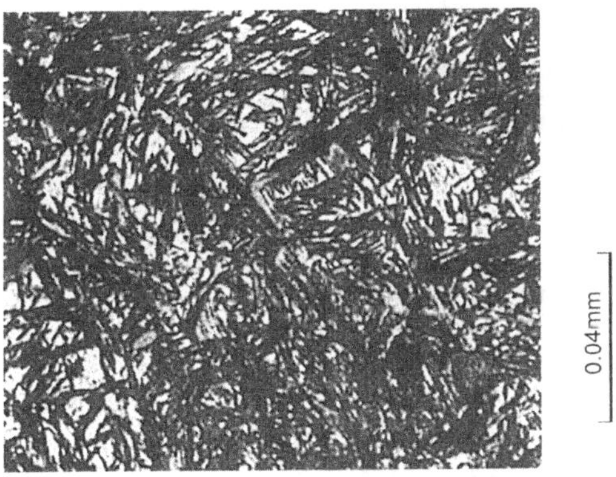

금속조직 : 잔류오스테나이트가 혼재한 마르텐사이트 조직 (부식액: 5%나이탈)

- **재 질** : SCM415
- **열처리** : 가스침탄담금질 (고온에서 직접담금질·뜨임, 표면경도: 59 HRC)
- **사용부하응력** : 회전굽힘응력
- **파단부하응력** : 회전굽힘응력 (3000 km 주행 후 파단)
- **파단면의 상황** : 균열진전속도가 빠른 요철이 큰 파단면
- **대 책** : 금속조직적으로 잔류오스테나이트량이 많고, 열처리 조건에서 생각하면 결정립도 조대화되어 있는 점을 생각할 수 있다. 침탄담금질 조건을 재검토할 필요가 있다.

7.2.16 인쇄기용 단 가공 샤프트의 피로파면

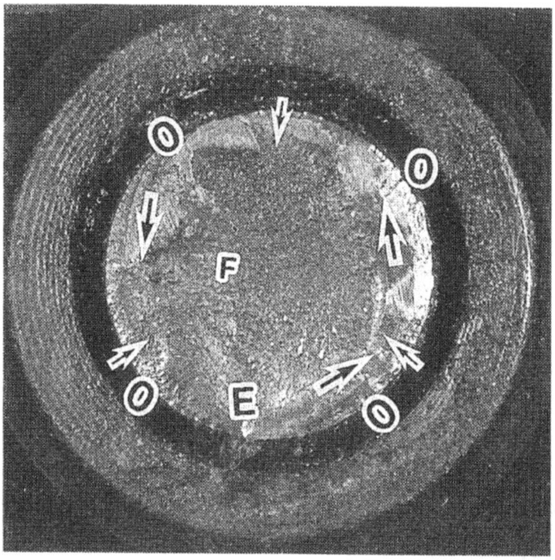

○ : 파단면의 전주가 피로균열발생기점.
F : 피로균열진전영역.
E : 최종파단부.
↑: 균열진전방향

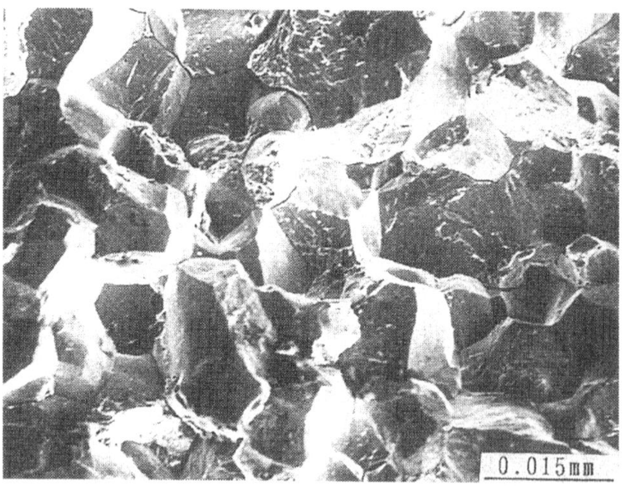

균열발생기점 근방의 SEM상 : 벽개면에 딤플이 존재한 입계파괴면(침탄층 내의 파면은 단단하기 때문에 경화층의 깊이에 따라서도 다르지만 일반적으로 입계 균열을 나타낸다.)

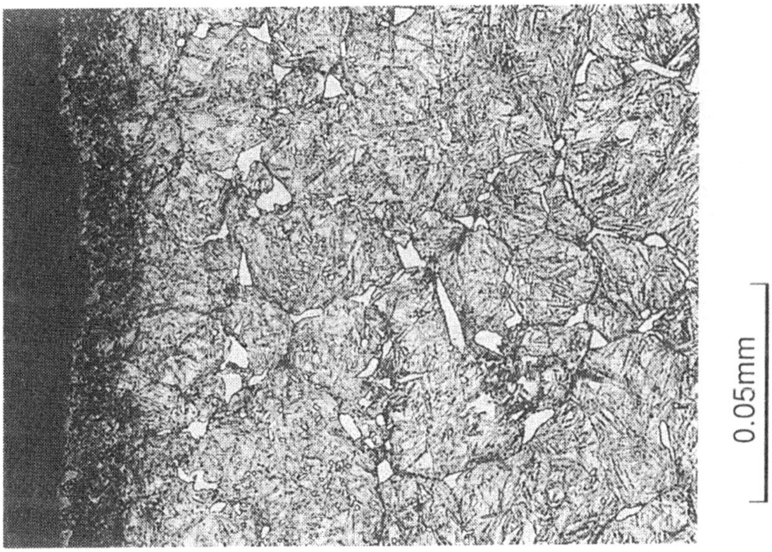

금속조직 : 마르텐사이트와 백색의 탄화물이 확인된다(과잉침탄조직)
부식액 : 5% 나이탈

- **재 질** : SCM420
- **열처리** : 가스침탄담금질 (표면경도: 60 HRC, 내부경도: 28 HRC)
- **사용부하응력** : 회전굽힘응력
- **파단부하응력** : 회전굽힘응력에 의함.
- **파단면의 상황** : 균열발생기점부에는 단차모양이 확인되고 피로균열진전영역보다도 최종파단부의 면적이 크다. 균열진전속도가 빠른 면을 나타내고 있다.
- **대 책** : 과잉침탄(망상의 시멘타이트가 석출)이 되지 않도록 침탄 조건을 재검토한다.

7.2.17 나사체결용 드라이버의 피로파면

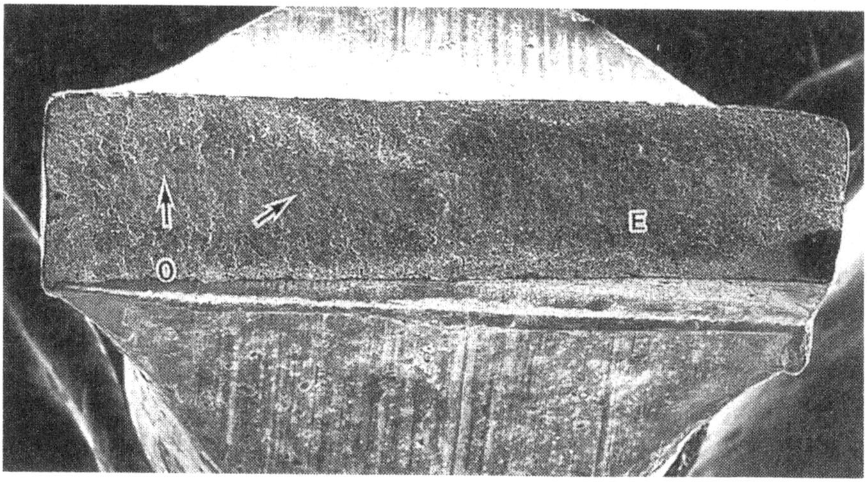

○ : 균열발생기점. E : 최종파단부. ↑ : 균열진전방향

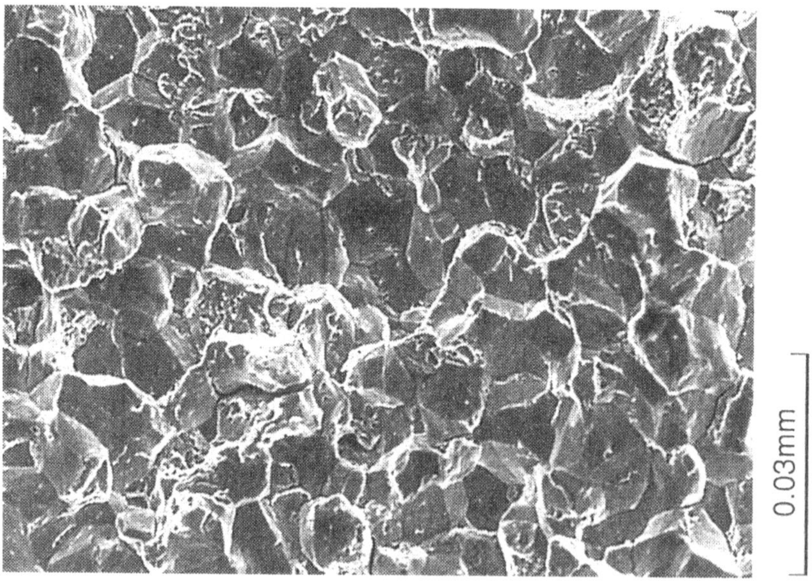

파괴기점 근방의 SEM상 : 기점 근방의 SEM상인데 파단면 전체가 취성적인 rock candy pattern이다.

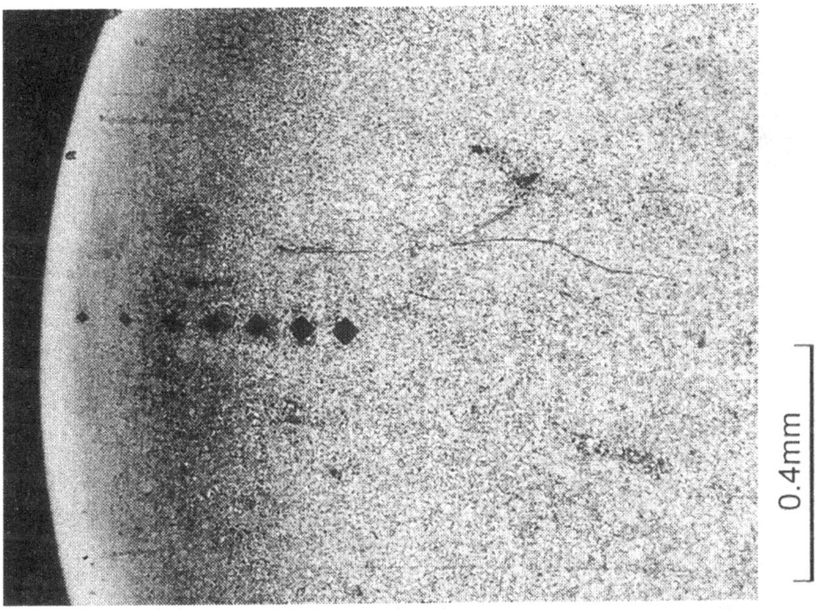

금속조직 : 최표면 근방에 백색의 부식되지 않은 층이 확인되는데 침탄담금질 후 Zn도금이 되어 있기 때문에 Zn의 확산층이 형성되어 있다.
부식액 : 5% 나이탈

- **재 질** : S15C
- **열처리** : 가스침탄담금질
- **사용부하응력** : 양진비틀림응력
- **파단부하응력** : 일방향의 비틀림응력
- **파단면의 상황** : 전체적으로 거친 면을 보이고 비틀림응력에 의해 충격적으로 파괴하고 있나.
- **대 책** : 과잉침탄이며 전체적으로 침탄되어 있기 때문에 취성적으로 파괴하고 있다. 따라서 침탄담금질 조건의 재확인을 행할 필요가 있다.

7.2.18 소형 모터용 샤프트의 피로파면

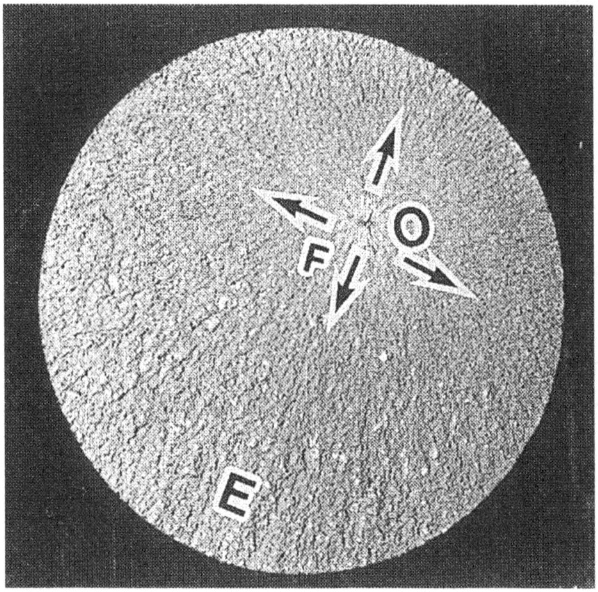

○ : 피로균열발생기점 (피쉬아이형).
F : 피로균열진전영역.
E : 최종파단부원 (원주전체).
🡅 : 피로균열진전방향

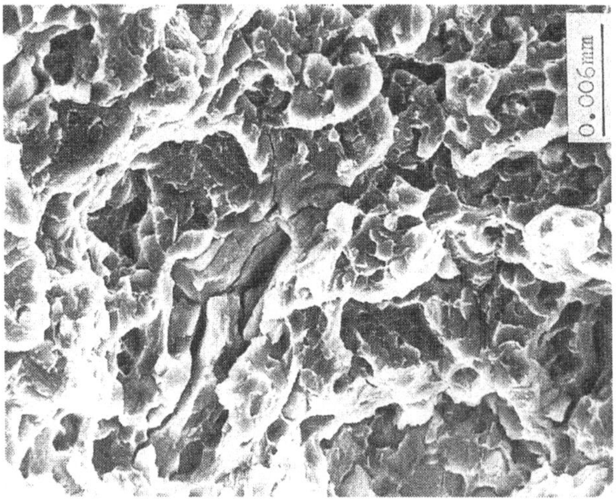

피로균열발생기점 근방의 SEM상 : 기점에는 비금속개재물이 확인되고 부하응력에 의해 균열이 진전하고 있다. 또 그 주변부는 딤플과 의벽개가 혼재된 파면이다.

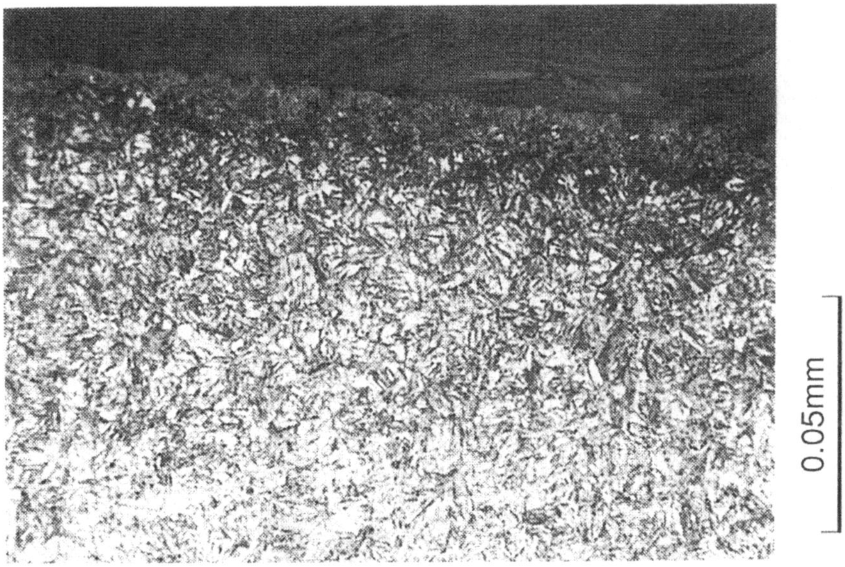

금속조직 : 표면 근방의 침탄층은 입계산화에 따른 불완전 담금질조직 때문에 흑색으로 부식되고, 보다 내부는 템퍼된 마르텐사이트이다.
부식액 : 5% 나이탈

- **재 질** : SCM420
- **열처리** : 가스침탄담금질·뜨임 (표면경도: 53 HRC, 내부경도: 28 HRC)
- **사용부하응력** : 회전굽힘응력
- **파단부하응력** : 굽힘응력에 의함
- **파단면의 상황** : 파괴기점은 피쉬아이형의 기구이며 그 기점에는 개재물이 확인된다. 또 최종파단부는 원주부 전체이며 피로균열진전영역도 방사상의 단차모양이 존재하고 균열진전은 빠르다.
- **대 책** : 피쉬아이형의 파괴기구로 균열이 발생하여 파괴되고 있는 점으로부터 사용부하응력의 크기와 침탄경화층 깊이를 재검토할 필요가 있다. 또 최종파단부가 비교적 큰 것으로부터 SNCM재 등 강도가 높은 재료를 선택할 필요가 있다.

7.2.19 단 가공 볼트의 피로파면

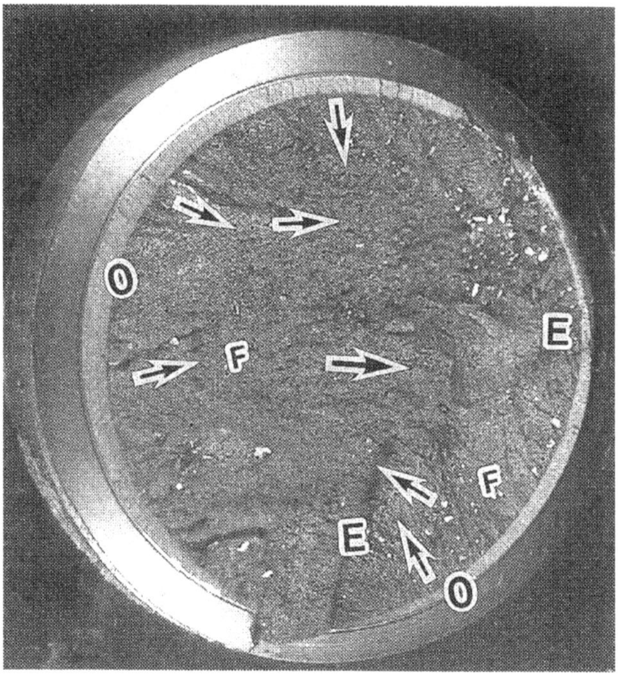

○ : 피로균열발생기점.
F : 피로균열진전영역.
E : 최종파단부.
↑ : 균열진전방향

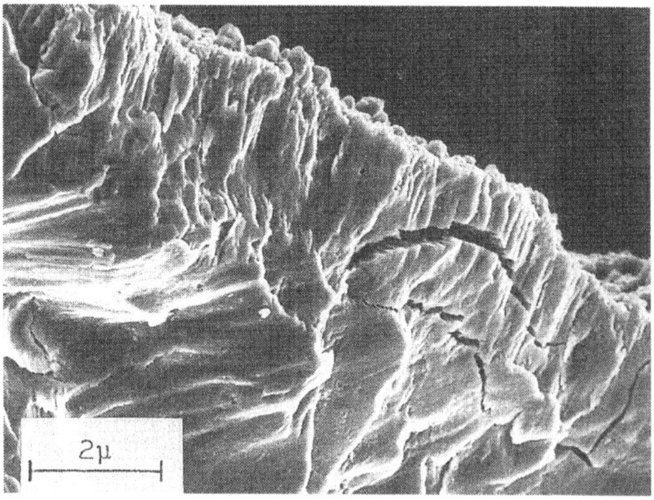

균열발생기점 근방의 SEM상 : 침탄경화층 내에 미세한 크랙이 확인되고 그 하층은 의벽개파괴 균열이다.

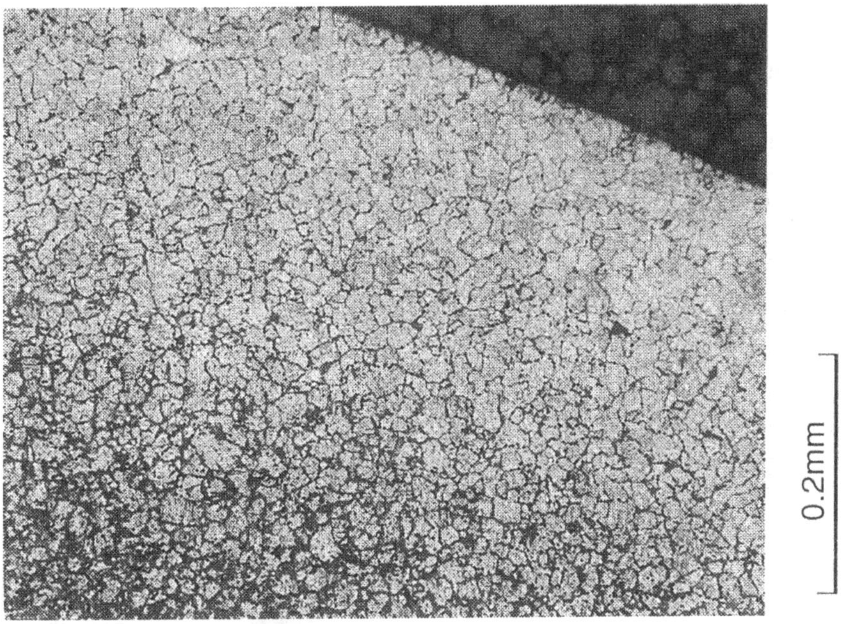

금속조직 : 표면의 경화층은 마르텐사이트 조직인데 뜨임이 되어 있지 않기 때문에(부식되기 어렵다) 단단하고 취약한 내부는 저탄소마르텐사이트 조직이다.
부식액 : 5% 나이탈

- **재 질** : SCM420
- **열처리** : 침탄담금질(표면경도: 60 HRC)
- **사용부하응력** : 인장의 축응력
- **파단응력방향** : 양진비틀림응력에 의함
- **파단면의 상황** : 양진비틀림응력에 의해 파괴하고 있는데 파단면 전체는 상당히 거칠고, 균열진전속도가 빠른 면이다.
- **대 책** : 양진비틀림응력이 작용한 원인, 또 적절한 침탄경화층을 얻기 위한 처리 조건의 재검토가 필요하다.

7.3 가스연질화처리

7.3.1 guide rail용 부품의 피로파면

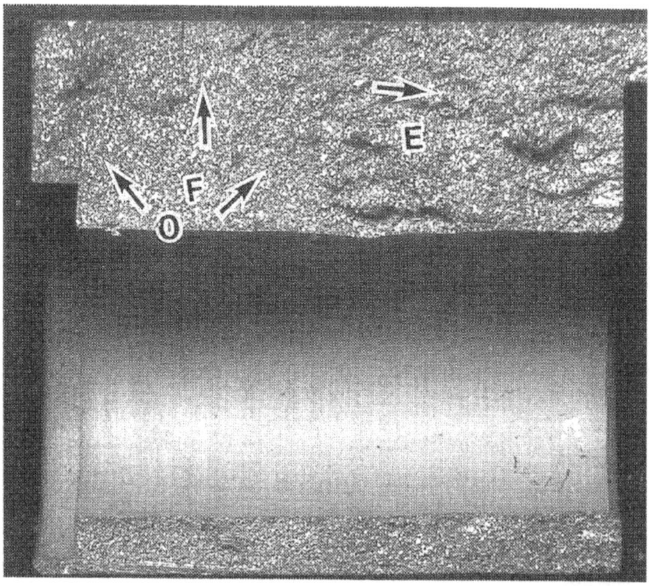

○ : 피로균열발생기점.
F : 피로균열진전영역.
E : 최종파단부.
🡅 : 균열진전방향

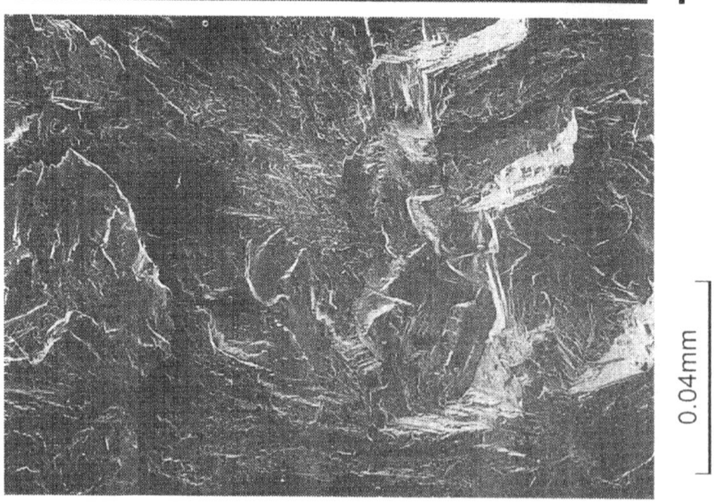

가스연질화층 내의 SEM상 : 전체 면이 균열진전속도가 빠르고 의벽개파괴파면을 나타내고 있다

금속조직 : 최표면에는 가스연질화처리에 의한 화합물층이 관찰되고 내부는 페라이트와 펄라이트 조직이며, 풀림 혹은 불림 조직이다.
부식액 : 5% 나이탈.

- **재 질** : S45C
- **열처리** : 가스연질화처리(NH_3 : CO = 50 : 50575℃×2h 유냉)
- **사용부하응력** : 면압응력(헤르츠 응력)
- **파단부하응력** : 약간의 비틀림 응력이 작용한 굽힘응력에 의함.
- 파단면의 상황 : 균열발생부 근방의 파면은 균열진선은 빠르나 평탄하며 최종파단부가 됨에 따라 요철이 심한 면을 나타내고 있다.
- **대 책** : 파단면 전체가 거친 점으로부터 사용재료의 금속조직 및 비틀림이나 굽힘응력이 작용한 원인을 재검토할 필요가 있다.

7.3.2 얇은 종이 권취용 차축의 피로파면

○ : 피로균열발생기점. F : 피로균열진전영역. E : 최종파단부. ↑ : 균열진전방향

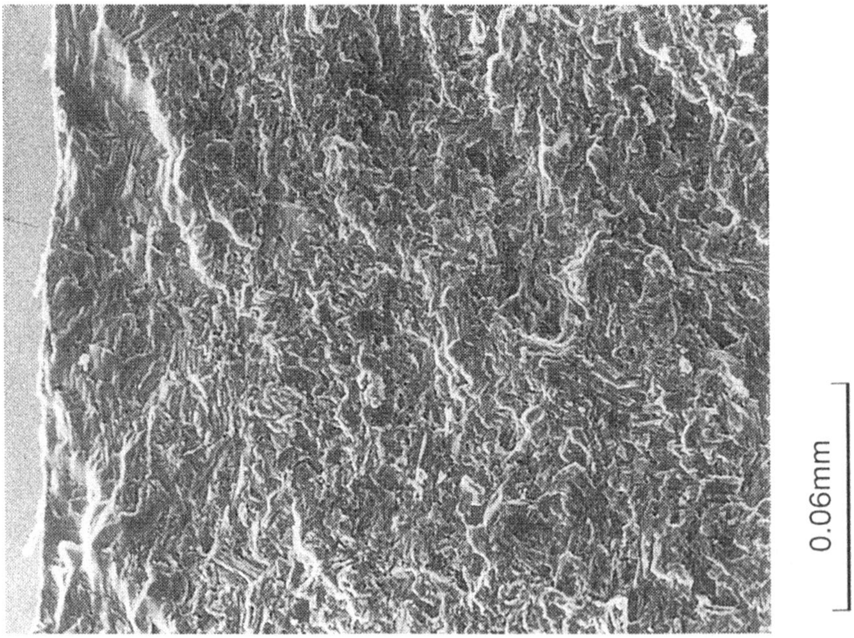

균열발생기점 근방의 SEM상 : 피쉬아이형의 파괴기구로 균열이 발생. 기점에는 개재물은 확인되지 않고, 제 1단계의 균열발생 facet이 관찰된다.

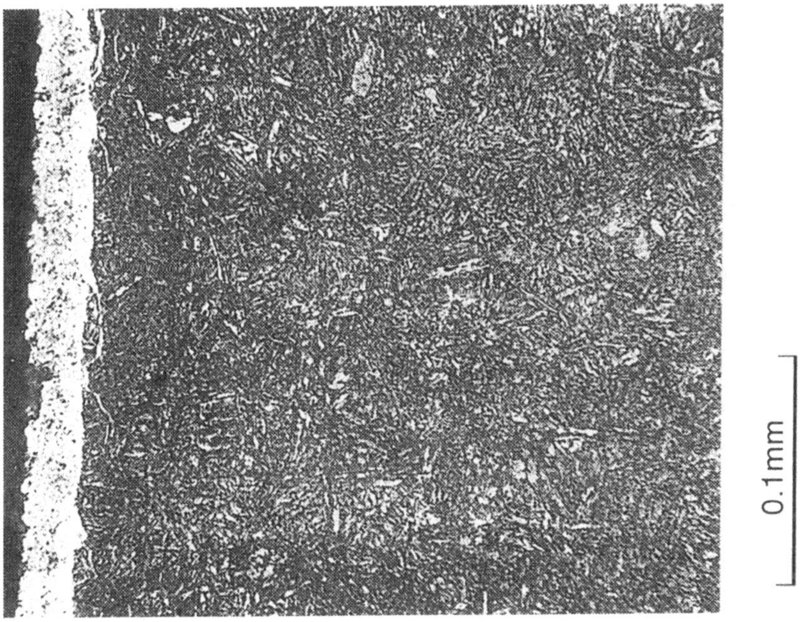

금속조직 : 최표면에는 가스연질화처리에 의해 생긴 질소화합물층(백색층)이 관찰되고 내부는 균일한 소르바이트 조직이다.
부식액 : 5% 나이탈

- **재 질** : SCM440
- **열처리** : 가스연질화처리(NH_3 : CO = 50 : 50, 575℃×3h 유냉)
- **사용부하응력** : 면압응력(헤르츠 응력)
- **파단부하응력** : 약간의 비틀림 응력이 작용한 부분굽힘양진에 의함.
- **파단면의 상황** : 피로균열발생기점부로부터 피로균열진전영역까지에 있어서는 비교적 평탄한 면을 보이고 있으나, 최종파단부 근방은 요철이 심한 거친 면을 나타내고 최종파단부가 비스듬이 생성되어 있다.
- **대 책** : 질화처리에는 문제가 없고, 사용부하응력이 비틀림응력이 작용한 원인, 또 부분양진이 된 원인을 조사할 필요가 있다.

7.3.3 사출성형 기계용 피스톤의 피로파면

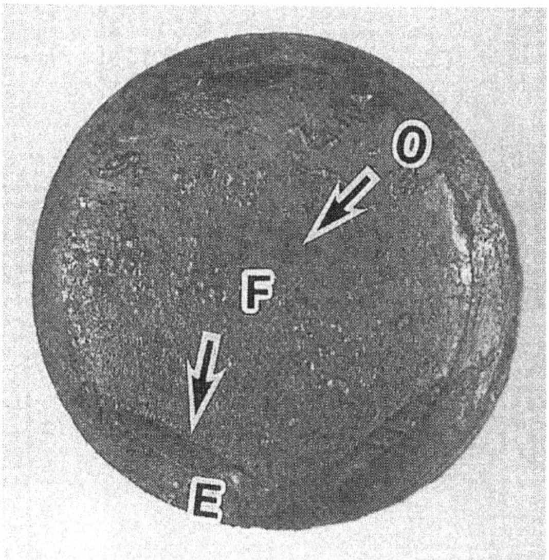

○ : 피로균열발생기점.
F : 피로균열진전영역.
E : 최종파단부.
↑ : 균열진전방향

균열발생기점 근방의 SEM상 : 가스연질화층 속은 특징이 없는 면을 나타내고 그 층보다 약간 내부는 스트라이에이션 형상의 모양이 관찰된다.

금속조직 : 페라이트와 펄라이트가 혼재한 조직이며 망상의 큰 결정립계가 확인된다.
부식액 : 5% 나이탈

- **재 질** : S45C
- **열처리** : 가스연질화처리NH_3 : CO = 50 : 50, 575℃×2h 유냉)
- **사용부하응력** : 인장-압축응력
- **파단부하응력** : 일방향의 굽힘응력에 의함.
- **파단면의 상황** : 피로균열진전영역이 상당히 좁고 최종파단부의 면적이 크다.
- **대 책** : 사용재료를 적정한 온도로 풀림, 불림을 행하여 표준조직으로 해두는 것이 바람직하다. 또 강노 상승을 위한 조사를 행하는 것도 중요하다.

7.3.4 판스프링의 피로파면

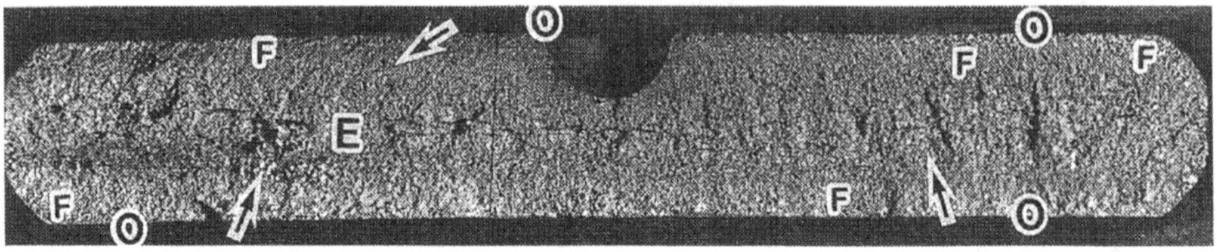

○ : 피로균열발생기점. F : 피로균열진전영역. E : 최종파단부. ↑ : 균열진전방향

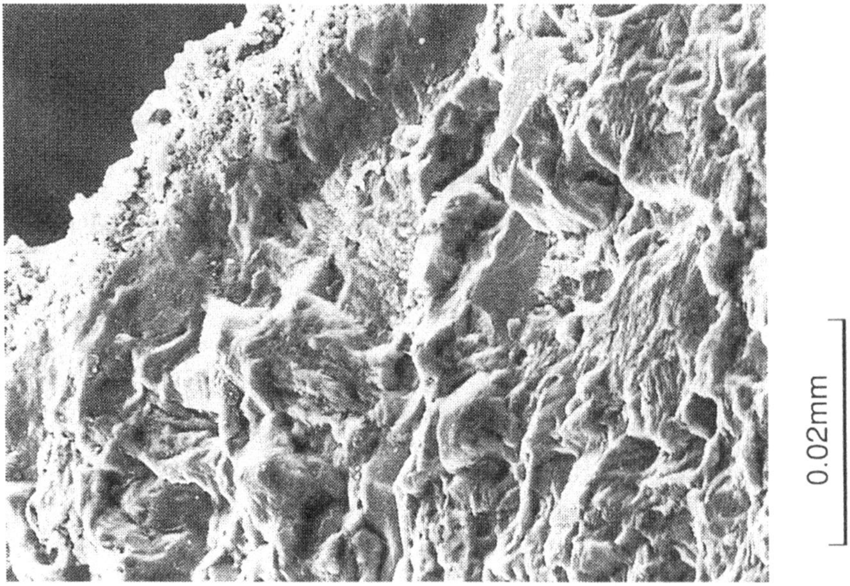

피로균열발생기점 근방의 SEM상 : 최표면에는 연질화처리로 생긴 산화물 때문에 많은 다공층이 관찰되고 그 하층의 확산층은 의벽개파괴면이다.

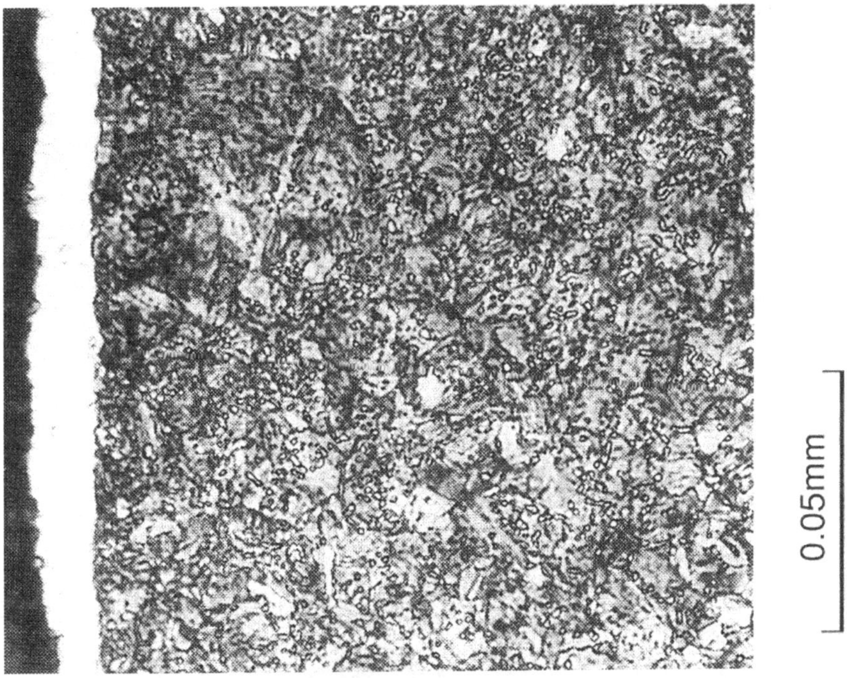

금속조직 : 최표면에는 질소화합물층(백층)이 확인되고, 그 하층에는 질소의 확산층인데 매트릭스가 소르바이트 조직이기 때문에 질화물이 관찰되지 않는다.
부식액 : 5% 나이탈

- **재 질** : SUP6
- **열처리** : 조질 후 가스연질화처리(575℃×2h 유냉)
- **사용부하응력** : 양진굽힘응력
- **파단부하응력** : 약간의 비틀림 응력이 작용한 부분양진응력에 의함.
- **파단면의 상황** : 균열발생은 구멍 내의 주변부부터이며 부분양진응력에 의해 파손하고 있나(최종피단부가 약간 비스듬히 되어 있다). 또 피로균열진전영역도 거칠고 균열진전속도가 비교적 빠른 면이다.
- **대 책** : 조질, 가스연질화처리에는 문제는 없고, 사용 조건과 재료의 선택(피로한도가 높은 스프링강의 채용)에 대하여 재검토가 필요하다.

7.3.5 트럭용 단 가공 샤프트의 피로파면

○ : 피로균열발생기점(원주 전체에 단차모양이 관찰되는 영역).
F : 피로균열진전영역.
↑ : 피로균열진전방향

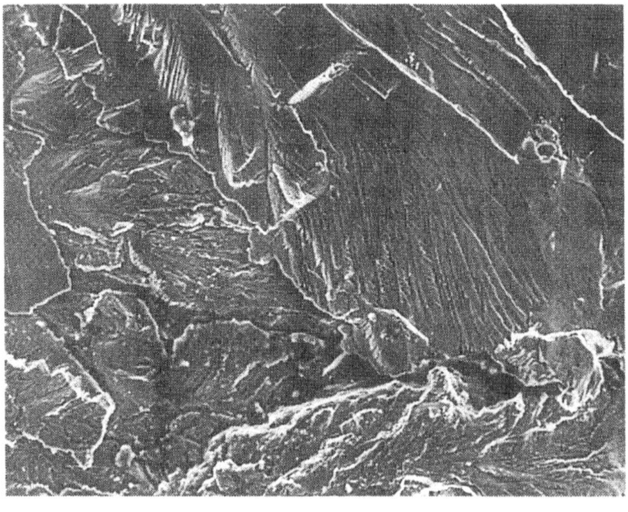

0.04mm

가스연질화층 내의 SEM상 : 균열진전 속도가 빠르고 의 벽개파괴 파면을 나타내고 있다.

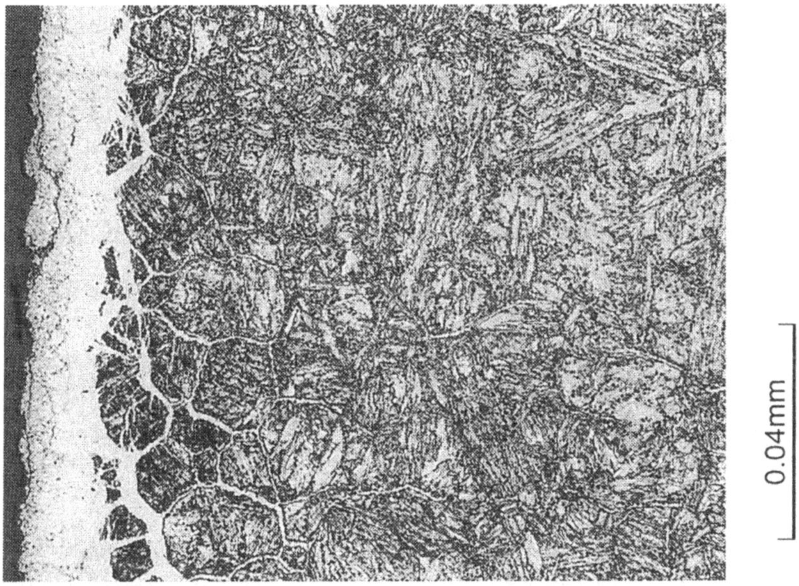

금속조직 : 과잉연질화처리에 의해 결정립계에 질화물이 관찰된다. 매트릭스는 소르바이트 조직이다.
부식액 : 5% 나이탈

- **재 질** : SCM435
- **열처리** : 조질 후 가스연질화처리(NH_3 : CO = 50 : 500, 575℃×5h 유냉)
- **사용부하응력** : 회전굽힘응력
- **파단부하응력** : 회전굽힘응력에 의함.
- **파단면의 상황** : 피로균열발생 기점은 외주의 전주부이며 많은 단차모양이 관찰된다. 또 피로균열진전영역은 비교적 평탄하며 최종파단부도 작고 중심에서 치우쳐 있다.
- **대 책** : 과잉질화가 되지 않도록 분위기의 조정, 처리 시간의 재검토, 단 가공부의 곡률반경을 크게 하여 응력집중을 피한다. 또 사용 조건의 검토도 중요하다.

7.3.6 프레스(press) 금형기계용 판 스프링의 피로파면

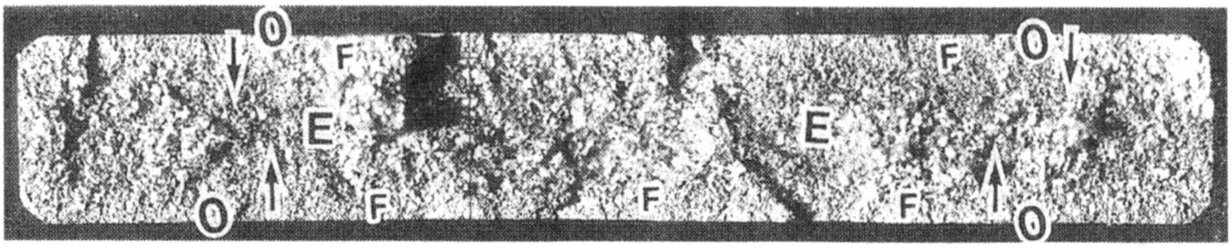

○ : 피로균열발생기점. F : 피로균열진전영역. E : 최종파단부. ↑ : 균열진전방향

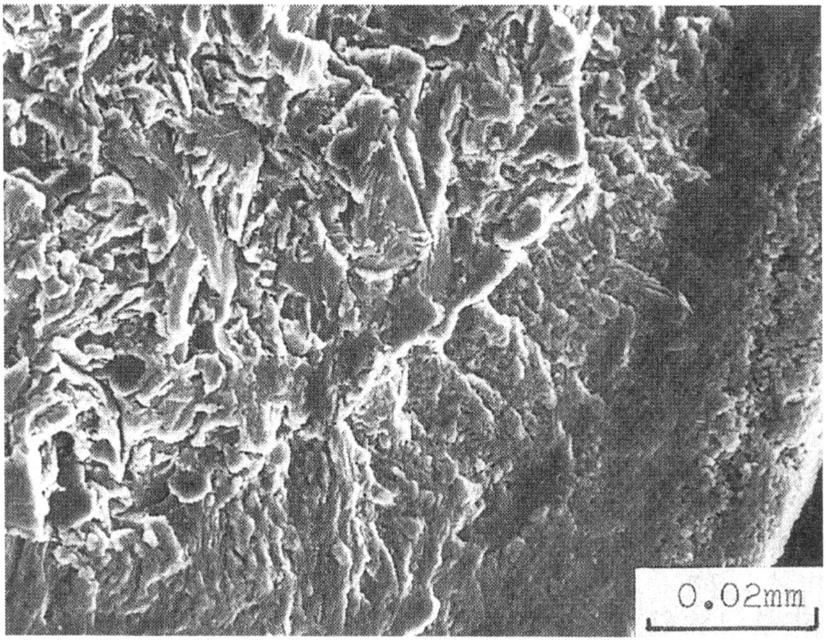

균열발생기점 근방의 SEM상 : 최표면에는 산화물로 생각되어지는 다공층이, 그 내부의 화합물층 및 확산층은 의벽개파괴면을 나타내고 있다.

금속조직 : 표면에는 가스연질화 처리에 의해 생성된 화합물이, 그 내부의 확산층은 연질화처리 온도에서의 냉각이 느리기 때문에 약간의 질화물이 석출하고 있다. 또한 매트릭스는 페라이트와 펄라이트의 혼합조직이다.
부식액 : 5% 나이탈

- **재 질** : SCM435
- **열처리** : 가스연질화처리 (NH_3 : CO = 50 : 50, 575℃×2h 유냉)
- **사용부하응력** : 양진굽힘응력
- **파단부하응력** : 양진굽힘응력에 의함.
- **파단면의 상황** : 파단면 전체가 상당히 요철이 심한 면을 나타내고 경화층 속은 비교적 미세한 균열진전영역도 관찰되지만 전체적으로는 거친 면이다.
- **대 책** : 재료나 가스연질화처리보다도 사용부하응력 등 사용조건을 재검토할 필요가 있다.

7.3.7 기계부품용 단 가공 차축의 피로파면

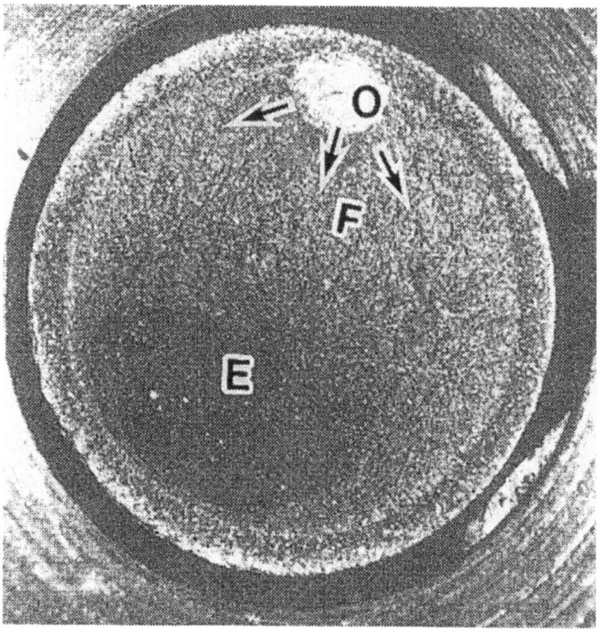

○ : 피로균열발생기점.
F : 피로균열진전영역.
E : 최종파단부.
↑ : 균열진전방향

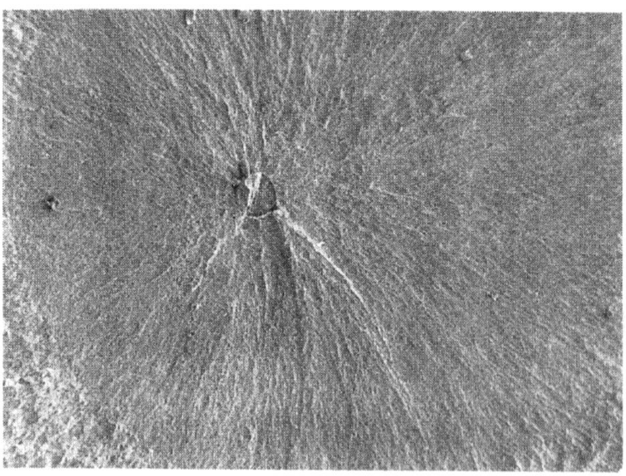

균열발생기점 근방의 SEM상 : 비금속개재물을 기점으로 균열이 발생하여 방사상으로 균열이 진전하고 있다

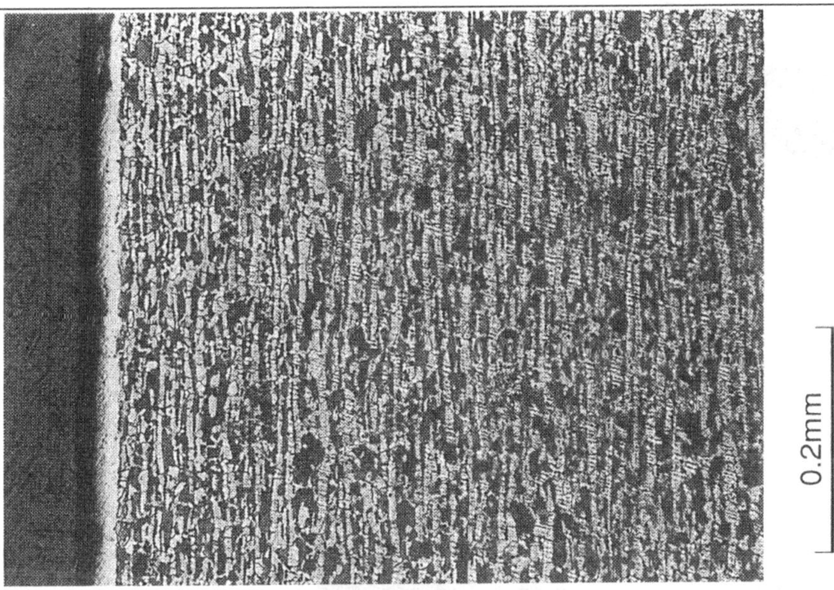

금속조직 : 최표면에는 질소화합물(εFe2-3N)이 확인되고, 내부의 조직은 페라이트와 펄라이트의 혼합조직(풀림 혹은 불림조직)
부식액 : 5% 나이탈

- **재 질** : SCM440
- **열처리** : 가스연질화처리(NH_3 : CO = 50 : 50, 575℃×2h 유냉)
- **사용부하응력** : 회전굽힘응력
- **파단부하응력** : 회전굽힘응력에 의함.
- **파단면의 상황** : 파괴기점은 경화층과 내부의 경계근방이며, 피쉬아이형의 파괴기구이다. 이 기점에는 비금속개재물이 존재하고 있다. 또 최종파단의 면적도 비교적 넓다.
- **대 책** : 최종파단부가 중심으로부터 치우쳐 사용부하응력은 작은 것으로 사료되나, 단 가공부가 존재하고 이 부분이 응력집중원으로 되어 있기 때문에, 곡률반경을 크게 할 필요가 있다. 또 최종파단부가 큰 것으로부터 사용재료의 강도부족도 생각할 수 있고 재료를 재검토하고, 더욱이 조질을 행하여 소르바이트 조직을 만들어 강도를 상승시키는 것이 바람직하다

7.3.8 전기모터용 샤프트의 피로파면

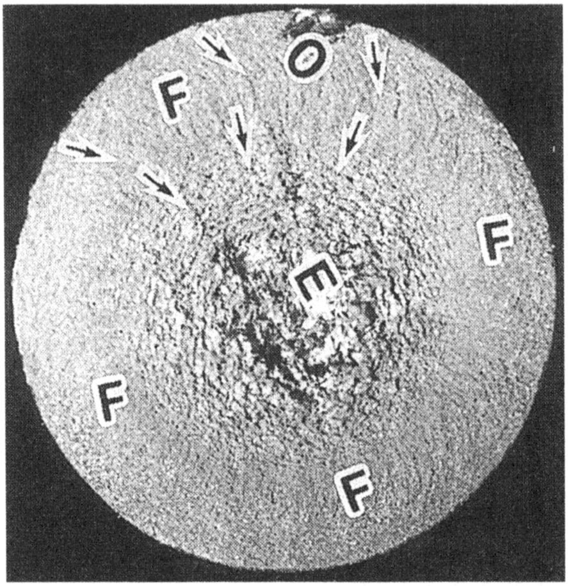

○ : 피로균열발생기점.
F : 피로균열진전영역.
E : 최종파단부.
🡅 : 균열진전방향

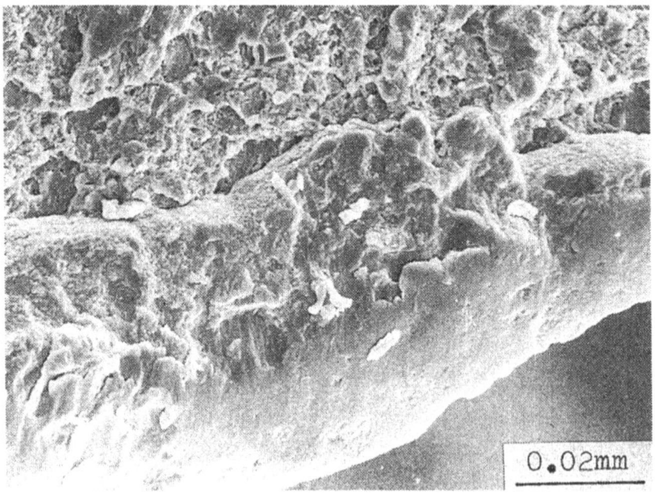

균열발생 근방의 SEM 상 : 질화층 속은 특징이 없는 면을 보이고 그 하층은 딤플모양

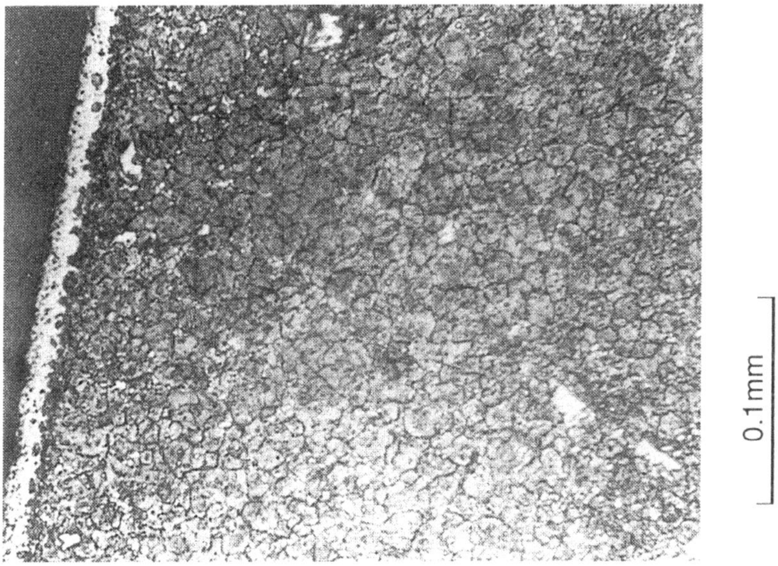

금속조직 : 표면 근방은 가스연질화층인데 접동면은 마찰열에 의해 흑색으로 변화되어 있다. 매트릭스는 소르바이트 조직.
부식액 : 5% 나이탈

- **재 질** : S45C
- **열처리** : 가스연질화처리(NH_3 : CO = 50 : 50, 575℃×2h 유냉)
- **사용부하응력** : 회전굽힘응력
- **파단부하응력** : 약간의 굽힘응력이 작용한 비틀림응력에 의함.
- **파단면의 상황** : 파괴의 균열발생기점은 약간의 굽힘이 작용한 부분이며 피로균열진전영역은 비틀림응력이다. 또 최종파단부가 비교적 크다. 또한 기점 근방에는 손상흔이 확인된다.
- **대 책** : 가스연질화처리에는 문제가 없고 재료의 선택과 사용부하응력의 크기에 약간 문제가 있다. 최종파단부가 큰 것으로부터 재료의 강도부족이 사료되며, SCM재나 혹은 강도가 높은 재료로 조질을 하든가, 비틀림응력에 의한 단차모양도 관찰되는 점에서 부하응력도 재검토할 필요가 있다.

7.3.9 압출성형용 피스톤의 피로파면

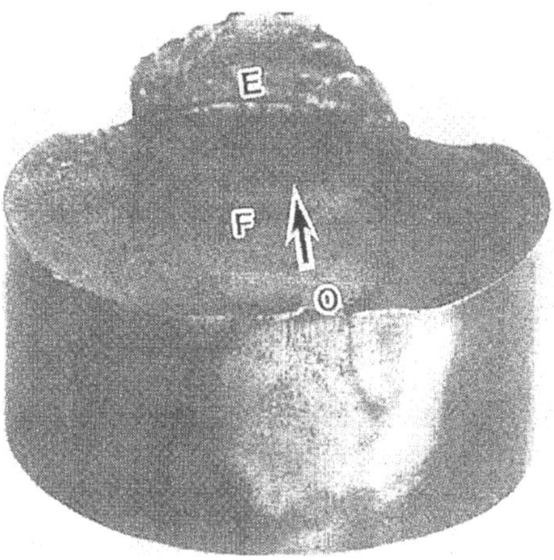

○ : 피로균열발생기점.
F : 피로균열진전영역.
E : 최종파단부.
↑ : 균열진전방향

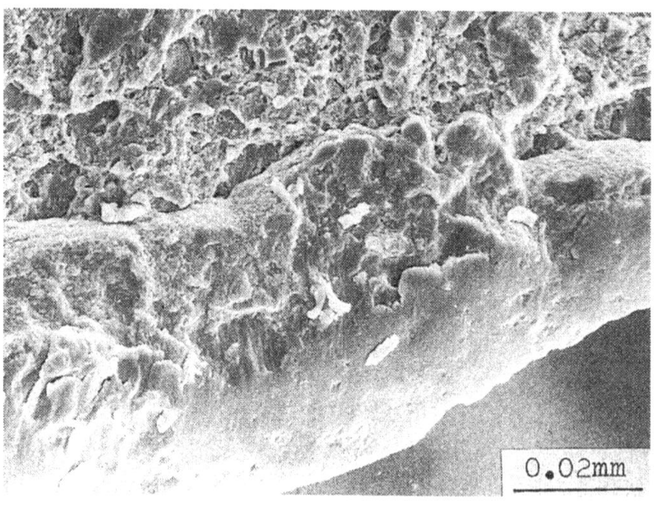

균열발생 근방의 SEM 상 : 질화층 속은 특징이 없는 면을 보이고 그 하층은 딤플모양

금속조직 : 최표면에는 질소화합물이, 또 그 하층은 접동에 의해 약간 가열되어 검게 되어 있다. 매트릭스는 소르바이트 조직이다.
부식액 : 5% 나이탈

- **재 질** : SCM435
- **열처리** : 가스연질화처리(NH_3 : CO = 50 : 50, 575℃×2h 유냉)
- **사용부하응력** : 축응력
- **파단부하응력** : 일방향의 굽힘응력에 의함.
- **파단면의 상황** : 균열발생기점 근방의 측면에는 미세한 크랙이 확인되고, 과대한 응력에 의해 균열이 발생. 피로균열진전영역이 비교적 크고 최종파단부가 작다.
- **대 책** : 사용 중에 굽힘응력이 작용한 원인을 조사. 또한 균열발생기점부에는 손상흔이 확인되고 있기 때문에 그 발생원인도 조사할 필요가 있다.

7.4 플라즈마질화처리

7.4.1식품가공 기계용 샤프트의 피로파면

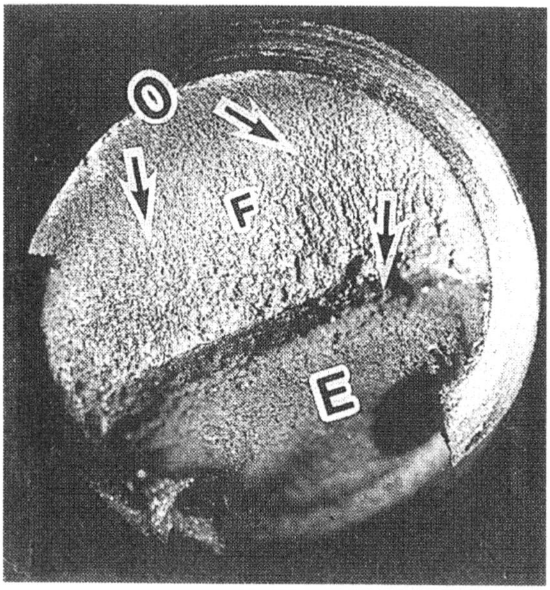

○ : 피로균열발생기점.
F : 피로균열진전영역.
E : 최종파단부.
↑ : 균열진전방향

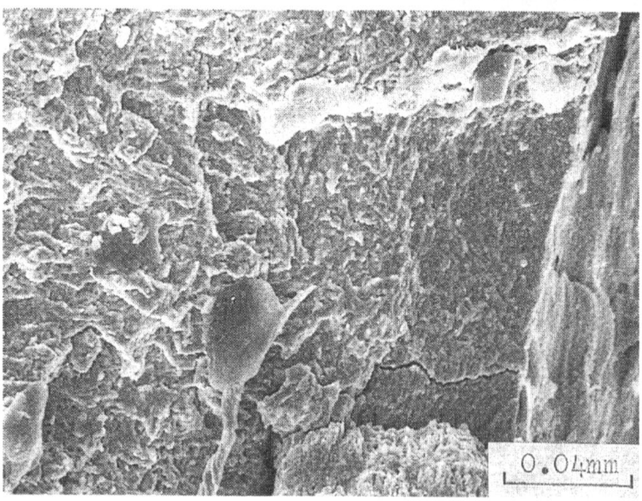

균열발생기점 근방의 SEM 상 : 균열발생기점 근방에는 단차모양이 존재하고, 또 마이크로크랙도 관찰되며 파단면 전체는 균열진전속도가 빠른 의벽개파괴면을 나타내고 있다.

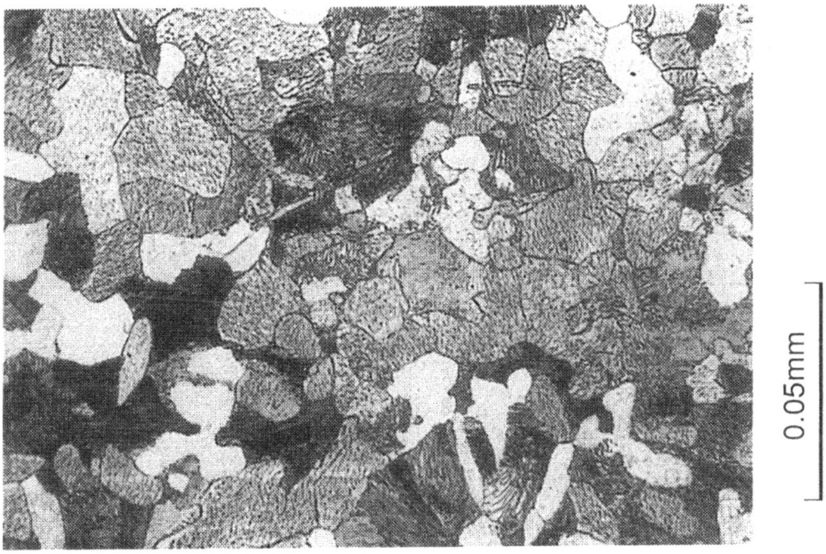

금속조직 : 확산층 속의 금속조직이며 페라이트 속에 관찰되는 입상의 흑색물은 처리온도로부터의 냉각속도가 느리기 때문에 질화물이 석출하고 있다.
부식액 : 5% 나이탈

- **재 질** : SCM435
- **열처리** : 플라즈마질화처리($N_2 : H_2 = 2:8$, 515℃×2h)
- **사용부하응력** : 회전굽힘응력
- **파단부하응력** : 약간의 비틀림이 작용한 일방향의 굽힘응력에 의함
- **파단면의 상황** : 피로균열발생기점 부에는 단차모양이 확인되고 피로균열진전영역과 최종파단부의 면적이 약 절반씩 정도이며 균열진전속도가 상당히 빠르다.
- **대 책** : 플라즈마 질화에 있어서의 처리조건과 경화층 깊이, 또 사용부하응력 등과의 관계를 재검토할 필요가 있다.

7.5 염욕연질화처리

7.5.1 피로시험편의 피로파면 (1)

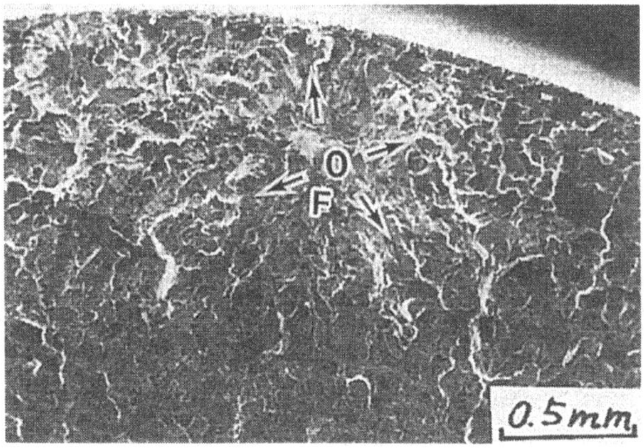

○ : 피로균열발생기점. F : 피로균열진전영역.
↑ : 피로균열진전방향

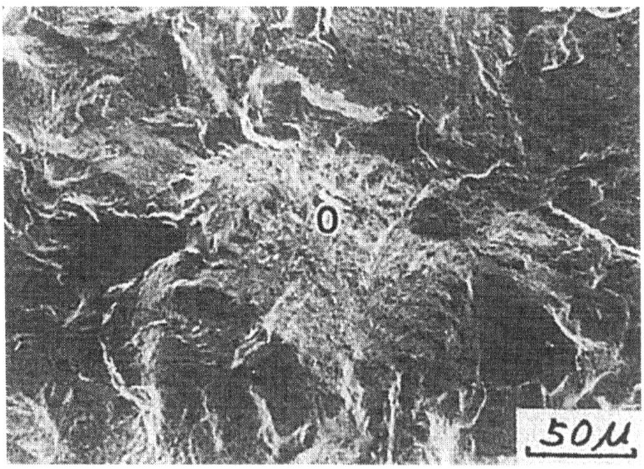

균열발생기점을 확대 : 기점은 내부이며 비금속개재물은 존재하지 않으며, 제1단계의 facet으로 파괴하고 있는 예이다.

- **재　질** : S15C
- **열처리** : 염욕연질화처리(575℃×90분 수냉)
- **사용부하응력** : 회전굽힘응력
- **파단부하응력** : 일방향의 굽힘응력에 의함.
- **대　책** : 사용부하응력과 경화층 깊이의 관계를 재확인한다. 균열진전속도가 빠르고 거친 면을 나타내고 있는 것으로 부터 강도가 높은 재료의 선택도 필요하다.

7.5.2 피로시험편의 파괴파면 (2)

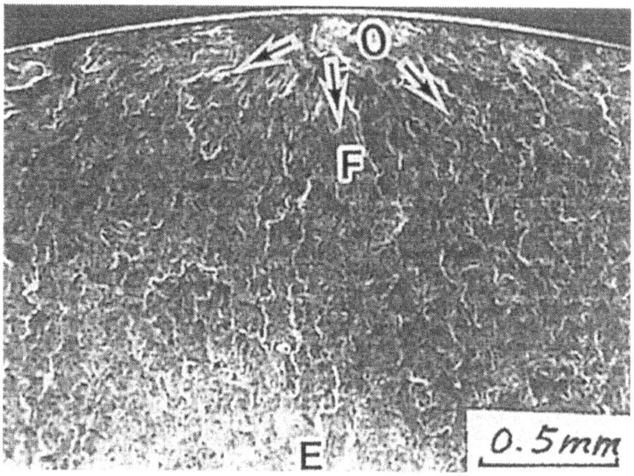

○ : 피로균열발생기점. F : 피로파괴진전영역.
E : 최종파단부. ↑ : 균열진전방향

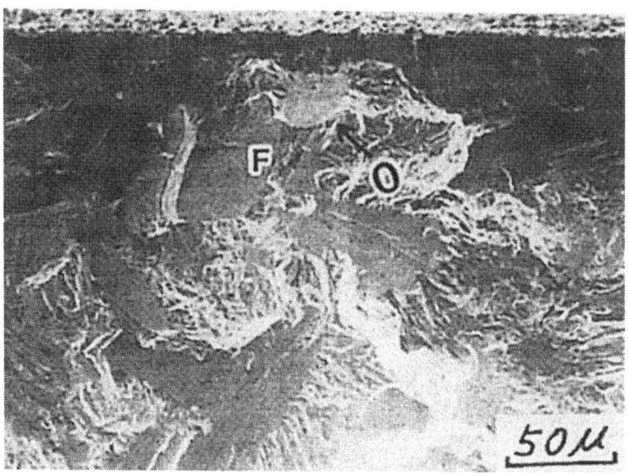

피로균열발생 근방을 확대 :
기점은 화합물층 직하에서 균열발생에 따른 facet(화살표)가 확인된다($\sigma_a : 449MPa,\ \ N_f : 2\times10^5$회)

- **재 질** : S15C
- **열처리** : 염욕연질화처리(575℃×90분 수냉)
- **사용부하응력** : 회전굽힘응력
- **파단부하응력** : 일방향의 굽힘응력에 의함.
- **파단면의 상황** : 균열발생기점이 화합물층 직하에 존재하고 피로균열진전영역도 거칠며 진전속도가 빠르다.
- **대 책** : 부하응력의 크기와 경화층 깊이의 재검토, 재료의 선택을 재검토할 필요가 있다.

참 고 문 헌

제 1 장

1. ALBERT ; Stahl und Eisen, (1896), p473
2. W, RANKINE ; Proc Inst, C, E, Vol.2, (1843), p193
3. 加納 誠他訳 ; 金属材料の疲労と破壊, 内田老鶴圃, (2001), p3
4. Metals Handbook ; Vol. 9, (1974), p15

제 2 장

1. W.D キャリスター著 ; 入戸野惨修監訳, 材料の科学と工学, 2, 培風館, (2002), p41
2. 田中正明他訳 ; 金属疲労の解析と応用, 現代工学社, (1981), p75
3. 藤木 栄 ; 機械部品の疲労波面 · 波面の見方, 日刊工業新聞社, (2002), p28
4. W.D キャリスター著 ; 入戸野惨修監訳, 材料の科学と工学, 2, 培風館, (2002), p107
5. W.D キャリスター著 ; 入戸野惨修監訳, 材料の科学と工学, 2, 培風館, (2002), p71
6. W.D キャリスター著 ; 入戸野惨修監訳, 材料の科学と工学, 2, 培風館, (2002), p72
7. 6.과 동일, p73
8. 藤木 栄 ; 機械部品の疲労波面 · 波面の見方, 日刊工業新聞社, (2002), p91
9. Metals Handbook ; No 9, (1974), p46
10. 위와 동일, p48
11. 위와 동일, p48
12. G.M. Boyd ; Plates Engineering, Vol. 175, (1958), p65&100
13. Metals Handbook ; No 12, (1987), 112
14. 日本材料学会編 ; 金属の疲労, 丸善, (1964), p19
15. 藤木 栄 ; 機械部品の疲労波面 · 波面の見方, 日刊工業新聞社, (2002), p23
16. 위와 동일, p24
17. R. E. Petersoni ; Handbook of Experimental Steel, (1950), p593
18. 藤木 栄 ; 機械部品の疲労波面 · 波面の見方, 日刊工業新聞社, (2002), p26(Metal Handbook, No 9, (1974), p43&p44를 참고)

19. 藤木 栄 ; 미발표
20. 藤木 栄 ; 機械部品の疲労波面・波面の見方, 日刊工業新聞社, (2002), p27
21. 藤木 栄 ; 미발표

제 3 장

1. 藤木 栄 ; 機械部品の疲労波面・波面の見方, 日刊工業新聞社, (2002), p36
2. 加納 誠他訳 ; 金属材料の疲労と破壊, 内田老鶴圃, (2001), p114
3. 2.와 동일, p120
4. 2.와 동일, p122
5. G. Henry 외 ; De Fem Meatllgaphia Vol. V, (1973)
6. Metals Handbook No 9, (1974), p79
7. 藤木 栄 ; 機械部品の疲労波面・波面の見方, 日刊工業新聞社, (2002), p37
8. 7.과 동일, p39
9. 7.과 동일, p40
10. V, kerlins 외 ; Metals handbook, No 9, (1987), p23
11. C, Laird ; American Society for Testing and Materials, (1967)
12. V, Kerlins 외 ; Metals handbook, No 9&12, (1987), p21
13. 加納 誠他訳 ; 金属材料の疲労と破壊, 内田老鶴圃, (2001), p23
14. 藤木 栄 ; 機械部品の疲労波面・波面の見方, 日刊工業新聞社, (2002), p37
15. 14.와 동일, p39
16. 14.와 동일, p40

제 4 장

1. 舟久保熙康 他訳 ; 金属の疲れ, 丸善, (1973), 291, 292
2. 위와 동일, 307
3. J, Goodman ; Mechanics Applied to Engineering, London, 1914
4. F. M. Howell 외 ; A.S.T.M. proc. 55, (1955), 955
5. B. J. Lazon 외 ; A.S.T.M. Proc 53, (1953), 856
6. D. Rosenthal 외; Metal Progress. Vol. 58, (1950), 76, A.S.T.M. Proc 51, (1951), 593
7. 菊川他 ; 日本学会誌論文集, 32. 235, (1966), 363

8. 鵜戸口他 ; 日本機械学会, 68, 552, (1965), 17
9. 舟久保熙康 他訳 ; 金属の疲れ, 丸善, (1973), 348
10. J. Pomey ; Reyne de, Metallurgie. Memoires. Jany., (1944), 17
11. R. T. Taylor 외 ; J.I.S. I Vol.190, (1958), 277. 283
12. 宮内他 ; 住友金属技報, 15, (1963), 18
13. 藤木 栄 ; 金属材料の組織変化と疲労強度の見方, 日刊工業新聞社, (2004), 91
14. M. Hempel 외 ; Archivt. Eisenhuttenw. 22, (1952), 475&23, (1953), 203
15. O. J. Horger ; Fatigue Publ. ASM., (1953), 77
16. 藤木 栄 ; 金属材料の組織変化と疲労強度の見方, 日刊工業新聞社, (2004), 87
17. H. F. Mooer 외 ; Univ. of Ieeionois Eng. Exp. St oct., (1921)
18. W. H. thomas ; Engineering, 12, (1923), 119&Metallurgie, (1924), 210
19. H. F. mooer 외 ; Publ. A.S.M., (1946)
20. J. pomey ; Technigues de lngenieur, (1956), M1180, 1186
21. 藤木 栄 ; 金属材料の組織変化と疲労強度の見方, 日刊工業新聞社, (2004), 99 (다른 문헌을 발췌하여 정리한 것)
22. 21.과 동일,
23. 藤木 栄 ; 미발표
24. 桜井他 ; 材料試験, 5, (昭 31), 531
25. G. E. Dieter 외 ; Trans A.S.M. 49, (1955), 423
26. F. Borik 외 ; Trans A.S.M. 50, (1958), 242
27. F. Borik 외 ; Trans A.S.M. 53, (1961), 447
28. 藤木 栄 ; 미발표
29. R. Cazaud ; Revue de Metallurhie, (1955), 579
30. 藤木 栄 ; 材料試験技術, Vol.30, No4, (1985), 273
31. H. Hendus 외 ; Z. Metalkunde. 46, (1955), 716
32. 横堀武夫 ; 材料強度学, 岩波書店, (1964), 174
33. W. D. キャリスター ; 入戸野惨修監, 材料の科学と工学, 2, 金属材料の力学的性質, (2002), 54
34. L. R. Jackson 외 ; Trans A.S.M. 39, (1947), 45
35. L. S. Castleman 외 ; Trans A.S.M. 44, (1952), 240
36. H. J. French ; Trans A.S.T.M. 21, (1933), 899

37. P. H. Frith ; Brit.Iron Steel Inst No 50, (1954)
38. 矢島他 ; 日本金属学会誌, 36, (1972), 711
39. H. E. Frankel 외 ; Trans A.S.M. 52, (1960), 257
40. 舟久保熙康他訳 ; 金属の疲れ, 丸善, (1973), 191
41. 河本 實他 ; 金属の疲れと設計, コロナ社, (昭 47), 186
42. E. Goldshtein 외 ; Stal in English. 11. (1964), 903
43. M. Atkinsoni ; Iron and Steel Znstitute. 5, (1964), 65&75
44. 舟久保熙康他訳 ; 金属の疲れ, 丸善, (1973), 353
45. E. Frappier 외 ; Rveue de Matallurgie, (1959), 11&24
46. A. Fotiadi ; Rveue de Matallurgie. janv, fevr, (1947)
47. W. C. Stewart 외 ; J. of the American Society of Naval Enginners. 60, (1948), 475

제 5 장

1. 久松, 金訳 ; いすが技報, 67, (1981), 9
2. 三好, 下谷, 宮里 ; 熱処理, 21, (1981), 130
3. 田中良治他 ; 日本熱処理技術協会 18回講演大会概要集, (1984), 17
4. 田中良治他 ; 日本熱処理技術協会, 表面硬化処理鋼の機械的性質シンポジウム講演集, (昭 59년), 63
5. 4.와 동일
6. 磯川憲 他 ; 熱処理, 22, (1982), 163
7. 4.와 동일, p64
8. 並木, 磯川 ; 鉄と鋼, 70, (1984), S620
9. 日本熱処理技術協会編 ; 熱処理入門, 大河出版, (1997), 239
10. 磯川憲 他 ; 熱処理, 15, (1975), 133
11. 日本熱処理技術協会集 ; 熱処理 ガイドブック, 基礎編, 大河出版, (1983), 16
12. 4.와 동일, p65
13. 江上 登 ; 日本熱処理技術協会, 表面硬化処理鋼の機械的性質シンポジウム講演集, (昭 59), 12
14. 藤木 栄 ; 미발표
15. 藤木 栄 ; 미발표

16. 藤木 栄 ; 미발표
17. 藤木 栄 ; 미발표
18. 藤木 栄 ; 미발표
19. 藤木 栄 ; 미발표
20. 藤木 栄 ; 미발표
21. 藤木 栄 ; 미발표
22. 藤木 栄 ; 미발표
23. 江上 登 ; 日本熱処理技術協会, 表面硬化処理鋼の機械的性質シンポジウム講演集, (昭 59), 12
24. 23.과 동일, p43
25. 23.과 동일, p43
26. 稲葉輝彦他 ; 日本熱処理技術協会, 表面硬化処理鋼の機械的性質シンポジウム講演集, (昭 59), 8
27. 江上 登 ; 23.과 동일, p13
28. 江上 登 ; 23.과 동일, p14
29. 江上 登 ; 23.과 동일, p15
30. 杉山好弘他 ; 日本熱処理技術協会, 表面硬化処理鋼の機械的性質シンポジウム講演概要集, (昭59), 28
31. 30.과 동일, p29
32. 30.과 동일, p29
33. 30.과 동일, p29
34. 藤木 栄 ; 日本熱処理技術協会, 表面硬化処理鋼の機械的性質シンポジウム講演概要集, (昭59), 33
35. 34.와 동일, p34
36. 34.와 동일, p34
37. 34.와 동일, p35

제 6 장

1. 日本材料学会編 ; 金属の疲れ, 丸善, (1964), p194
2. 中村 宏 ; 高周波焼き入れと疲労強度, 日刊工業新聞社, (1963), p19
3. 2.와 동일, p19

4. 2.와 동일, p20
5. 2.와 동일, p16
6. 2.와 동일, p30
7. 藤木 栄；金属材料の組織と疲労強度の見方, 日刊工業新聞社, (2004), p124
8. 日本熱処理技術協会編；新版熱処理入門, 大河出版, (1997), p278
9. 三阪佳孝；熱処理技術協会, 第 42回講演大会概要集, p57
10. 日本材料学会編；金属の疲れ, 丸善, (1964), p204
11. 10.과 동일, p213
12. 高田秀文他；熱処理技術協会, 第 56回講演大会概要集, p39
13. 12.와 동일
14. 1.과 동일, p201
15. 浅見克敏他 ； 熱処理技術協会, 表面硬化処理鋼の機械的性質シンポジウム, (昭59), p43
16. 와 동일
17. 藤木 栄；都工技センター, 技術ガイド 52, (1986), p34
18. 舟久保熙康他訳 ；金属の疲れ, 丸善, (1973), p273
19. 小峰他；熱処理, Vol.25, No3, (1985), p118
20. 三阪佳孝他；熱処理技術協会, 第 49回講演大会概要集, p23
21. 20.과 동일
22. 舟久保熙康他訳；金属の疲れ, 丸善, (1973), p525
23. 1.과 동일, p194
24. 1.과 동일, p195
25. 1.과 동일, p195
26. 1.과 동일, p195
27. 1.과 동일, p195
28. 中村 宏；高周波焼き入れと疲労強度, 日刊工業新聞社, (1963), p35
29. 28.과 동일, p36
30. 1.과 동일, p198
31. 1.과 동일, p198
32. 28.과 동일, p73
33. 1.과 동일, p193

34. 1.과 동일, p203
35. 1.과 동일, p211
36. 日本鉄鋼協会編 ; 鉄鋼便覧, 第 3版, Ⅵ, 丸善, (1982), p591
37. 藤木 栄 ; 金属材料の組織と疲労強度の見方, 日刊工業新聞社, (2004), p126
38. 36.과 동일, p591
39. 1.과 동일, p214
40. 舟久保熙康他訳 ; 金属の疲れ, 丸善, (1973), p275
41. 藤木 栄 ; 미발표
42. 石井伸幸 ; 熱処理 ; Vol. 30, No5, (1990), p240
43. 内藤武志 ; 熱処理技術協会, 第 19回 熱処理講演大会概要集, p53
44. 鮒谷清司他 ; トヨタ技報, 17, (1965), p293
45. 高橋他 ; トヨタ技報, 18, (1966), p19
46. 西山幸夫 ; 日本熱処理技術協会, 鋼の表面化合物層の動的性質に関する研究部会報告研究成 果発表予稿集, (昭56), p21
47. 浅見克敏 ; 日本熱処理技術協会, 鋼の表面化合物層の動的性質に関する研究部会報告研究 成果発表予稿集, (昭56), p31
48. 西山幸夫 ; 46.과 동일, p20
49. 46.과 동일, p20
50. 日本鉄鋼協会編 ; 鉄鋼便覧, 第 3版, Ⅵ, 丸善, (1982), p593
51. 日本熱処理協会編 ; 熱処理便覧, 日刊工業新聞社, (2000), p357
52. 磯川憲二 ; 日本熱処理技術協会, 鋼の表面化合物層の動的性質に関する研究部会報告研究 成果発表予稿集, (昭56), p33
53. 52.와 동일
54. 日本熱処理技術協会編 ; 熱処理用語辞典, 日刊工業新聞社, (2002), p457
55. 浅見克敏 ; 熱処理, Vol.25, No3, (1985), p123
56. 河本 實他 ; 金属の疲れと設計, コロナ社, (昭 47), p218
57. 川崎淳志他 ; 熱処理技術協会, 第 33回 熱処理講演大会概要集, p45
58. 浅見克敏他 ; 熱処理技術協会, 第 23回 熱処理講演大会概要集, p3
59. 古川 徹他 ; 鉄と鋼, 67, (1981), p596
60. 宇野兵衛他 ; 熱処理技術協会, 平成3年第3回熱処理セミナーテキスト
61. 60.과 동일

62. 藤木 栄 ; 미발표
63. 浅見克敏 ; 鋼の表面化合物層の動的性質に関する研究部会報告研究成果発表予稿集, p23
64. 舟久保熙康他訳 ; 金属の疲れ, 丸善, (1973), p277
65. 菊地雅男他 ; 熱処理技術協会, 第 23回 熱処理講演大会概要集, p47
66. 65.와 동일, p48
67. 石井伸幸他 ; 熱処理, Vol.30, No5, (1990), p240
68. 河本 實他 ; 金属の疲れと設計, コロナ社, (昭 47), p217
69. 68.과 동일, p217
70. 舟久保熙康他訳 ; 金属の疲れ, 丸善, (1973), p330
71. 日本材料学会編 ; 金属の疲れ, 丸善, (1964), p418
72. 71.과 동일, p427
73. 71.과 동일, p428
74. 大友清光他 ; 熱処理技術協会, 第 ２１回 熱処理講演大会概要集, p41
75. 中村浩三他 ; 熱処理技術協会, 第 ２０回 熱処理講演大会概要集, p51
76. 75.와 동일, p52
77. 日本熱処理技術協会編 ; はじめて学ぶ熱処理技術, 日刊工業, (2005), p158
78. 日本材料学会編 ; 金属の疲れ, 丸善, (1964), p216
79. 河本 實他 ; 金属の疲れと設計, コロナ社, (昭 47), p219
80. 78.과 동일, p216
81. 河本 實他 ; 金属の疲れと設計, コロナ社, (昭 47), p220
82. 舟久保熙康他訳 ; 金属の疲れ, 丸善, (1973), p278
83. 82.와 동일, p278
84. 舟久保熙康他訳 ; 金属の疲れ, 丸善, (1973), p345
85. 日本材料学会編 ; 78.와 동일, p215
86. 舟久保熙康他訳 ; 金属の疲れ, 丸善, (1973), p277
87. 藤木 栄 ; 日本金属学会, 第 82回 春期講演大会概要集, (昭53), p7
88. 87.과 동일
89. 87.과 동일
90. 87.과 동일
91. 藤木 栄 ; 미발표

92. 山本科学工具研究社 ; 標準顕微鏡組織, 第 6類, 金属表面改質編, p105
93. 藤木 栄 ; 미발표
94. 藤木 栄 ; 日本金属学会, 第 80回 春期講演大会概要集, (1977), p213
95. 磯川憲二他 ; 日本金属学会, 第 82回 秋期講演大会概要集, (1977), p237
96. 藤木 栄 ; 日本金属学会, 第 84回 春期講演大会概要集, (1979)
97. 96.과 동일
98. 藤木 栄 ; 精機学会, 日本機械学会, 日立地方講演会概要集, (昭55년), p7
99. 96.과 동일
100. 98.과 동일
101. 藤木 栄 ; 日本金属学会, 第 85回 秋期講演大会概要集, (1979)
102. 98.과 동일
103. 101.과 동일
104. 藤木 栄 ; 金属表面技術, Vol.26, No2, (1975), p76
105. 104.와 동일
106. 104.와 동일
107. 104.와 동일
108. 藤木 栄 ; 日本金属学会, 第 81回 秋期講演大会概要集, p238
109. 108.과 동일
110. 108.과 동일
111. 108.과 동일
112. 藤木 栄 ; 金属表面技術協会, 第 50回 学術講演大会要旨集, (1974), p86
113. 藤木 栄 ; 日本熱処理技術協会, 第 3回 熱処理講演大会概要集, (1975), p45
114. 藤木 栄 ; 日本機械学会, 日立講演会論文集, (1985), p43
115. 114.와 동일
116. 114.와 동일
117. 114.와 동일
118. 浅見克敏 ; 熱処理技術協会, 第 19回 熱処理講演大会概要集, p16
119. 118.과 동일
120. 藤木 栄 ; 미발표
121. 藤木 栄 ; 日本熱処理技術協会, 第 15回熱処理講演大会概要集, p17
122. 藤木 栄 ; 日本熱処理技術協会, 第 8回熱処理講演大会概要集, p15

123. 122.와 동일
124. 122.와 동일
125. 122.와 동일
126. 浅見克敏他 ; 熱処理技術協会, 第 １９回 熱処理講演大会概要集, p25
127. 126.과 동일, p25
128. 126.과 동일, p26
129. 126.과 동일, p26
130. 藤木 栄 ; 技術ガイド, 都工技センター, (1986), p32
131. 田村久義他 ; 熱処理技術協会, 第 １９回 講演大会概要集, p55
132. 浅見克敏 ; 熱処理, Vol.21, No2, (1981), p70
133. 藤木 栄 ; 미발표
134. 藤木 栄 ; 미발표
135. 塩沢他 ; 材料, Vol.39, No442, (1990), p927
136. 135.와 동일
137. 吉田 薫他 ; 熱処理技術協会, 第 ２７回 講演大会概要集, p49
138. 河上 護他 ; 熱処理技術協会, 第 ２７回 講演大会概要集, p51
139. 138.와 동일
140. 池永 勝 ; 熱処理, Vol.19, No1, (1979), p12
141. 藤木 栄 ; 미발표
142. 岡本康治他 ; 熱処理, Vol.21, No4, (1981), p74
143. 142.와 동일
144. 藤木 栄 ; 東京都立工業技術センター 報告, No24, (1995), p25
145. 森 崇 ; 熱処理, 제 21회 第 ２１回 講演大会概要集, p57

참 고 문 헌

T

ㄱ

ㄴ

ㄷ

ㄹ

ㅁ

ㅂ

ㅅ

ㅇ

ㅌ

ㅍ

ㅎ

표면경화처리강의 피로파괴 및 파손사례

2012년 2월 15일 초판 인쇄

2012년 2월 20일 인쇄 발행

저　　자　남기우, 안석환

발 행 인　송기수

발 행 처　도서출판 GS인터비전

편 집 처　도서출판 GS인터비전

인　　쇄　선우문화사

등록번호　제 25100-2016-000050호

I S B N　978-89-97231-20-1 (92550)

주　　소　서울 은평구 증산로 15길 69, 2층

전　　화　02-976-7898, 02-3272-7898. 0707-720-7898

팩　　스　02-6468-7898

홈페이지　gsintervision@co.kr

E-Mail　gsinter7@gmail.com

정가　20,000원